高分子化学
简明教程

主　编　王冬梅　周俐军
副主编　崔立强　姚同杰　朱林晖
　　　　宋　艳　纪　蓓　闫　毅

中国教育出版传媒集团
高等教育出版社·北京

内容提要

本书是线上线下混合式国家级一流本科课程"高分子化学"的配套教材,突出可读性、适应性和前沿性,与课程线上教学的知识点相结合,融入课程思政内容,以高分子发展历史为主线,把发展过程中涉及的科学家的科学发现过程融入其中(限于篇幅,很多内容以二维码呈现),为学生知识拓展、能力培养、创新创业和职业发展提供成功的榜样,为新工科的建设和"中国制造2025"的人才培养打下坚实的基础。

本书共分9章,绪论介绍了高分子的基本概念、聚合物的分类和命名、聚合反应等内容。第2章介绍了高分子在各行各业中的应用及发展前景,以期调动学生学习高分子化学的兴趣,其余各章分别就自由基聚合、自由基共聚、离子聚合、开环聚合、配位聚合、逐步聚合、聚合方法、聚合物的化学反应,以及高分子化学领域的最新进展、检索方法和常用网站等进行了介绍。每章章前设有学习导航,章后附有课程思政、思维导图、习题和拓展知识等,其中一些思考题和计算题还提供了参考答案。

本书适合工科、理科、师范类院校使用,也可供科研、生产技术人员参考。

图书在版编目(CIP)数据

高分子化学简明教程:汉、英 / 王冬梅,周俐军主编. -- 北京:高等教育出版社,2023.8(2024.9重印)

ISBN 978-7-04-060507-5

Ⅰ.①高… Ⅱ.①王… ②周… Ⅲ.①高分子化学 - 教材 - 汉、英 Ⅳ.①O63

中国国家版本馆CIP数据核字(2023)第090389号

GAOFENZI HUAXUE JIANMING JIAOCHENG

策划编辑	刘 佳	责任编辑	曹 瑛	封面设计	李卫青	版式设计	杨 树
责任绘图	邓 超	责任校对	张 薇	责任印制	刁 毅		

出版发行	高等教育出版社	网　址	http://www.hep.edu.cn
社　址	北京市西城区德外大街4号		http://www.hep.com.cn
邮政编码	100120	网上订购	http://www.hepmall.com.cn
印　刷	涿州市京南印刷厂		http://www.hepmall.com
开　本	787mm×1092mm　1/16		http://www.hepmall.cn
印　张	16.75		
字　数	340千字	版　次	2023年8月第1版
购书热线	010-58581118	印　次	2024年9月第2次印刷
咨询电话	400-810-0598	定　价	35.50元

序

　　21 世纪是材料、生物和信息的世纪,高分子作为与材料、生物息息相关的学科,无处不在。高分子科学与技术的发展极为迅猛,对其他科学技术的影响越来越大,已经成为一门具有广阔前景的新兴学科。高分子化学是高分子科学的基础,与四大化学并列,成为第五大化学,并与物理学、工程学、材料学、生物学乃至药学等其他学科交叉广泛,已经成为化学、化工、材料、轻工等许多专业学生必修的基础课程。

　　本书是一本简明的高分子化学基础教材,是编者近 20 年高分子教学、科研及相关生产经验的结晶,强调基础概念,重视理论与实践的结合,力求取材新颖、文字通俗、深入浅出、简明扼要。为提高学生的学习兴趣、开阔学生的科学视野、立德树人,书中融入了高分子化学在各行各业中的应用,最新学科进展、课程思政、章节的思维导图,相关扩展内容以二维码呈现,同时配以精美的图片。

　　本书内容详简适中,由浅入深,遵循了学生认知规律,有较强的系统性和逻辑性;在本书编写过程中,汲取了国内外多本同类教材的精华,融入了最新的信息技术,以期为学生呈现一本符合新时代大学生特点、受其欢迎的教材。

　　山东科技大学化学与生物工程学院的管美丽老师在课程思政内容挖掘方面做了大量工作;研究生刘承凯、刘安宁、董克兵、李晨涛、王洪鹏和王家蒙等协助完成了大量文字编辑、校对和整理工作,在此一并致谢。

编者

2022 年 1 月

前　言

山东科技大学化学与生物工程学院从 2013 年起，对"高分子化学"课程进行教学改革，期间经历了随堂录制课堂视频、知识点碎片化、混合式课程探索和翻转课堂尝试，以及小班、二合班、三合班授课探索等，经过 6 年的建设，该课程于 2019 年被认定为山东省线上、线下混合式一流课程，2020 年 11 月被认定为首批线上线下混合式国家级一流本科课程。该课程的建设还曾于 2018 年 1 月获得山东省第八届高等教育教学成果奖一等奖。

由于高校教学改革的不断发展，"高分子化学"课程的教学课时从 48 学时缩短到 36 学时，在如此短的时间内完成较多的教学内容十分困难。根据十余年的教学实践，结合了学校新工科和课程思政建设，在吸取了国内外多种高分子科学教材精华的基础上，课题组编著了《高分子化学简明教程》一书，将该课程建设中最新的成果融入，以期对学生的培养不仅限于知识的传授，更多地注重学生的家国情怀、终身学习能力、探索精神、严谨的科研态度和专业的职业操守的熏陶和训练，为培养合格的"中国制造 2025"人才做出一份贡献。

以往高分子化学课程一般是按照教材章节内容的顺序进行教学的，以逐步聚合反应和连锁聚合反应两方面为教学内容主线，学生对其他几种主要的聚合反应很容易产生混淆。本书根据当前教育部教学改革需求，对高分子化学课程讲授内容进行合理的调整、重组以及课程教学体系的优化，精心选择和组织教学内容。为了凸显课程清晰的思路和方便设计课程教学，把课程教学内容按聚合机理原则划分成：（1）逐步聚合；（2）自由基聚合和共聚合；（3）离子聚合、配位聚合与开环聚合；（4）聚合反应的实施方法；（5）聚合物的化学反应五个模块。根据每个模块的特点，教师采用不同的教学方式进行教学，对离子聚合、配位聚合与开环聚合模块进行一般性介绍。为了提高学生对高分子化学课程的学习积极性和主观能动性，教师在讲课时增加了高分子化学中最新的学术热点等内容，如聚合物的应用、超支化高分子、功能高分子等，以期达到开阔学生视野的目的。授课过程中打破教材内容的排序，注重对各知识点的精炼和重组，做到重点、难点突出，主次分明，充分利用有限的学时来提高教学效率，取得了良好的教学效果。

本书共分 9 章，第 1 章绪论，介绍聚合物的基本概念和高分子科学的发展简史等。第 2 章扼要介绍了聚合物的应用，以期通过高分子在各行各业的应用实例，提高学生的学习兴趣，找到自己进一步发展的目标。从第 3 章开始，按照聚合反应机理不同，分别介绍了链式聚合中的自由基聚合（第 3 章）、自由基共聚（第 4 章）、其他链式聚合反应（离子聚合、开环聚合和配位聚合）（第 5 章）、逐步聚合（第 6 章）和聚合方法（第 7 章）及聚合物的化学反应（第 8 章）。第 8 章聚合物的化学反应，加强原理介绍，使内容更加清晰。本书最后一章（第 9 章）介绍了高分子化学领域的最新进展、检索方法和常用网站等。

本书第 1 章和第 2 章由王冬梅执笔，第 3 章和第 4 章由崔立强执笔，第 5 章由姚同杰执笔，第 6 章由朱林晖执笔，第 7 章由纪蓓执笔，第 8 章由宋艳执笔，第 9 章由闫毅执笔，周俐军负责全书数字化资源的整合和统编。北京师范大学刘正平教授对全书进行审阅。

为了体现高分子科学的新进展，在每章中合适的位置通过二维码的形式，增加了相关知识的拓展内容文本或视频等资料，可供学有余力的学生提高和开阔视野，多数章节的最后补充了高分子化学的前沿知识。同时结合教育部对课程思政的建设要求，每章都在开头增加了学习导航，最后增加了课程思政任务单、思维导图、拓展知识等内容，可作为教师的选讲内容和学生的自学内容。为了便于课后练习及思考，各章都补充了适当的习题及参考答案。

由于作者知识水平的限制，书中难免存在问题和错误，请广大读者批评指正。

王冬梅

2022 年 1 月于青岛

目 录

第 4 章
自由基共聚　　　　56

学习导航 / 56

第 7 章

聚合方法　　　　　　　　　163

第 8 章

聚合物的化学反应　　　　181

第1章
绪论

学 习 导 航

知识目标

（1）掌握高分子的基本概念、分类、命名及性质和用途

（2）知道高分子化合物的基本合成方法和特点，会比较其相同与不同之处

（3）知道高分子化合物结构与性能之间的关系

（4）知道高分子的发展历史、发展方向和未来趋势

能力目标

（1）能对高分子化合物进行判断与类型的选择

（2）正确书写任何一种高分子化合物的单体、化合物化学式及反应方程式

（3）能正确计算高分子化合物的数均分子量、重均分子量和黏均分子量及分子量分布指数

（4）能分清高分子化合物的近程结构和远程结构

思政目标

（1）通过学习高分子化学历史发展过程，培养学生探索科研、勇攀高峰、不断前进的精神

（2）针对高分子材料的特点，设计绿色环保的高分子材料，为"双碳"目标和"绿水青山就是金山银山"做贡献

（3）懂得高分子材料结构与性能的关系，从根本上解决高分子材料带给地球的污染

1.1 引　　言

　　高分子化学是研究高分子化合物（简称高分子、大分子）的合成原理及其化学反应的一门学科，同时还涵盖了聚合物的结构与性能。高分子（macromolecule）是一种由许多原子通过共价键连接而成的、分子量很大（通常为 $10^4 \sim 10^7$，也可更大）的化合物，它与"聚合物（polymer）"一词在大多数情况下没有本质区别，有时可以混用，两者的细微差异表现在，前者多指单个高分子，后者多指由许多高分子形成的宏观材料。

　　由高分子构成的材料通常称为高分子材料，它与传统的金属材料和无机非金属材料共同组成了我们周围的材料世界。材料是人类赖以生存和发展的物质基础，人类经历了石器时代、青铜器时代和铁器时代，到了 20 世纪末，人类进入高分子时代。相对于传统材料，高分子材料具有诸多优点，如原料来源丰富、密度小、力学性能优良、透明、耐腐蚀、绝缘性好、易于大量生产、成型加工简单、品种多、价格低廉等。因此，它已被广泛应用于国民经济各个领域，在工业、农业、能源、信息、通信、运输、建筑、医疗卫生、航天航空等方面发挥着重要作用。高分子材料也已渗透到人类生活的各个方面，其中包括用于制做衣服的纤维和皮革，作为食物的蛋白质和淀粉，家庭用的涂料、地板、泡沫材料、绝缘材料、家具、门窗和管道，用作汽车轮胎的橡胶，甚至构成人体的蛋白质和核酸等也是高分子。可以说，高分子无处不在，人们一直生活在高分子的世界里。

　　按照来源，高分子材料可分为天然高分子、改性天然高分子和合成高分子三类。天然高分子是生命起源和进化的基础，包括多糖（纤维素、淀粉）、蛋白质、核酸、天然橡胶等。天然高分子材料受到自然条件和资源的限制，产量低，性能相对单一，无法满足人类对材料日益增长的需求。本书介绍的合成高分子是通过适当的化学反应来制备的，这种用于制备高分子的反应称为聚合反应（polymerization），简称聚合。

1.2 高分子的发展历史

　　作为一门学科，高分子只有百余年历史，但其始终与人类的生活息息相关。高分子学科的发展可以大致分为八个阶段：

　　第一阶段　1800 年以前，人们只会直接使用一些天然的高分子材料，如棉、麻、丝、毛、淀粉、肉类蛋白质等。

　　第二阶段　1840—1900 年（从 19 世纪中叶开始），人们开始对天然高分子进行较大规模的化学改性。在此阶段，重要的事件包括：

1839 年，美国人 Goodyear 发明硫化橡胶。

1844 年，Goodyear 又发现无机金属氧化物（如 CaO、MgO、PbO）与硫黄并用，能够加速橡胶的硫化，缩短硫化时间。

1845 年，英国工程师 Thompson 在车轮周围套上一个合适的充气橡胶管，并获得了这项设备的专利，到了 1890 年，轮胎被正式用在自行车上，到了 1895 年，被用在各种老式汽车上。

1855 年，英国人 Parks 用硝化纤维素与樟脑混合制得赛璐珞。

1869 年，31 岁的印刷工人 Hayat 发明赛璐珞，三年后，第一个生产赛璐珞的工厂在美国建成投产，标志着塑料工业的开始。

1889 年，法国人 Chardonnet 发明人造丝。

1893—1898 年，发明黏胶纤维。

第三阶段　20 世纪初，早期聚合物的合成阶段（是高分子学说建立的前期铺垫）。

1909 年，Baekeland 发明酚醛树脂。

1911 年，英国的 Matthews 合成出聚苯乙烯。

1911 年，丁钠橡胶在俄国出现。

1927 年，合成出聚甲基丙烯酸甲酯。

第四阶段　1929 年，高分子科学建立阶段。

早在 1920 年，Staudinger［图 1-1（a）］发表了提出"高分子线链型概念"的《论聚合》论文。1930 年得到法拉第学会的认可，由于其在高分子其他方面的卓越成就，他本人获得了 1953 年的诺贝尔化学奖，被公认为高分子科学的创立者。

另一位是 Carothers［图 1-1（b）］，1928 年他开始系统地研究缩聚反应，1935 年成功研制出尼龙-66，之后实现了工业化。1930 年，他在缩聚反应理论方面有很多贡献，被誉为合成纤维的开山祖师，也是高分子科学的奠基人之一。

同时还有一位是 Carothers 的学生 Flory［图 1-1（c）］，他在高分子聚酯动力学和连锁聚合机理、高分子溶液理论和分子量测定等方面都推动了高分子化学的发展，由于其在高分子领域的多方面贡献，获得了 1974 年的诺贝尔化学奖。

1928—1941 年，投产的高分子产品包括：聚氯乙烯 PVC（1928 年）、聚苯乙烯 PS（1930 年）、聚甲基丙烯酸甲酯 PMMA（1930 年）、高压聚乙烯 PE（1935 年）、聚乙烯醇 PVA（1936 年）、尼龙 -66（1938 年）、涤纶树脂（1941 年）。

第五阶段　1940—1950 年，高分子工业相互促进共同发展，其间丁苯橡胶、丁腈橡胶（1937 年），丁基橡胶、氟树脂和 ABS 树脂（1948 年）被合成出来。

第六阶段　1950 年以后，Ziegler［图 1-2（a）］和 Natta［图 1-2（b）］发明了用金属配位催化剂合成高密度聚乙烯和全同聚丙烯（PP），开拓了高分子合成的新领域，二者在 1963 年获得了诺贝尔化学奖。Szwarc 为阴离子聚合和活性高分子的研究做出了贡献，为顺丁橡胶、SBS（苯乙烯 – 丁二烯 – 苯乙烯）嵌段共聚物（热塑性弹性体）的发展提供了理论基础。20 世纪 60 年代，高分子进入了繁荣发展阶段。

(a)　　　　　　　　　　(b)　　　　　　　　　　(c)

图 1-1　高分子学科理论的主要奠基人 Staudinger、Carothers 和 Flory

1-1　高分子学科理论的主要奠基人

(a)　　　　　　　　　(b)

图 1-2　Ziegler 和 Natta

1-2　齐格勒和纳塔

第七阶段　1970—1980 年。从 20 世纪 70 年代开始，高分子从通用材料向综合性能优异、环保和高质量等方面发展。到 20 世纪 80 年代其体积产量已经超过钢铁等金属。此时，石油、天然气、煤化工都为其提供了丰富的原料。

第八阶段　1990 年至今。此阶段高分子科学向功能性、高性能、复合材料、精细化等方面迅速发展。法国科学家 Degennes（图 1-3）将现代凝聚态物理学的新概念如软物质、标度律、复杂流体、分形等推广到高分子、液晶等复杂体系。他因"超导体"、液晶与聚合物研究获 1991 年诺贝尔物理学奖。

目前，高分子化学以及作为产品代表的塑料还都处在发展

图 1-3　法国科学家 Degennes

的初期,上升空间不可限量。很多人印象中的塑料都是一些柔软有韧性的非金属材料,但日本科学家 Hideki Shirakawa[图 1-4(a)]、美国科学家 Heeger[图 1-4(b)]及 MacDiarmid[图 1-4(c)]合成出导电性与银差不多的塑料聚乙炔。2000 年,他们因在导电塑料方面的突出贡献,共同获得诺贝尔奖,而聚乙炔的核心特点是具有出色的导电性,掺入卤素后可媲美银。

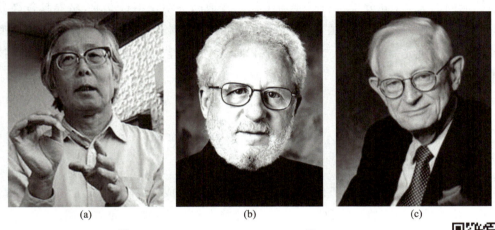

图 1-4　Hideki Shirakawa、Heeger 及 MacDiarmid

1-3　导电高分子的三个发明人

1.3　高分子科学的分支

　　高分子科学是当代发展最迅速的学科之一,它既是一门应用科学,又是一门基础科学。高分子学科是指以高分子、高分子科学、高分子材料、高分子工程为研究领域的学科,是对高分子类学科的统称。二级学科有"高分子化学与物理"和"高分子材料科学与工程"。

　　高分子是由碳、氢、氧、硅、硫等元素组成的分子量足够高的化合物。之所以称为高分子,是因为它的分子量高。常用高分子材料的分子量在一万到几百万之间,高分子量对化合物性质的影响就是使它具有了一定的强度,从而可以作为材料使用。这也是高分子化合物不同于一般小分子化合物之处。又因为高分子化合物一般具有长链结构,每个分子都好像一条长长的线,许多分子纠集在一起,就成了一个扯不开的线团,这就是高分子化合物具有较高强度,可以作为结构材料使用的根本原因。人们还可以通过各种手段,用物理的或化学的方法,或者使高分子与其他物质相互作用后产生物理或化学变化,从而使高分子化合物成为具有特殊功能的功能高分子材料。

　　高分子具有许多优良性能,高分子工业是当今世界发展最迅速的产业之一,目前世界上合成高分子材料的年产量已经超过 1.4 亿吨。

　　塑料、橡胶、纤维、涂料、黏合剂与密封材料等几大类高分子材料已被广泛应用到电子信息、生物医药、航空航天、汽车工业、包装、建筑等各个领域。

功能高分子材料：导电高分子、高分子半导体、光导电高分子、压电及热电高分子、磁性高分子、光功能高分子、液晶高分子和信息高分子材料等近年发展迅速,具有特殊功能。

高分子化学主要研究高分子化合物的合成和反应；高分子物理主要研究高分子的结构与性能间的关系；高分子材料科学与工程是普通高等学校本科专业,培养具备高分子材料科学与工程方面知识,能在高分子材料及其复合材料合成、制备、改性和加工成型等领域从事科学研究、技术开发、工艺和设备设计、生产及经营管理等方面工作的工程技术人才。

1.4   高分子的基本概念

高分子化学是研究高分子化合物(简称高分子)合成(聚合)和化学反应的一门科学；还涉及少量聚合物的结构和性能,这一部分将在高分子物理中重点介绍。

高分子也称聚合物、高聚物、高分子化合物、大分子化合物、大分子等,这些术语一般可以通用,其英文为 macromolecules, high polymer, polymer,但有时高分子可指一个大分子,而聚合物则指许多大分子的聚集体。高分子的分子量高达 $10^4 \sim 10^7$,一个大分子往往由许多简单的结构单元通过共价键重复键接而成,如聚苯乙烯由基元重复键接而成。其聚合反应式如下：

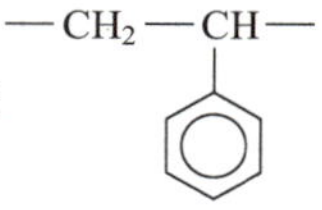

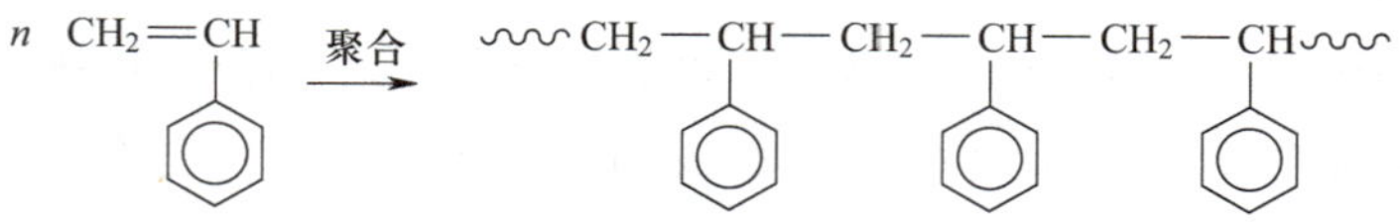

上式略去高分子链的其他部分和端基,可以缩写成 $\left[\text{CH}_2\text{—CH} \right]_n$,方括号内的

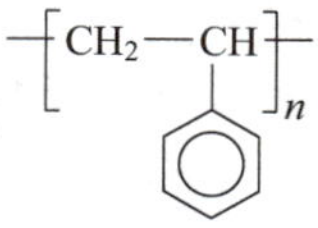

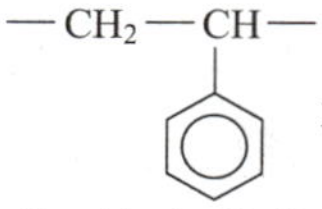

是构成聚苯乙烯的结构基元,称为**结构单元**,因为它还是重复连接的组成部分,故也称作**重复单元**。它是由聚苯乙烯单体经反应转化而来的结构,其元素组成和排列与单体相同,只是电子结构有所改变,所以称为**单体单元**。一般线型大分子类似一根链子,**重复单元**又可以称为**链节**。因聚苯乙烯分子是由单体反应生成的结构,可以同时称作**单体单元、结构单元、重复单元**或**链节**。方括号外的 n 代表重复连接的次数,在烯类单体加聚生成聚合物的反应中,又称为**聚合度**(**DP**),定义为结构单元数目(有时也可以

用 $\overline{X_n}$ 表示）。聚合度是表征高分子大小的重要参数。烯类加成反应得到的高分子的分子量就是结构单元的分子量（M_0）与聚合度或结构单元数 n 的乘积，可表示成：

$$M = DP \cdot M_0 = n \cdot M_0 = \overline{X_n} \cdot M_0$$

注意：这里 $DP = \overline{X_n} = n$。

例 1 以氯乙烯单体为原料，聚合得到的聚氯乙烯的分子量，根据其用途不同可在 $5 \times 10^4 \sim 1.5 \times 10^5$ 之间，其结构单元的分子量为 62.5，计算其聚合度。

$$n\ CH_2{=}CH \underset{\displaystyle |}{} \longrightarrow \left[CH_2CH \underset{\displaystyle |}{} \right]_n$$
$$\quad\quad Cl \quad\quad\quad\quad\quad\quad Cl$$

解：$DP = \overline{X_n} = \dfrac{\overline{M}}{M_0} = 50\,000/62.5 \sim 150\,000/62.5 = 800 \sim 2\,400$

通过计算可知，聚氯乙烯的平均聚合度应在 800~2 400，聚氯乙烯分子由 800~2 400 个氯乙烯结构单元组成。

由一种单体聚合而成的聚合物称为**均聚物**，如聚氯乙烯、聚苯乙烯。由两种以上单体共聚而成的聚合物称作**共聚物**，如丁二烯 – 苯乙烯共聚物和氯乙烯 – 醋酸乙烯酯共聚物。

聚己内酰胺（商品名称为尼龙 –6）是通过环状单体己内酰胺开环聚合得到的，在聚合物结构式中，括号内的部分可以称作结构单元或重复单元，由于其结构与单体中原子的连接方式不一样，不宜称为**单体单元**。

$$n(CH_2)_5{-}NH \longrightarrow \left[NH(CH_2)_5CO \right]_n$$

此外，聚己二酰己二胺（商品名称为尼龙 –66），由己二胺和己二酸两种单体缩聚反应制得，在合成过程中，每一次缩合反应都会脱除一分子水，其重复单元由两种结构单元—NH（CH$_2$）$_6$NH—和—OC（CH$_2$）$_4$CO—组成（图 1–5）。此时，这两种结构单元分别来源于单体己二胺和单体己二酸，缩聚反应中消除小分子水而失去了一些原子，如氢和羟基等。由于重复单元与单体组成不同，因此，该聚合物**没有单体单元**。

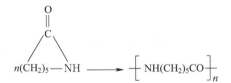

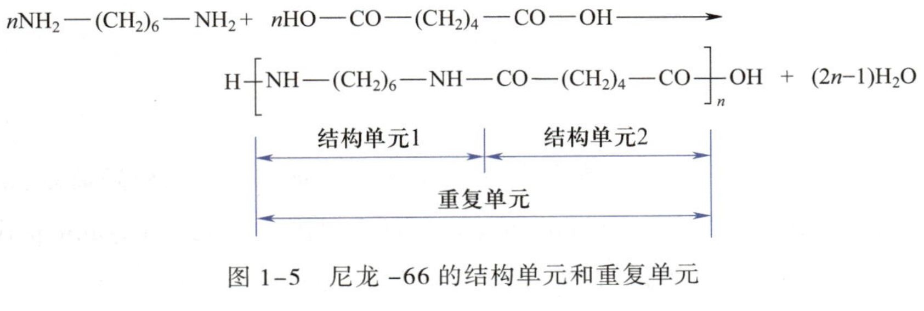

$$n\,NH_2{-}(CH_2)_6{-}NH_2 + n\,HO{-}CO{-}(CH_2)_4{-}CO{-}OH \longrightarrow$$
$$H\left[NH{-}(CH_2)_6{-}NH{-}CO{-}(CH_2)_4{-}CO \right]_n OH + (2n{-}1)H_2O$$

结构单元1 | 结构单元2
重复单元

图 1–5 尼龙 –66 的结构单元和重复单元

对于尼龙 -66 这样的聚合物,每一重复单元数中包含了两个结构单元:—NH(CH$_2$)$_6$NH—(结构单元 1)和—OC(CH$_2$)$_4$CO—(结构单元 2),有时可用聚合度 $\overline{X_n}$ 来表示每个聚合物分子中的平均结构单元数,此时结构单元聚合度 $\overline{X_n}$ 是重复单元聚合度 DP 的 2 倍,即 $\overline{X_n} = 2DP$。如果两种结构单元的分子量分别为 M_{01} 和 M_{02},则其聚合物分子量应表示为:

$$\overline{M} = n(M_{01} + M_{02}) = DP \times \overline{M_0} = \frac{\overline{X_n}(M_{01} + M_{02})}{2}$$

聚合物尼龙 -66 的分子表示为:

$$\left[\!\!\left[\mathrm{NH(CH_2)_6NH - OC(CH_2)_4CO} \right]\!\!\right]_n$$

其中,M_{01} 和 M_{02} 分别表示结构单元 1 和结构单元 2 的分子量,$\overline{M_0}$ 为重复单元的分子量。

例 2   以对苯二甲酸与乙二醇为原料,经缩聚制得聚对苯二甲酸乙二醇酯,其分子量一般在 2×10^4 左右,计算其聚合度。

解:已知—O(CH$_2$)$_2$O—结构单元分子量为 60,—OC—C$_6$H$_5$—CO—结构单元分子量为 132。

由 $\overline{M_n} = \overline{X_n} \cdot (M_{01} + M_{02})/2$ 得:

$$20\,000 = \overline{X_n} \cdot (60 + 132)/2$$

则

$$\overline{X_n} = 208 \quad DP = n = \overline{X_n}/2 = 104$$

在聚合反应中,还需要注意以下概念的区别:

均聚物:由一种单体聚合而成的聚合物。

共聚物:在连锁聚合中,由两种或两种以上单体共聚而成的聚合物。

共混物:是指两种或两种以上的均聚物或共聚物的混合物。高分子共混物中各高分子组分之间主要是物理结合,因此高分子共混物与高分子共聚物是有本质区别的。

1–4   高分子
分类及命名

1.5   高分子的分类和命名

1.5.1   高分子的分类

按高分子主链结构分类:碳链高聚物(carbon chain polymer)、杂链高聚物(heterochain polymer)、元素有机高聚物(elemental organic polymer)、无机高聚物(inorganic polymer)。

按高分子的用途分类:塑料、橡胶、纤维、涂料、胶黏剂与密封材料等。

按高分子链的结构分类：线型高分子、支链型高分子和体型高分子（交联型或网状）。

按聚合物受热时的行为分类：热塑性聚合物和热固性聚合物。

按高分子链堆积情况分类：结晶型高分子、非晶型高分子、液晶高分子和取向态高分子。

1.5.2　高分子的命名

通俗命名法：包括"聚"+ 单体名称、树脂命名法、橡胶命名法、结构特征命名法等。

习惯或商品命名法：有的能反映聚合物的结构，有的根据使用特点，有的是根据外来语来命名的。大多数纤维和橡胶常用商品名称命名，如尼龙 –66、丙纶、维尼纶、乙丙橡胶、丁腈橡胶等。

系统命名法：以聚合物的重复结构单元为基础，按有机物的标准命名法加以命名。

1.6　聚合反应的类型

1–5　聚合
反应分类

由低分子单体形成高聚物的化学反应叫**聚合反应**。

1.6.1　根据聚合物组成和结构分类

加聚反应（polyaddition reaction）和缩聚反应（polycondensation reaction）。

1.6.2　根据聚合机理分类

连锁聚合（chain polymerization）和逐步聚合（step–reaction polymerization）。

1.7　聚合物的一般特征

1–6　聚合物
的特征

1.7.1　基本特征

1. 分子量大是高分子的根本性质

分子量多大才算是高分子？其实，并没有明确界线。一般高分子的分子量在 10^4~10^7，超高分子量的聚合物的分子量高达 10^7 以上。高分子的强度、高分子的加工性能都与分子量密切相关。

2. 分子量具有多分散性

什么是分子量的多分散性(polydispersity)?

高分子不是由单一分子量的化合物所组成的, 即使是一种"纯粹"的高分子, 也是由化学组成相同、分子量不等、结构不同的同系聚合物组成的混合物。这种高分子的分子量不均一(即分子量大小不一、参差不齐)的特性, 就称为分子量的多分散性。一般测得的高分子的分子量都是平均分子量。其表示方法包括: **数均分子量(M_n)**、**重均分子量(M_w)**、**黏均分子量(M_v)** 和 **Z 均分子量(M_z)**。

1.7.2　分子量多分散性的表示方法

一般以分子量分布指数来表示, 即重均分子量与数均分子量的比值, M_w/M_n。同时, 也可以用分子量分布曲线来表示分子量的多分散性。分子量分布是影响聚合物性能的因素之一。

1.7.3　高分子结构的复杂性

高分子结构一般为链结构。其大致分为三种: 线型、支链型、体型。

线型高分子　　　　支链型高分子　　　　体型高分子

在高分子链中, 结构单元的**化学组成**相同时, **连接方式**和**空间排列**也会不同。其中包括序列结构、立体异构和顺反异构。

1-7　高分子的聚集态和热转变

1.8　聚合物的聚集态及热转变

高分子的聚集态结构是指高聚物材料整体的内部结构, 即高分子链与链之间的排列和堆砌结构, 一般分为非晶态结构和晶态结构。非晶态高分子没有熔点, 在比体积 – 温度曲线上有一转折点, 此点对应的温度称为玻璃化转变温度, 用 T_g 表示。T_g 是非晶态高聚物的主要热转变温度。高聚物也可以高度结晶, 但不能达到 100% , 即结晶高聚物可处于晶态和非晶态两相共存的状态。结晶熔融温度 T_m , 是结晶高聚物的主要热转变温度。

1-8　第1章课程思政任务单　　　　　1-9　第1章思维导图

习题

1. 说出10种你在日常生活中遇到的高分子的名称。

2. 下列物质中哪些属于聚合物?

（1）水;（2）羊毛;（3）肉;（4）棉花;（5）橡胶轮胎;（6）涂料。

3. 写出下列高分子的重复单元的结构式:

（1）PE;（2）PS;（3）PVC;（4）POM;（5）尼龙;（6）涤纶。

4. 分子量为10 000的线型聚乙烯、聚丙烯、聚氯乙烯、聚苯乙烯的聚合度分别为多少?

5. 聚乙烯醇的结构式如下所示,请按系统命名法加以命名。

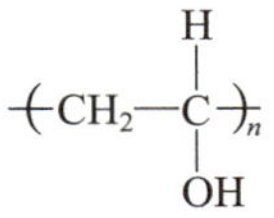

$$\begin{array}{c} H \\ | \\ -(CH_2-C)_n \\ | \\ OH \end{array}$$

6. 谈谈你对高分子的认识。

7. 为什么聚合物只能以固态或液态存在,不能以气态存在?

8. 说出改善结晶聚合物透明性的方法。

9. 解释当高分子结晶熔融时,会出现熔限的原因。

10. 交联聚合物具有什么样的特性?

11. 高分子的结晶具有什么特点,它与小分子相比有何异同?

12. 画出本章内容的思维导图。

1-10　第1章习题参考答案

1-11　拓展知识:从诺贝尔奖看高分子百年

第**2**章
聚合物的应用

学 习 导 航

知识目标

（1）掌握高分子可以应用的领域和相关应用的实例

（2）知道高分子化合物在医学、生物和药物方面应用时的注意事项

（3）知道高分子化合物应用发展的方向和未来的趋势

能力目标

（1）能对聚合物的应用做出可行性判断与类型的选择

（2）熟悉高分子化合物在医学、生物及药物方面应用时的特殊条件

（3）能应用聚合物材料设计原理找出生活中需要的合适的聚合物

（4）运用已有知识设计合成生物降解聚合物，并解释其节能减排的原理

思政目标

（1）知道制约我国高分子材料发展的因素有哪些，并立志运用学过的高分子化合物知识为解决相关难题而努力

（2）知道原有传统聚合物给地球环境带来的污染，设计合成生物降解聚合物，为建设绿色家园努力

2.1 引　　言

高分子材料是以高分子化合物为基体的材料，按来源可分为天然高分子材料和合成高分子材料。天然高分子是以天然纤维、天然树脂、天然橡胶、动物胶等形式存在于动

物、植物等生物体内的高分子物质。合成高分子材料主要指的是塑料、合成橡胶、合成纤维以及胶黏剂、涂料和具有其他功能的高分子材料。合成高分子材料密度较小、力学性能和可塑性好、易改性,有较强的耐磨性、耐腐蚀性和电绝缘性,美观耐用,具有天然高分子材料所无法比拟的优越性能,被广泛应用于工业、建筑、交通运输、生物医疗甚至航空航天等领域,对国民经济的发展起着非常重要的作用。

新材料产业,尤其是先进高分子材料,被定义为工业粮食,制造业发达的国家都高度重视自身的工业粮食安全。无论是美国、日本还是欧洲国家,在产业规划中都将以高分子材料为代表的新材料列为重点领域。

2.2 工业、农业、工程中的应用

2.2.1 电线电缆行业中的应用

高分子导电材料用作电线电缆半导电屏蔽层以改善电场分布;电线电缆和贯通地线的外护层;自控温加热电缆的半导电线芯等。其他如电缆接头和终端经常使用的半导电自粘带,电缆综合防水层用的半导电阻水带等也可归为高分子导电材料。

2.2.2 煤矿生产中的应用

目前煤矿中使用的高分子材料有聚氯乙烯、橡胶、聚甲醛、聚酰胺、聚氨酯、聚四氟乙烯、尼龙、合成纤维等。如将氯化聚乙烯与氯丁橡胶或苯乙烯 – 丁二烯橡胶并用制成胶带运送机胶带;用尼龙、聚四氟乙烯等制成液压支架,各种挡圈、支承环、导向环等密封件;用塑料制成电气设备外壳或矿用电缆护套等。

2.2.3 家居装饰材料行业中的应用

常见的家居装饰饰面材料主要包括实木(俗称贴木皮)、三聚氰胺纸(俗称贴纸)、聚酯漆面(俗称烤漆)及 PVC、PP 等高分子复合材料,可应用于家具、音响、装饰、免漆板、免漆门、橱柜、建材、天花板等,以及居室内墙和吊顶的装饰。

塑料及其复合材料在基础设施建设方面,主要应用于路基、高等级公路的护栏,各种交通标识、标牌,高速铁路的钢轨扣件,轨道的填充材料、弹性枕木等部件。而在交通运输工具方面,应用塑料材料最多的是汽车工业,而在机车上,塑料则主要用于无油润滑部件、制动盘摩擦片、车窗玻璃等,在其他类型的交通运输工具上,塑料及其复合材料的应用也越来越广泛。

2.2.4　机械工业中的应用

在机械工业生产过程中,随着科学技术的不断提高,高分子材料也将会取代一些传统的工业材料,如在生产建筑工程中使用的钢管,已经被高分子材料取代。这些高分子材料制成的管道,不仅比钢管更轻、更耐腐蚀,也能更方便地应用到建筑施工中,改变了笨重的传统生产方式,降低了能源的消耗和对环境的污染,达到了经济、耐用、环保、节能的要求。其中要提到聚氨酯弹性体材料,这种材料在工业应用过程中,不仅有效地发挥其自身很好的耐磨性,还能够减少对环境的污染。还有聚甲醛高分子材料,能够代替传统的有色金属材料制造齿轮、轴承等物品,不仅降低了能源消耗,还能够减少投入成本。

2.2.5　农业生产中的应用

目前在现代农业使用较为广泛的高分子材料中,人们最为熟悉的就是在种植过程中使用的棚膜、地膜(图 2-1),不仅能够作为保温大棚的覆盖面,还能直接在土地上进行地膜覆盖。高分子材料制成的地膜本身具有保温、保湿、防虫等众多优点,并且还非常轻便、耐磨,不仅为农民提供了良好的种植条件,还能够减少投入成本,对农业生产起到了非常重要的作用。在渔业生产作业中,渔民使用的渔网、索绳等物品都是高分子材料生产加工而成的,这些高分子材料制成的物品不仅超强耐用,还非常轻便,易于操作。此外,在农业生产中还利用高分子材料对种子进行处理,从而改善种子的外观与形状,更好地提高农业生产效率。

(a)　　　　　　　　　　　　　　(b)

图 2-1　农业用棚膜(a)和地膜(b)

2.2.6 电气工业中的应用

高分子材料由于其自身的特性,当其应用在电气工业中时,不仅能够有效地保护电气设备的运行安全,还能够提高电气设备的质量。首先在电气设备中使用阻燃的高分子材料对传统材料进行代替,如变压器的开关保护等装置,这样能够在电气设备出现过热情况下保持正常运行,降低因为电气设备高温、火星等产生的消防隐患,更好地保护电气设备不受到火灾的影响。其次,提升电线电缆等设备材料的防火性能,因为电缆等设备是引发火灾的重要原因,是传递火灾的载体,因此必须要提高其安全性能,通过应用高分子阻燃材料进行保护,能够降低火灾的发生概率,为社会和谐发展提供保障。

2-1 高分子材料在工业、农业和工程方面的应用及前景趋势

2.3 医学、生物学、药物中的应用

随着生命科学及生物材料的发展,医用高分子材料在医学、生物学、药物等领域中已得到广泛而重要的应用,其未来将为人类社会做出更大的贡献。

2.3.1 医学、生物学中的应用

随着科技的不断发展,高分子材料因为其生物活性高、适用性广的优点在医学领域得到了广泛应用,且其应用效果非常明显。目前高分子材料在现代医学中已经广泛应用,如在人工肾、人工心脏、人工皮肤(图 2-2)等方面,其作用非常重要。此外,在一些高精尖的医疗器械上,高分子材料的应用也非常广泛,如医生在缝合伤口时使用的缝线,以及一些治疗过程中植入的器械等都是由高分子材料制成的。所以,高分子材料的应用研究为保证医学治疗水平的提高起到了重要作用。

生物医学材料包括金属材料、无机非金属材料和高分子材料。高分子生物医学材料也称医用高分子材料,它是一类用于临床医学的高分子及其复合材料,是生物医学材料的重要组成部分,适用于人工器官、外科修复、理疗康复、诊断检查、治疗疾患等医疗保健领域,并要求对人体组织、血液无不良影响。其研究内容包括两个方面,一是设计、合成和加工符合不同医用目的的高分子材料与制品;二是最大限度地克服这些材料对人体的伤害和副作用。

生物医学高分子材料发展动力来源于医学领域的客观需求。当人体器官或组织因疾病或外伤受到损坏时,迫切需要器官移植。然而,只有在很少的情况下,自体器官(如少量皮肤)可以满足需要。采用同种异体移植或异种移植,会发生排异反应,严重时导致移

植失败。在此情况下,人们自然设想利用其他材料修复或替代受损器官或组织。早在公元前 4000 年,古埃及人就曾使用亚麻和由天然黏合剂黏合的亚麻来缝合伤口,使伤口能及时愈合。之后,古人又尝试使用棉花纤维、马鬃、棉线、细皮革条、肠衣线和蚕丝等。19 世纪,医用纤维成为手术缝合线。

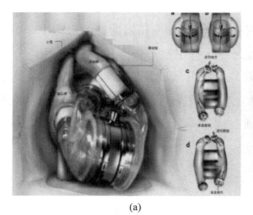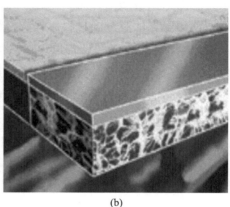

(a)   (b)

图 2-2   人工心脏(a)和人工皮肤(b)

进入 21 世纪,随着高分子科学迅速发展,新的合成高分子材料不断出现,带动了生物医用高分子材料的发展,为医学领域提供了更多的选择余地。另一方面,自 20 世纪 50 年代初以来,由于人们在合成及加工技术和消毒技术等方面取得了长足的进步,生物医用高分子材料的发展更加迅速。人工血管、人工肾、人工肝等人工器官,先后试用于临床。治疗新冠病毒感染的设备人工肺也应运而生(图 2-3)。

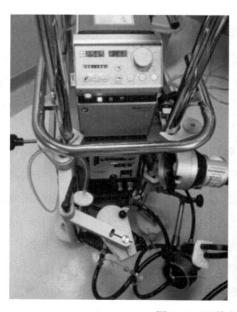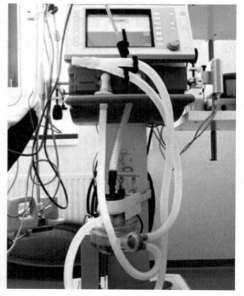

图 2-3   两种人工肺 ICU-ECMO

2-2　高分子
材料在生物、
医学和药物
方面的应用及
前景趋势

2.3.2　药物中的应用

　　高分子在药物中的应用一般分为药用高分子辅助材料和高分子药物。药用高分子辅助材料是指在将具有药理活性的物质合成各种药物制剂中使用的高分子材料。天然药用高分子辅助材料主要有淀粉、多糖、蛋白质、胶质等。生物药用高分子辅助材料主要有右旋糖酐、质酸、聚谷氨酸等。常用的合成药用高分子辅助材料主要有聚丙烯酯、聚乙烯基吡咯烷酮、聚乙烯醇、聚乙烯、聚丙烯、聚氯乙烯、聚苯乙烯、聚碳酸酯和聚乳酸等。此外还有利用天然或生物高分子活性进行化学反应引入新基团或新结构产生的半合成高分子。

　　高分子药物是一些具有水溶性并自身带有药理作用,可直接作药物使用的高分子。按分子结构和制剂的形式,高分子药物可分为三大类:高分子化的低分子药物、本身具有药理活性的高分子药物、物理包埋的低分子药物及其包装外壳或胶囊等(图 2-4)。

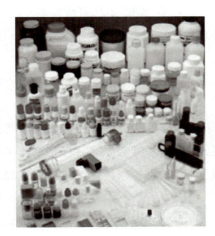

图 2-4　高分子药物包装外壳及胶囊等

2.4　水处理、建筑、纺织中的应用

2.4.1　水处理中的应用

　　高分子分离膜是由聚合物或高分子复合材料制得的具有分离流体混合物功能的薄膜。膜分离是依据膜的选择透过性,将分离膜作为间隔层,在压力差、浓度差或电

位差的推动下,借助流体混合物中各组分透过膜的速率不同,使之在膜的两侧分别富集,以达到分离、精制、浓缩及回收利用的目的。单位时间内流体通过膜的量(透过速率)、不同物质透过系数之比(分离系数)或对某种物质的截留率是衡量膜性能的重要指标。

各种高分子分离膜被广泛用于核燃料及金属提炼、食品浓缩及富氧空气制备、气体及烃类分离、海水及苦咸水淡化、纯水及超纯水制备、环境保护和水处理、人工肾及人工肺装置、药物的缓释等方面。

其在水处理中的应用主要包括:

(1)海水、苦咸水的淡化。淡化水的方法主要有蒸馏法、电渗析法、冷冻结晶法、液膜法及反渗透法。其中反渗透法因能量消耗最小而最有前途。

(2)纯水、超纯水的制备。采用反渗透法、超滤法等能较好地克服传统采用的化学凝聚、离子交换树脂等方法的缺点,流程简单、成本低廉、水质优良。

(3)工业废水的处理。膜分离作为新兴、高效的方法在国内外已广泛应用于处理工业废水。特别是反渗透法和液膜法的应用最为广泛。如采用超滤法处理电泳漆;电透析法处理造纸废水、电镀废水、印刷制版废水;液膜法回收废液中的锌等。

应用于水处理行业中的高分子主要有三类:改性淀粉类、壳聚糖类、纤维素类。近年来对前两类的研究较多,高分子在水处理中主要用作絮凝剂和重金属吸附剂。

2.4.2　建筑中的应用

高分子材料在建筑中的应用非常广泛。高分子材料可以制成各种型号的排水管道、导线管、塑料门窗以及防水材料。代表性的有聚氯乙烯、氨基树脂、酚醛树脂、聚乙烯等,它们具有较强的防水、防腐、耐磨和抗震性能,并且质量轻、隔音和绝热保温性能优异,在建筑领域表现出了良好的发展前景。

节能型高分子材料是在原有的高分子材料的基础上,发展而成的一种新型材料。目前,常见的节能型高分子材料主要有三种,其一是直接节能型高分子材料,如聚氨酯泡沫塑料、高分子相变材料以及酚醛树脂等保温性材料。其二是功能性节能或储能型高分子材料,如聚合物太阳能电池以及热致变色高分子材料。其三是间接节能型高分子材料。其中,直接节能型高分子材料在建筑工程中的应用已经比较成熟,功能性节能或储能型高分子材料是通过材料自身的功能,实现室内能源的供给或者降低能源消耗,而间接节能型高分子材料主要通过对传统的高分子材料进行改良,进一步提高其稳定性、防水性、抗菌性、抗老化性以及可加工性等性质,进而达到延长材料使用寿命或者降低材料成本消耗的目的。总而言之,节能型高分子材料不仅具有质量轻、容易加工、化学性质稳定等优点,同时具备光电转化、隔热保温以及环境敏感等特殊的性能,在提高建筑工程质量、降低工程成本的同时,更好地满足了现代化环保理念的要求,在建筑工程行业具有极为广阔的应用前景,例如水立方外立面用的乙烯 – 四氟乙烯共聚膜(ETFE 膜,图 2–5)和现在家居别墅用到的新型环保高分子材料(图 2–6)等。

图 2–5　水立方外立面的 ETFE 膜　　　　图 2–6　家居别墅用到的新型环保
　　　　　　　　　　　　　　　　　　　　　　　　　　　　高分子材料

2.4.3　纺织中的应用

2–3　高分子
在水处理中
应用及前景

　　纤维作为三大合成高分子中的重要一类,可以满足人们生活中穿着、装饰、产业等多方面需求。除了一般的需求,现已开发出一大批具有高性能(高强度、高模量、耐高温等)、高功能性(高感性、高吸湿、透湿防水性、抗静电性及导电性、离子交换性和抗菌性、生物相容性等)的新型化学纤维。功能纤维是指在现有的性能之外,附加上某些特殊功能的纤维,如导电纤维,光导纤维,离子交换纤维,陶瓷粒子纤维,调温、保温纤维,生物活性纤维,生物降解纤维,弹性纤维,高发射率远红外纤维,可产生负离子纤维,抗菌除臭纤维,阻燃纤维,香味纤维,变色纤维,防辐射纤维等。纤维按用途可分为衣料用纤维、装饰用纤维和产业用纤维三类。图 2–7 为日常生活中常用的纤维材料。

　　纳米改性功能纤维作为新兴材料,包括:(1)抗菌、抑菌、除臭型纺织纤维;(2)抗紫外线型纺织纤维;(3)远红外线型纺织纤维;(4)负离子型纺织纤维;(5)抗电磁波、抗静电型纺织纤维;(6)导电型纺织纤维;(7)几种功能复合于一体的双功能或多功能纤维,如阻燃 – 导电纤维、抗菌 – 抗紫外线 – 抗红外线纤维等。

　　可以预计,抗菌纤维、抗紫外纤维、阻燃纤维等功能纤维的市场将会有惊人的发展。当纳米级超细粉末可以工业化生产后,纺织纤维高附加值产品将会得到不断的开发(图 2–8~ 图 2–10)。

图 2-7 各种日常生活中常用的纤维材料

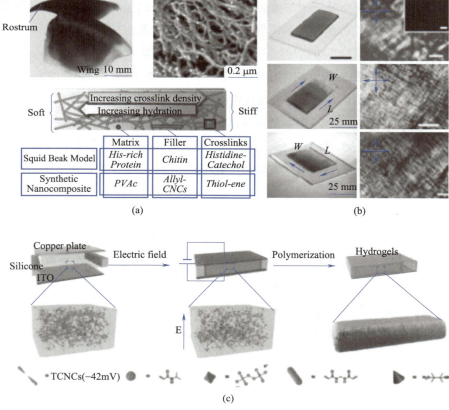

图 2-8 具有梯度结构的纤维素纳米纤维（CNF）复合材料

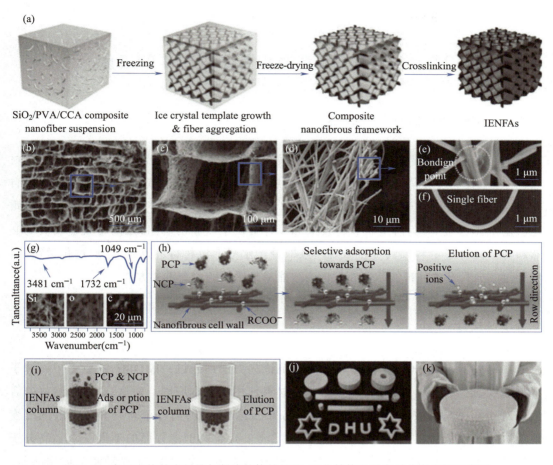

图 2-9 离子交换纳米纤维气凝胶的构筑过程、理化结构及蛋白质分离应用示意图

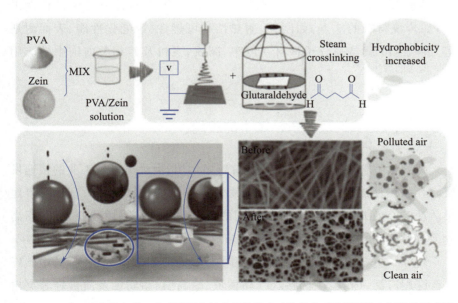

2-4 Controlled Arrangement of Nanocellulose in Polymeric Matrix: From Reinforcement to Functionality

2-5 Highly Carboxylated Cellular Structured and Underwater Superelastic Nanofibrous

图 2-10 基于疏水性交联玉米醇溶蛋白纳米纤维的多功能纳米过滤器设计和制备的示意图

2.5　航空航天、交通和军事领域中的应用

2.5.1　智能隐身技术中的应用

　　智能隐身材料是伴随着智能材料的发展和装备隐身的需求而发展起来的一种功能材料，它是一种对外界信号具有感知功能、信息处理功能，自动调节自身电磁特性功能、自我指令并对信号做出最佳响应功能的材料／系统。区别于传统的外加式隐身和内在式雷达波隐身思路设计，为隐身材料的发展和设计提供了崭新的思路，是隐身技术发展的必然趋势。高分子材料以其可在微观体系即分子水平上对材料进行设计，通过化学键、氢键等组装成具有多种智能特性而发展为智能隐身领域的一个重要方向。

2.5.2　汽车材料中的应用

　　在组成上，高分子内部高分子链间的范德华力远远超过一般分子，这赋予了高分子材料强度，这就是高分子材料能作为结构材料使用的根本原因。而这一特性，恰好符合汽车对于车体材料安全性的考虑。由于特殊的化学性质，高分子材料其化学上的可变性就决定了其强大的适应性，从而能够满足汽车行业对于多方面的不同要求。高分子汽车材料外在特点主要表现为质量轻、有良好的外观装饰效果、有多种实际应用功能、容易加工成型、节约能源、可持续利用等各方面。尽管高分子汽车材料的优良特性很多，但也有一些不如传统材料的缺点，如刚性、耐热性和可燃性、耐老化性能、表面耐划刻性和抗冻性等。图 2-11 就是高分子材料在汽车、高铁、飞机及其相关内饰中的应用实例。

2-6　高分子材料在交通、航空航天、军事中的应用及前景趋势

2.5.3　航空航天及军事领域中的应用

　　高分子材料在军事工业领域有着较多运用，促进了军事工业的快速发展。其耐热性强，并且强度较高、绝缘性良好、更能抵抗辐射，利于军事建设活动的有效开展，是优先选择使用的原材料。如在军用装备方面，用高分子材料制造的装备有防弹衣等，另外纤维、橡胶也属于应用较多的材料。

　　高分子材料在航空航天中的应用多以复合材料的形式出现，其中碳纤维树脂基复合材料应用广泛，因其具有高强度、高模量、耐高温、耐腐蚀及质量轻等突出优点，已成为航空飞机、军用飞机、直升机等的主要材料。

图 2-11 高分子材料在汽车、高铁、飞机及其相关内饰中的应用实例

2.6 高分子材料在各行各业的应用前景

进入 21 世纪,高分子材料正向功能化、智能化、精细化方向发展,由结构材料向具有光、电、声、磁、生物医学、仿生、催化、物质分离及能量转换等效应的功能材料方向发展。分离材料、智能材料、储能材料、光导材料、纳米材料、电子信息材料等的发展表明了这种发展趋势。与此同时,在高分子材料的生产加工中也引进了许多先进技术,如等离子体技术、激光技术、辐射技术等。而且结构与性能研究也由宏观进入微观,从定性进入定量,从静态进入动态,正逐步实现在分子设计水平上合成并制备达到所期望功能的新型材料。随着各项科学技术的发展和进步,高分子材料学科、高分子与环境科学等理论实践相得益彰,材料科学和新型材料技术是当今优先发展的重要技术,高分子材料已成为现代工程材料的主要支柱,与信息技术、生物技术一起,推动着社会的进步。

2-7 高分子材料在各行各业中应用及前景趋势

2-8 第 2 章课程思政任务单

2-9 第 2 章思维导图

习题

  1. 说出 5 个高分子在不同领域中的应用实例。

  2. 如果让你开发一种新型的高分子材料,你准备设计哪种材料？简单描述一下设计过程。

  3. 请说出你认为制约我国高分子材料发展的因素有哪些。

  4. 为什么说高分子材料的发展水平代表了一个国家的科技水平？

  5. 谈谈你对生物降解高分子的认识。

  6. 为什么说高分子与我们的衣食住行息息相关？

  7. 简述光学功能高分子材料的最新进展。

  8. 简述医用高分子材料需具备的条件。

  9. 简述药用高分子材料需具备的条件。

  10. 请画出本章内容的思维导图。

2-10　第 2 章
习题参考答案

第3章

自由基聚合

学习导航

知识目标

（1）掌握自由基聚合的单体、聚合机理及其特征

（2）知道引发剂种类及引发机理、反应速率及其影响因素

（3）掌握自由基聚合微观动力学及推导、自动加速现象产生的原因及后果

（4）知道动力学链长、链转移反应、聚合度及其影响因素

能力目标

（1）能够进行单体聚合能力的判断与类型的选择

（2）可以正确书写任何一个体系的基元反应式

（3）能够进行引发剂的选择及正确书写引发反应式

（4）可以根据动力学方程计算各参数，选择适当方法控制反应进程

思政目标

（1）通过自由基聚合发展历程，使学生树立坚持科学、不畏权威、求真务实、热爱真理的精神

（2）通过自由基聚合新发现，激发学生的民族自豪感、爱国情怀和学习热情

（3）通过自由基聚合生产的产品带来的"白色污染"危害，帮助学生树立可持续科学发展观和绿色生态技术观

自由基聚合反应属于链式聚合反应机理，链式聚合包括自由基聚合、阳离子聚合和阴离子聚合，配位聚合也属于离子型聚合范畴。自由基聚合是用自由基引发，使链自由基不断增长的聚合反应。

就理论研究的成熟性以及实现大规模工业化的程度，聚合反应条件的难易或者生产

成本的高低等方面比较来看，自由基聚合是合成高聚物的最重要方法之一。目前，世界上三大合成材料 50% 以上是用自由基聚合方法合成的。

3.1　链式聚合反应的特征

链式聚合反应一般由链引发、链增长及链终止三个基元反应组成。引发剂（I）分解形成活性中心 R· 的反应为初级自由基的形成反应。R· 与单体 M 发生反应，形成单体活性中心 RM·。链引发反应可表示为：

$$I \longrightarrow 2R\cdot$$

$$R\cdot + M \longrightarrow RM\cdot$$

链增长是形成大分子链的主要反应，活性种 RM· 不断与单体加成并使分子链增长。活性种打开单体的双键，同时在链端产生新的自由基活性种，如此重复实现链增长，使链增长不断进行下去，形成增长活性链。链增长过程可表示如下：

$$RM\cdot + M \longrightarrow RMM\cdot$$

$$RMM\cdot + M \longrightarrow RMMM\cdot$$

$$\cdots\cdots$$

$$RM_{(n-1)}\cdot + M \longrightarrow RM_n\cdot$$

链终止是增长的活性链失去了活性，导致链增长停止下来形成无活性聚合物的过程。链终止过程可简单表示如下：

$$RM_n\cdot \longrightarrow 稳定的大分子$$

在链式聚合反应中，引发活性中心 R· 一旦形成，就会迅速地（0.01 s 至几秒）与单体重复发生加成，活性链不断增长，最后终止成聚合物。单体转化率随反应时间不断增加，但是聚合物的平均分子量很快达到一定数值，与反应时间无关，如图 3-1 所示。

综上所述，链式聚合反应的基本特征如下：（1）聚合过程包含多个基元反应，各基元反应活化能和反应速率差别较大；（2）活性中心只和单体加成反应生成活性链自由基；（3）聚合体系中主要含有单体、聚合物、引发剂及活性增长链；（4）延长聚合时间，只能增加转化率，分子量基本不变。

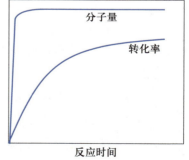

图 3-1　链式聚合过程中分子量、转化率与反应时间的关系

3.2 单体的聚合能力

单体能否进行聚合反应,需从热力学、动力学和化学结构等方面进行探讨。对热力学研究表明能自发进行的反应,才需要进一步研究。动力学主要研究反应的历程、反应速率等问题。热力学上可以发生的反应,动力学上未必可行。因此通过动力学研究,寻找合适的催化剂,以降低反应的活化能,加快反应速率,缩短接近或达到平衡状态的时间。

从化学结构看,烯烃(包括共轭二烯烃)、炔烃、羰基化合物和一些杂环化合物都可以进行自由基聚合。单体的聚合能力大小取决于烯烃单体取代基的位阻效应(取代基数量、大小及位置);对于乙烯基类单体,电子效应(诱导效应和共轭效应)是决定单体对聚合机理(如自由基聚合、阴离子聚合、阳离子聚合)的选择性的关键。

3.2.1 聚合热力学

1. 聚合反应的可行性分析

化学热力学主要研究化学反应的可行性、反应过程中的能量变化及反应进行程度。判断一个聚合反应在热力学上能否自发进行,可以从单体转变成大分子的自由能变化来判断,根据热力学定律:

$$\Delta G = \Delta H - T\Delta S$$

式中,ΔG、ΔH 和 ΔS 分别是聚合时自由能、焓和熵的变化值。$\Delta G < 0$,聚合反应正向自发进行;$\Delta G > 0$,聚合反应不能发生,逆向反应即解聚反应是自发进行的;$\Delta G = 0$,聚合反应和解聚反应为平衡状态。

在聚合反应中,打开单体的双键转变成聚合物的单键,一般为放热过程,$\Delta H < 0$,聚合反应的聚合热定义为 $-\Delta H$,为正值。单体聚合成聚合物时,混乱度减小,$\Delta S < 0$,大多数单体聚合反应都属于这一类。若使 $\Delta G < 0$,热力学上存在一个最高聚合温度。表 3–1 列出几种单体在标准状态下的聚合热($-\Delta H^{\ominus}$)和聚合熵($-\Delta S^{\ominus}$)。

表 3–1   标准状态下的聚合热和聚合熵(298 K)

单体	$-\Delta H^{\ominus}$ kJ·mol⁻¹	$-\Delta S^{\ominus}$ J·mol⁻¹·K⁻¹	单体	$-\Delta H^{\ominus}$ kJ·mol⁻¹	$-\Delta S^{\ominus}$ J·mol⁻¹·K⁻¹
乙烯	92	—	氯乙烯	72	—
丙烯	84	116	偏二氯乙烯	73	89
1–丁烯	84	113	四氟乙烯	163	112

续表

单体	$-\Delta H^{\ominus}$ $kJ \cdot mol^{-1}$	$-\Delta S^{\ominus}$ $J \cdot mol^{-1} \cdot K^{-1}$	单体	$-\Delta H^{\ominus}$ $kJ \cdot mol^{-1}$	$-\Delta S^{\ominus}$ $J \cdot mol^{-1} \cdot K^{-1}$
异丁烯	48	121	丙烯酸	67	—
丁二烯	73	89	丙烯腈	77	109
异戊二烯	75	101	乙酸乙烯酯	88	110
苯乙烯	73	104	丙烯酸甲酯	78	—
α-甲基苯乙烯	35	110	甲基丙烯酸甲酯	56	117

ΔS 相对稳定,而 ΔH 变化较大。决定单体聚合能力的主要因素在于 ΔH,聚合热($-\Delta H$)越大,聚合反应的热力学可行性越高,聚合反应越容易进行。

2. 聚合热

根据热力学定律:

$$\Delta H = Q_p = \Delta U - W = \Delta U + p \Delta V$$

对于多数聚合反应来说,其体积变化较小可以忽略不计,即 $\Delta V \approx 0$。因此 $\Delta H \approx \Delta U$。内能的变化 ΔU 取决于键能、空间张力和共轭的变化。而键能的变化起主导作用,聚合热可用聚合反应前后键能变化的理论计算值初步估算。烯类单体聚合包含一个 π 键的断裂,两个 σ 键的生成。C=C 双键键能约为 610 kJ/mol,形成 C—C 单键放出的能量约为 347 kJ/mol。总的能量变化为:

$$\Delta H = 2E_{\sigma} - E_{\pi} = 2 \times (-347) - (-610) = -84 \, (kJ/mol)$$

从表 3-1 中发现有一些单体的聚合热与估算值偏离较大,单体取代基的性质对聚合热的影响是可能的原因。这说明只用键能来估算聚合热不够准确,还需要考虑取代基的作用。

(1) 取代基的位阻效应使聚合热降低   由于取代基的位阻效应对聚合物的影响程度大于单体,带取代基的单体聚合生成大分子,取代基之间的夹角从 120° 变成 109°,大分子上的取代基之间互相靠近,空间张力变大,使聚合物能量增加,使聚合热有较为明显的下降。空间位阻对聚合热的影响见表 3-2(二维码 3-1)。

3-1   表 3-2

(2) 取代基的共轭效应使聚合热降低   许多单体的取代基由于与单体的 π 键存在共轭或者超共轭效应而对单体有稳定作用,如丙烯的取代基甲基与 π 键有超共轭效应,苯乙烯的苯环与 π 键有共轭效应,从而使单体的内能降低,而发生聚合后,双键打开,共轭效应在聚合物中不存在。因此聚合热($-\Delta H$)减小,减小的程度相当于单体的共振能。丙烯的聚合热(85.8 kJ/mol)和苯乙烯的聚合热(69.9 kJ/mol)都比计算值低。对于 α-甲基苯乙烯,由于苯基的共轭效应、甲基的超共轭效应,两个取代基的位阻效应的共同影响使聚合热(35.2 kJ/mol)大大降低。

（3）氢键和溶剂化作用使聚合热降低　当单体分子间存在氢键或者与溶剂分子之间存在溶剂化作用时，单体分子的氢键的缔合作用强于聚合物，因此体系内能增高，导致聚合热降低。如丙烯酰胺 $-\Delta H=60.2$ kJ/mol，甲基丙烯酰胺 $-\Delta H=35.1$ kJ/mol。两者聚合热降低原因之一是氢键的影响。

（4）电负性强的取代基使聚合热升高　电负性强的取代基对聚合热的影响通常比理论值高出许多。如四氟乙烯的聚合热高达 155.6 kJ/mol，偏二氟乙烯的聚合热为 129.2 kJ/mol，硝基乙烯的聚合热为 90.8 kJ/mol。硝基乙烯的电负性效应和位阻效应对聚合热的影响方向相反，接近乙烯的聚合热。

对电负性强的取代基影响聚合热有几种解释。一种认为取代基电负性大，使得双键键能变小，易于打开，消耗的能量小；一种认为可能是分子间缔合作用使聚合物的稳定性增加。

3. 聚合上限温度

当聚合和解聚处于平衡状态时，$\Delta G=\Delta H-T\Delta S=0$，这时的反应温度为聚合上限温度（ceiling temperature），记为 T_c。高于这个温度，聚合反应在热力学上不能发生。在热力学研究中，T_c 是一个重要参数。

$$T_c=\frac{\Delta H}{\Delta S}$$

严格来讲，任何聚合反应都是可逆反应。当温度达到 T_c 时，聚合和解聚反应达到平衡状态，即：

$$M_n\cdot+M\underset{k_{dp}}{\overset{k_p}{\rightleftharpoons}}M_{n+1}\cdot$$

两个反应的速率方程为：

$$R_p=k_p[M_n\cdot][M]$$

$$R_{dp}=k_{dp}[M_{n+1}\cdot]$$

达到平衡时两个反应的速率相等，有

$$k_p[M_n\cdot][M]=k_{dp}[M_{n+1}\cdot]$$

聚合度很大，则 $[M_n\cdot]=[M_{n+1}\cdot]$。此时平衡常数 K_e 与平衡单体浓度 $[M]_e$ 之间的关系为：

$$K_e=\frac{k_p}{k_{dp}}=\frac{1}{[M]_e}$$

在标准状态下，

$$\Delta G^{\ominus}=\Delta H^{\ominus}-T\Delta S^{\ominus}=-RT\ln K_e=RT\ln[M]_e$$

平衡时，$\Delta G^{\ominus}=0$，$T=T_c$，则

$$T_c=\frac{\Delta H^{\ominus}}{\Delta S^{\ominus}+R\ln[M]_e}$$

规定平衡单体浓度 $[M]_e=1$ mol/L 时的平衡温度为聚合上限温度：

$$T_e = \frac{\Delta H^\ominus}{\Delta S^\ominus}$$

$$\ln[M]_e = \frac{1}{R}\left(\frac{\Delta H^\ominus}{T_e} - \Delta S^\ominus\right)$$

上式表明,平衡单体浓度$[M]_e$是聚合上限温度T_e的函数,任何一个浓度为$[M]_e$的单体溶液,都有一个使聚合反应不能进行的T_e;反之,在某一温度下,有一个能进行聚合反应的平衡单体浓度或最低极限浓度。

表 3-3 给出了几种单体在 25℃的平衡单体浓度和纯单体的聚合上限温度。对于绝大多数单体来说,在通常温度下,$[M]_e$很低,可以忽略不计。一些单体如苯乙烯、乙酸乙烯酯、丙烯酸甲酯等,其平衡单体浓度$[M]_e$很小,表明剩余单体浓度很低,聚合趋于完成。但 α-甲基苯乙烯的$[M]_e = 2.2$ mol/L,因此室温时,总有相当一部分单体不能完全聚合。

表 3-3　几种单体的平衡单体浓度及纯单体的聚合上限温度

单体	$\dfrac{[M]_e(25℃)}{\mathrm{mol \cdot L^{-1}}}$	纯单体的 $T_e/℃$	单体	$\dfrac{[M]_e(25℃)}{\mathrm{mol \cdot L^{-1}}}$	纯单体的 $T_e/℃$
乙酸乙烯酯	1×10^{-9}	—	α-甲基苯乙烯	2.2	61
丙烯酸甲酯	1×10^{-9}	—	乙烯	—	400
甲基丙烯酸甲酯	1×10^{-3}	220	丙烯	—	300
苯乙烯	1×10^{-6}	310	异丁烯	—	50

3.2.2　单体的聚合能力

由聚合热分析可知,单体的性质决定了聚合热的差异,和聚合方式关系不大。不同的反应机理中,某些单体却表现出不同的反应活性,对单体聚合能力的探究非常必要。

1. 链式聚合的单体

能进行链式聚合反应的单体分为三类:一是含碳-碳不饱和键的单体,包括烯烃、共轭二烯烃和炔烃、丙烯酸衍生物(酸、酯、腈、酰胺)、不饱和酸酐等,如乙烯、丙烯、苯乙烯、氯乙烯、丁二烯、异戊二烯、乙炔、丙烯腈、甲基丙烯酸甲酯、丙烯酰胺等;二是羰基化合物,包括酮类和醛类,如甲醛、乙醛等;三是杂环化合物,如四氢呋喃、环氧乙烷、己内酰胺等。

含有碳-氧双键的羰基化合物和杂环化合物一般不能进行自由基聚合,羰基的极性较强,π 键断裂后具有类似离子的特性,只能进行离子型聚合。而第一类单体则可以进行自由基聚合、阴离子聚合、阳离子聚合,有些单体甚至可以进行所有三种机理的聚合反应。三类单体中尤以烯烃和共轭烯烃最为重要,统称为烯类单体。单体究竟能进行何种类型的链式聚合反应还取决于取代基的性质,下面分别进行讨论。

2. 取代基对烯类单体聚合机理的选择性的影响

取代基的空间位阻效应和电子效应是导致烯类单体聚合能力和机理差异的主要原因。

（1）取代基的空间位阻效应　取代基的数量、体积、位置等对单体的聚合能力均有较大影响。单取代烯烃（$CH_2=CHX$）和 1，1-双取代烯烃（$CH_2=CXY$）一般都能进行聚合。如果取代基体积太大,如 1,1-二苯基乙烯则难以聚合。单取代乙烯中的取代基降低了双键对称性,也会改变其极性,聚合活性比乙烯增加。而 1，1-双取代烯烃,两个取代基具有一定的对称性,聚合活性稍低于单取代烯烃。

1，2-双取代单体及三或四取代的烯烃,空间位阻较大,即使热力学上可行,但大的位阻阻碍也会导致聚合难以进行。唯一例外的是当取代基为氟原子时,氟原子半径很小,位阻效应可忽略不计,所以氟的一、二、三、四取代乙烯都可以聚合,聚四氟乙烯就是典型的例子。

（2）取代基的电子效应　取代基的电子效应包括诱导效应和共轭效应。取代基的电子效应的影响主要表现在取代基对单体不饱和键的电子云密度的改变,以及对活性种（自由基、阴离子、阳离子等）的稳定能力的影响。

对于单取代乙烯类单体 $CH_2=CH-X$（X 为 H,即乙烯）,热力学分析乙烯的 $\Delta G=-58.6$ kJ/mol,表明聚合反应是热力学可行的。但乙烯结构对称,无电子效应,聚合困难。目前工业上乙烯在高温高压下,进行自由基聚合或在特定的引发体系下进行配位聚合。

当取代基 X 为给电子基团时,双键电子云密度增大,可使阳离子的活性中心稳定,降低反应的活化能,有利于阳离子进攻进行阳离子聚合。给电子取代基有烷氧基、烷基、苯基、乙烯基等。实际上烷基的给电子能力较弱,丙烯只有一个甲基,给电子作用弱,一般不能进行阳离子聚合。丙烯自由基聚合易形成活性低的烯丙基自由基而只能得到低聚物。目前丙烯一般采用合适的引发体系进行配位聚合。带有两个给电子基团的异丁烯能进行阳离子聚合。

$$R^+ + CH_2\!\!\!\!\underset{\overset{|}{CH_3}}{\overset{\overset{CH_3}{|}}{\underset{\delta^-}{=}C}}\,\overset{\delta^+}{}\longrightarrow RCH_2\!\!-\!\!\underset{\overset{|}{CH_3}}{\overset{\overset{CH_3}{|}}{C^+}}$$

当 X 为吸电子基团时,如氰基、羰基（醛、酮、酸、酯）等将使双键的电子云密度减小,并能共轭稳定负离子活性中心,阴离子聚合容易发生。

$$R^- + \overset{\delta^+}{CH_2}\!\!=\!\!\overset{\delta^-}{\underset{\overset{|}{X}}{CH}}\longrightarrow R\!\!-\!\!CH_2\!\!-\!\!\underset{\overset{|}{X}}{HC^-}$$

乙烯类单体带有吸电子取代基,由于吸电子作用,降低了乙烯类单体双键的电子云密度,容易与自由基结合,与形成的自由基的单电子还能形成共轭效应,降低体系能量,增加了自由基稳定性。因此许多带有吸电子取代基的烯类单体,可以进行阴离子聚合和自由基聚合,如丙烯腈、丙烯酸酯类等。但若取代基有过强的吸电子倾向,如硝基乙烯、偏二氰乙烯等,则只能进行阴离子聚合。

卤素原子的诱导效应(吸电子)和共轭效应(有给电性)作用方向相反,且二者都比较弱,所以导致氯乙烯只能进行自由基聚合。

苯乙烯、丁二烯和异戊二烯等共轭烯烃,由于 π 电子云的流动性增加,容易诱导极化,自由基、阴离子、阳离子聚合都比较容易发生。

依据乙烯类单体 CH₂＝CHX 中取代基 X 电负性次序和聚合倾向的关系排列如下:

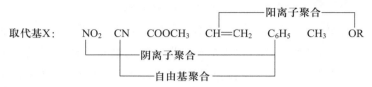

表 3-4 列出了常用烯类单体对聚合类型的选择。

表 3-4　常用烯类单体对聚合类型的选择

烯类单体	聚合类型			
	自由基	阴离子	阳离子	配位
$CH_2=CH_2$	⊕			⊕
$CH_2=CHCH_3$				⊕
$CH_2=CHCH_2CH_3$				⊕
$CH_2=C(CH_3)_2$			⊕	+
$CH_2=CH—CH=CH_2$	⊕	⊕		⊕
$CH_2=C(CH_3)—CH=CH_2$	+	⊕	+	⊕
$CH_2=CCl—CH=CH_2$	⊕			
$CH_2=CHC_6H_5$	⊕	+	+	+
$CH_2=CHCl$	⊕			+
$CH_2=CCl_2$	⊕	+		
$CH_2=CHF$	⊕			
$CF_2=CF_2$	⊕			
$CF_2=CFCF_3$	⊕			
$CH_2=CH—OR$				+
$CH_2=CHOCOCH_3$	⊕			
$CH_2=CHCOOCH_3$	⊕	+		+
$CH_2=C(CH_3)COOCH_3$	⊕	+		+
$CH_2=CHCN$	⊕	+		+

注:⊕表示已工业化, + 表示可以聚合。

3.3 自由基聚合反应历程

1935 年，德国科学家 Staudinger 提出正常的聚合反应由链引发、链增长、链终止三个基元反应组成。后来的研究表明还存在链转移反应。下面详细介绍自由基聚合常见的四个基元反应。

1. 链引发反应

链引发反应是形成自由基活性中心的反应。自由基聚合需要产生有足够活性的自由基。在光、热或辐射能的作用下，烯类单体都有可能形成自由基，但应用最广泛的是通过引发剂热分解产生自由基。所谓引发剂就是容易分解产生自由基的物质。常用的引发剂引发包括两步化学反应，第一步是引发剂 I 分解，产生一对初级自由基：

$$I \xrightarrow{k_d} 2R \cdot$$

第二步是初级自由基与单体 M 加成，形成单体自由基 $RM \cdot$：

$$R \cdot + M \longrightarrow RM \cdot$$

第一步引发剂分解反应是吸热反应，活化能为 100~170 kJ/mol，分解速率常数 k_d 为 $10^{-6} \sim 10^{-4}$ s^{-1}，反应速率慢。第二步初级自由基进攻单体，打开单体的 π 键，重新杂化生成 σ 键，这一步是放热反应，反应活化能低，为 20~34 kJ/mol，反应速率快。因此对于链引发反应，第一步引发剂分解反应是控制整个链引发反应速率的关键步骤（控速步）。

2. 链增长反应

链引发反应形成的单体自由基，迅速与其他单体发生加成反应，形成新的自由基，其加成产物称为链自由基，加成反应可以连续进行下去，形成长链自由基，这一过程称为链增长反应。

$$RM \cdot + M \longrightarrow RMM \cdot + M \longrightarrow RMMM \cdot + M \longrightarrow \cdots \longrightarrow M_n \cdot$$

链增长反应是放热反应，活化能低，为 20~40 kJ/mol，对于大多数单体，k_p 值为 $10^2 \sim 10^4$ L/(mol·s)，链增长反应速率极快，在 0.01 s 至几秒内，自由基与成千上万个单体分子的加成就能完成，聚合度可以达到数千，甚至上万。与逐步聚合不同，在反应的任何瞬间，只有未分解的引发剂、未反应的单体和已经形成的大分子链存在于反应体系中，没有聚合度不等的中间产物。

链增长反应是形成大分子链的主要反应，自由基与单体的加成可能有头 – 尾和头 – 头（或尾 – 尾）两种方式：

从电子效应和位阻效应考虑,应以头 – 尾连接方式为主,许多实验事实证明了这一点。从立体结构来看,由于自由基在空间排列是无规则的,因此自由基聚合产物通常是无定形聚合物。

3. 链终止反应

链终止反应是指链自由基的活性中心消失,形成稳定大分子的过程。自由基活性很高,相互反应的结果,使两个链自由基同时失去活性,也称为双基终止。双基终止有偶合终止和歧化终止两类。

偶合终止是两个链自由基的单电子相互结合形成共价键,生成一个饱和大分子链的反应。

$$\sim\sim CH_2CH\cdot + \cdot CHCH_2\sim\sim \longrightarrow \sim\sim CH_2CH—CHCH_2\sim\sim$$
$$\underset{X}{|} \quad \underset{X}{|} \qquad\qquad \underset{X}{|} \quad \underset{X}{|}$$

偶合终止所得大分子的特征是大分子的聚合度为链自由基结构单元数的 2 倍;用引发剂引发,在大分子两端会留下引发剂残基。

歧化终止是一个链自由基夺取另一个链自由基相邻碳原子上的氢原子或其他原子的反应,被夺氢原子的链自由基形成具有不饱和端基的大分子。

$$\sim\sim CH_2CH\cdot + \cdot CHCH_2\sim\sim \longrightarrow \sim\sim CH_2CH_2 + CH=CH\sim\sim$$
$$\underset{X}{|} \quad \underset{X}{|} \qquad\qquad \underset{X}{|} \quad \underset{X}{|}$$

歧化终止所得大分子的聚合度与链自由基中结构单元数相同;每个大分子只有一端为引发剂残基,另一端为饱和的单键,而另一个大分子的另一端为不饱和双键。

几种单体自由基聚合的终止方式见表 3–5。

表 3–5　几种单体自由基聚合的终止方式

单体	温度 /℃	偶合终止的比例 /%	歧化终止的比例 /%
苯乙烯（S）	0	100	0
	25	100	0
	60	100	0
甲基丙烯酸甲酯（MMA）	0	40	60
	25	32	68
	40	53	47
	60	15	85
丙烯酸甲酯（MA）	90	歧化为主	
丙烯腈（AN）	60	92	8

对于均相聚合体系,偶合终止是形成稳定大分子的主要方式。在聚合过程中,随单体结构和反应条件的不同,二者的比例将是变化的。偶合终止反应活化能低,易于发生,特别是在反应温度低的时候。歧化终止涉及共价键的断裂,反应活化能高,温度高易于进行歧化终止。例如,苯乙烯在很广的温度范围内,几乎100%为偶合终止。甲基丙烯酸甲酯在60℃以下聚合,两种终止方式都有,随着温度降低,偶合终止增加;在60℃以上聚合时,以歧化终止为主,歧化终止的比例随温度升高而增加。

链终止反应活化能很低,只有8~21 kJ/mol,因此速率常数极高,为10^6~10^8 L/(mol·s)。但由于自由基浓度远低于单体浓度,因此总体来看,链增长速率要远大于链终止速率。链引发速率最慢,是控制整个聚合速率的关键因素。

4. 链转移反应

链自由基在聚合体系中还可能与体系中某些分子作用而发生终止反应。如从单体、溶剂、引发剂或已形成的大分子上夺取一个原子而终止,同时形成新的自由基,再引发单体继续新的链增长,这种反应称为链转移反应。发生链转移的自由基本身失去活性,称为链转移终止、单基终止。

链转移反应通式为:

$$M_n\cdot + RX \longrightarrow M_nX + R\cdot$$

按照反应物 RX 不同,链转移反应有以下几种形式:

向引发剂(IX)转移:

$$M_n\cdot + IX \longrightarrow M_nX + I\cdot$$

向单体(MX)转移:

$$M_n\cdot + MX \longrightarrow M_nX + M\cdot$$

向溶剂(SX)转移:

$$M_n\cdot + SX \longrightarrow M_nX + S\cdot$$

向大分子(PX)转移:

$$M_n\cdot + PX \longrightarrow M_nX + P\cdot$$

向外来试剂(AX)转移:

$$M_n\cdot + AX \longrightarrow M_nX + A\cdot$$

链自由基转移形成的新自由基,如果活性不降低,对反应聚合速率影响不大,但聚合度降低,分子量减小。若新自由基活性明显下降,会导致聚合速率和聚合度都降低,称为缓聚。若新自由基非常稳定,不能再引发聚合反应,反应停止,称为阻聚。

自由基聚合为复杂反应,除上述四种主要的基元反应外,有的体系还存在其他的反应,如后面介绍的可控自由基聚合中的可逆钝化反应。这四个基元反应之间是相互联系、相互竞争的,各种基元反应及多个活性中心在整个聚合过程中会同时存在。

3.4　链引发反应

自由基聚合最常用的方式是通过引发剂热分解产生。引发剂的种类和用量对自由基聚合速率和产物分子量都有很大影响。

3.4.1　引发剂种类及引发反应

引发剂是容易分解产生自由基的物质。它在聚合过程中逐渐消耗,其残基连接在大分子端基上而不能再生,因此不能称为催化剂,而定义为引发剂。根据引发剂生成自由基的反应性质,自由基聚合引发剂分为热分解型和氧化还原型两大类。

1. 热分解型引发剂

热分解型引发剂是一些含有弱键的无机或有机化合物,因受热而使弱键均裂形成自由基。常用的有偶氮类和过氧类引发剂。

（1）偶氮类引发剂　一般通式为 R—N＝N—R,其中 R—N 键为弱键,分解反应一般为一级反应,只形成一种自由基,无诱导分解,比较稳定。典型的偶氮类引发剂如下:

① 偶氮二异丁腈(AIBN)

$$(CH_3)_2CN=NC(CH_3)_2 \xrightarrow{\triangle} N_2+2(CH_3)_2C\cdot$$
$$\quad\ \ \ |\qquad\quad |\qquad\qquad\qquad\qquad\quad |$$
$$\quad\ \ \ CN\qquad\ CN\qquad\qquad\qquad\qquad CN$$

AIBN 的特点是活性较低,可以纯的形式保存。一般在 45~65 ℃下使用,在 80~90 ℃会剧烈分解。

② 偶氮二异庚腈(ABVN)

$$(CH_3)_2CHCH_2\overset{\overset{\displaystyle CH_3}{|}}{C}-N=N-\overset{\overset{\displaystyle CH_3}{|}}{C}CH_2CH(CH_3)_2 \xrightarrow{\triangle} N_2+2(CH_3)_2CHCH_2\overset{\overset{\displaystyle CH_3}{|}}{C}\cdot$$
$$\qquad\qquad\quad |\qquad\qquad\qquad\ |\qquad\qquad\qquad\qquad\qquad\qquad\qquad\ |$$
$$\qquad\qquad\ CN\qquad\qquad\qquad CN\qquad\qquad\qquad\qquad\qquad\qquad\qquad CN$$

ABVN 的取代基体积比 AIBN 大,有较大的空间张力,而断链成自由基后,张力的消除使其活性更高。偶氮类引发剂有一定的毒性,聚合物中会残留未分解的引发剂,这限制了其使用范围。

（2）过氧类引发剂　一般通式为 R—O—O—R′,其中 O—O 键为弱键,两边的取代基会影响分解温度。最简单的过氧类引发剂是 H_2O_2,分解活化能高达 220 kJ/mol,一般不单独用作引发剂。过氧类引发剂可分为有机过氧类和无机过氧类两大类。

有机过氧类引发剂,如 H—O—O—H 中的两个氢原子被其他有机基团取代,则称为有机过氧化物（ROOR）。

典型的过氧类引发剂有：

① 异丙苯过氧化氢

$$\underset{\underset{CH_3}{|}}{\overset{\overset{CH_3}{|}}{C_6H_5-C}}-O-O-H \xrightarrow{133℃} \underset{\underset{CH_3}{|}}{\overset{\overset{CH_3}{|}}{C_6H_5-C}}-O\cdot +\cdot OH$$

② 过氧化二异丙苯

$$\underset{\underset{CH_3}{|}}{\overset{\overset{CH_3}{|}}{C_6H_5-C}}-O-O-\underset{\underset{CH_3}{|}}{\overset{\overset{CH_3}{|}}{C}}-C_6H_5 \xrightarrow{115℃} 2\,\underset{\underset{CH_3}{|}}{\overset{\overset{CH_3}{|}}{C_6H_5-C}}-O\cdot$$

③ 过氧化二苯甲酰（BPO）是最常用的引发剂之一，具有强氧化性和低毒性，易溶于大多数有机溶剂，微溶于水。BPO 中 O—O 键容易断裂，通常在 45~65℃下分解，苯甲酸基自由基可进一步分解成苯基自由基，并放出 CO_2。

$$\underset{}{\overset{\overset{O}{\|}}{C_6H_5-C}}-O-O-\overset{\overset{O}{\|}}{C}-C_6H_5 \xrightarrow{\triangle} 2\,\overset{\overset{O}{\|}}{C_6H_5-C}-O\cdot$$
$$\longrightarrow C_6H_5\cdot +CO_2$$

有时，以 BPO 为引发剂合成的聚合物放置一段时间会慢慢变黄，这是由于 BPO 残基使聚合物发生氧化。当要求聚合物具有高的透明性时，应避免使用 BPO 引发剂。

有机过氧类引发剂一般为油溶性引发剂，应用场合与偶氮类引发剂相同。分解时有副反应存在，而且可形成多种自由基。由于氧化性强，残留在聚合物中的引发剂会进一步与聚合物反应使制品性能变坏。在生产、运输与储存时需要注意安全。

常用的无机过氧类引发剂是过硫酸盐，如过硫酸钾、过硫酸铵等。其特点是具有水溶性，多用于乳液聚合和水溶液聚合。

2. 氧化还原型引发体系

氧化还原型引发体系是通过氧化还原反应产生自由基。反应活化能（40~60 kJ/mol）远低于热分解型引发剂，具有较快的聚合速率。氧化还原型引发体系分为水溶性和油溶性两类。

（1）水溶性氧化还原型引发体系　常用的氧化剂为无机过氧类化合物如过氧化氢、过硫酸盐、氢过氧化物等；常用的还原剂有 Fe^{2+}、Cu^+、$NaHSO_3$、$Na_2S_2O_3$、醇、胺、草酸等。例如：

$$H-O-O-H+Fe^{2+}\longrightarrow HO\cdot +HO^- +Fe^{3+}$$

过氧化氢的分解活化能降低，约为 40 kJ/mol。

$$S_2O_8^{2-}+Fe^{2+}\longrightarrow SO_4^{2-}+SO_4^-\cdot +Fe^{3+}$$

$S_2O_8^{2-}$ 的分解活化能从 125 kJ/mol 降为 50 kJ/mol。四价铈盐和醇类也可组成氧化还原型引发体系：

$$Ce^{4+}+RHCH_2OH \longrightarrow Ce^{3+}+H^+ + \cdot RCH_2OH$$

也有的反应可以生成多种自由基：

$$S_2O_8^{2-}+SO_3^{2-} \longrightarrow SO_4^{2-}+SO_4^- \cdot +SO_3^- \cdot$$

$$S_2O_8^{2-}+S_2O_3^{2-} \longrightarrow SO_4^{2-}+SO_4^- \cdot +S_2O_3^- \cdot$$

（2）油溶性氧化还原型引发体系　该体系常用的氧化剂有有机过氧化物，如烷基过氧化氢、过氧化二烃等，还原剂可以是叔胺、环烷酸亚铁盐、脂肪酸亚铁盐和萘酸盐（萘酸亚铜）、硫、有机金属化合物（如 AlR_3、BR_3）等。

$$C_6H_5-\overset{\overset{\displaystyle CH_3}{|}}{\underset{\underset{\displaystyle CH_3}{|}}{C}}-O-O-\overset{\overset{\displaystyle CH_3}{|}}{\underset{\underset{\displaystyle CH_3}{|}}{C}}-C_6H_5 + :NR_3 \longrightarrow C_6H_5-\overset{\overset{\displaystyle CH_3}{|}}{\underset{\underset{\displaystyle CH_3}{|}}{C}}-O\cdot + {}^-O-\overset{\overset{\displaystyle CH_3}{|}}{\underset{\underset{\displaystyle CH_3}{|}}{C}}-C_6H_5+R_3N^+\cdot$$

采用氧化还原型引发体系时应注意还原剂的用量一般要小于氧化剂的用量。还原剂可以和生成的自由基反应，使其失去活性。

$$HO\cdot +Fe^{2+} \longrightarrow HO^- +Fe^{3+}$$

3.4.2　引发剂分解动力学

链引发反应是整个自由基聚合的关键步骤。引发剂的分解通常是链引发速率的控制步骤。因此研究引发剂的分解动力学对控制聚合反应非常重要。

1. 分解速率常数

引发剂分解一般属于一级反应，则分解速率为：

$$R_d = -\frac{d[I]}{dt} = k_d[I]$$

式中，R_d 为引发剂的分解速率，$mol/(L \cdot s)$；$[I]$ 为引发剂的浓度，mol/L；k_d 为分解速率常数，s^{-1}、min^{-1}、h^{-1}。

R_d 与 $[I]$ 成正比，负号代表 $[I]$ 随时间 t 的延长而减少。将上式积分，得

$$\ln\frac{[I]}{[I]_0} = -k_d t \qquad \frac{[I]}{[I]_0} = e^{-k_d t}$$

式中，$[I]_0$ 和 $[I]$ 分别代表引发剂起始（$t=0$）和时刻 t 时的浓度。

上式表示引发剂浓度随时间变化的定量关系。固定温度，测定不同时间下的 $[I]$ 值，以 $\ln([I]/[I]_0)$ 对 t 作图，由斜率可求出引发剂的分解速率常数 k_d。$[I]$ 值的测定，对偶氮类引发剂可测定体系析出的氮气体积，对过氧类则可用碘量法。

2. 半衰期

在一定温度下，引发剂分解至起始浓度一半所需时间称为引发剂分解半衰期，以 $t_{1/2}$

表示,单位通常为 h^{-1}。$t_{1/2}$ 可以用来衡量引发剂分解速率的大小。

当引发剂分解一半时:$[I] = \dfrac{1}{2}[I]_0$

则
$$t_{1/2} = \frac{\ln 2}{k_d} = \frac{0.693}{k_d}$$

半衰期 $t_{1/2}$ 越短或分解速率常数 k_d 越大,则引发剂的引发活性越高。

3. 分解活化能

引发剂的分解速率常数与温度关系可由 Arrhenius 经验公式求得:

$$k_d = A_d e^{-E_d/(RT)}$$

或
$$\ln k_d = \ln A_d - E_d/(RT)$$

式中,E_d 为分解活化能。

改变聚合温度,测得某种引发剂的每个温度下的分解速率常数 k_d,作 $\ln k_d - 1/T$ 图,得到一条直线,由斜率可求得 E_d。表 3-6 是几种典型的引发剂的动力学参数(见二维码 3-2)。

3-2　表 3-6

3.4.3　引发剂的效率及引发剂的合理选择

引发剂分解后产生的初级自由基,实际上只有一部分用于引发单体,由此引入引发效率的概念。引发效率就是参加引发反应的引发剂量与引发剂分解或消耗总量的比值,用 f 表示。f 值一般在 0.5~0.8,引发效率低于 1 的原因是存在笼蔽效应和诱导分解。

1. 笼蔽效应

笼蔽效应是指引发剂分解产生的两个初级自由基,被周围分子(如溶剂分子)所包围,就像处在笼子中一样。初级自由基必须各自扩散出溶剂笼子,才能引发单体聚合。如果在未扩散出笼子之前,初级自由基相互碰撞发生消去、结合等副反应而失去活性,丧失引发能力,则会降低引发效率。

在聚合体系中,引发剂浓度很低。自由基在笼子内平均寿命为 $10^{-11} \sim 10^{-9} \, s$。下面以 AIBN 和 BPO 为例说明引发剂分解产生的自由基在笼内可能发生的几种反应,方括号表示笼子。

AIBN 分解产生的异丁腈自由基的笼蔽效应如下:

$$(CH_3)_2C\!-\!N\!=\!N\!-\!C(CH_3)_2 \longrightarrow [2(CH_3)_2C\cdot + N_2] \longrightarrow$$

$$\longrightarrow [(CH_3)_2C\!-\!C(CH_3)_2 + N_2]$$
(CN CN)
$$\longrightarrow [(CH_3)_2C\!=\!C\!=\!N\!-\!C(CH_3)_2]$$
(CN)

BPO 两步分解产生的自由基的笼内再结合反应如下(ϕ 代表 C_6H_5):

$$\phi COO—OOC\phi \rightleftharpoons [2\phi COO\cdot] \longrightarrow [\phi COO\cdot+\phi\cdot+CO_2] \longrightarrow [2\phi\cdot+2CO_2]$$

$$[\phi COO\phi+CO_2] \qquad\qquad [\phi—\phi+2CO_2]$$

氧化还原引发体系一般只产生一种自由基,没有笼蔽效应。本体聚合无溶剂存在,引发剂实际上处于单体笼子中,若单体活性高,易于引发,会提高引发效率。

2. 诱导分解

诱导分解是自由基向引发剂分子的链转移反应,结果是消耗掉1分子引发剂而自由基数目却不增加,消耗了引发剂,降低了引发效率。产生诱导分解的因素很多,AIBN无诱导分解,而过氧类引发剂特别容易产生诱导分解;引发剂浓度大更容易产生诱导分解;另外,单体的相对活性也对诱导分解有影响。

$$C_6H_5—\overset{O}{\overset{\|}{C}}—O—O—\overset{O}{\overset{\|}{C}}—C_6H_5+M_x \longrightarrow C_6H_5—\overset{O}{\overset{\|}{C}}—O—M_x+C_6H_5—\overset{O}{\overset{\|}{C}}—O\cdot$$

除了笼蔽效应和诱导分解外,向溶剂和链自由基的转移反应也会降低引发效率。此外,影响引发效率的因素还包括引发剂、单体种类、浓度、溶剂的种类、体系黏度、反应方法、反应温度等。

3. 引发剂的合理选择

自由基引发剂多达上百种,引发剂的选择常能决定聚合反应的成败。选择适宜引发剂的基本原则如下:

首先,考虑引发剂与反应体系的互溶性。偶氮类和过氧类等油溶性引发剂一般用于本体聚合、悬浮聚合和溶液聚合;乳液聚合和水溶液聚合可以选用过硫酸盐一类水溶性引发剂或氧化还原引发体系。

其次,根据聚合温度选择半衰期适当的引发剂,使聚合速率适宜、聚合时间适当。低活性或中等活性的引发剂可用于高温聚合;高活性的引发剂则适用于低温聚合。引发剂的选择见表3-7。

表3-7 引发剂的选择

引发剂使用温度范围 /℃	E_d/($kJ\cdot mol^{-1}$)	引发剂举例
高温,>100	138~188	异丙苯过氧化氢,叔丁基过氧化氢,过氧化二异丙苯
中温,30~100	110~138	过氧化二苯甲酰,过氧化十二酰,偶氮二异丁腈,过硫酸盐
低温,-10~30	63~110	氧化还原体系:过氧化氢-亚铁盐,过氧化二苯甲酰-二甲基苯胺
极低温,<-10	<63	过氧化物-烷基金属(三乙基铝、二乙基铅),氧-烷基金属

最后,选用引发剂应考虑和聚合体系的其他组分无副反应。

除了以上因素外,还要考虑引发剂对聚合物性能无影响,无毒性,使用和储存安全。

引发剂的选择是个复杂的问题,通过以上原则初步确定以后,还要进行条件实验方能最终确定。

3.4.4 其他形式引发

某些特殊情况下可采用热、光或辐射引发,获得的聚合物纯净度很高。

1. 热引发

不加引发剂,某些烯类单体在热的作用下直接发生自身聚合反应。典型例子是将苯乙烯密封于玻璃聚合瓶中,置于温度高于100℃的烘箱中加热若干时间,即可得到透明聚苯乙烯。热引发效率低,反应历程复杂。能进行热引发的单体很少,比较典型的有苯乙烯、甲基丙烯酸甲酯等。由于可能存在的热引发反应,市售烯类单体一般要加入阻聚剂,使用时,要纯化除去阻聚剂。

2. 光引发

光引发聚合通常是指单体在光激发下形成的自由基引发单体聚合的反应。光引发聚合可分为直接光引发聚合和光敏间接引发聚合。近年来,光引发聚合反应在制作光敏树脂印刷胶版、集成电路光刻胶等领域获得广泛应用。采用光引发制备的聚合物十分纯净、聚合温度相对较低,光强度易于控制等,发展前景广阔。

光直接引发的机理尚不清楚,一般认为吸收一定波长的光量子,单体先形成激发态,而后裂解成自由基引发聚合。丙烯酸、丙烯腈、丙烯酰胺等单体容易被光直接引发。加入光敏剂引发聚合可以极大提高聚合反应速率,所以应用更为广泛。光敏剂是指那些受到光照容易发生分子内电子激发的一类化合物,常用的光敏剂有甲基乙烯基酮和安息香酸等,AIBN 也是最常用的光敏引发剂。

3. 辐射引发

辐射引发聚合是采用高能射线辐照引发单体聚合的反应。常用的高能射线有 γ 射线、X 射线、α 射线、β 射线和中子射线几种。目前采用最多的是以 ^{60}Co 为辐射源的 γ 射线。烯类单体辐射聚合一般以自由基聚合为主。

辐射引发聚合与光引发聚合的共同特点是可以在较低温度下进行,聚合速率较快而受温度影响较小,所得聚合物极为纯洁,吸收无选择性,穿透性强,可以进行固相聚合。

3.5 聚合反应速率

聚合反应速率主要是从聚合动力学角度研究聚合速率与单体浓度、引发剂浓度、聚合温度等因素之间的定量关系。

3.5.1 聚合反应历程

典型自由基聚合反应的转化率与时间关系曲线如图 3-2 所示。多数取代烯烃如苯乙烯、甲基丙烯酸甲酯等均具有如图所示曲线。聚合过程一般分为诱导期（零速期）、聚合初期（匀速期）、聚合中期（加速期）、聚合后期（减速期）几个阶段。聚合刚开始的一段时间，聚合反应初期体系中的杂质首先消耗引发剂分解生成的初期自由基，没有聚合物生成，聚合速率为零，这一阶段称为诱导期。如果单体非常纯净，可以做到没有诱导期。

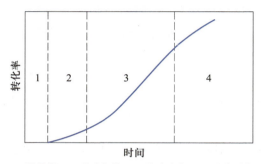

1—诱导期；2—聚合初期；3—聚合中期；4—聚合后期

图 3-2　转化率与时间关系曲线

诱导期过后，单体开始正常聚合。这一阶段的特点是聚合反应速率不随反应时间变化，为恒速聚合，称为聚合初期。转化率达到 5%~15% 之前，体系中单体和引发剂浓度相对较高，聚合反应速率与单体浓度大体呈线性关系，也称为匀速期。由于匀速反应，有利于研究微观动力学和反应机理。

随着转化率的提高，聚合反应速率逐步加大，体系黏度逐渐升高，聚合反应速率加快，出现自动加速现象，这一阶段称为聚合中期，也是聚合速率加速期。

聚合中期以后，随着单体和引发剂的不断消耗，聚合速率呈逐渐减小趋势，延长反应时间可以提高转化率，这一阶段称为聚合后期。

3.5.2 聚合反应初期动力学

自由基聚合由链引发、链增长、链终止、链转移等几个基元反应组成。一般链转移反应对聚合反应速率影响较小，在研究自由基聚合微观动力学时，主要考虑前三个基元反应对聚合反应速率的贡献。

为简化处理，可做如下假设：

（1）等活性理论，即链自由基的活性与链长无关。

（2）稳态假定，经过一段时间之后，体系中自由基浓度不变。

（3）聚合度很大假定，链引发和链增长反应都消耗单体，但聚合产物的平均聚合度一般很大，即单体主要消耗于链增长反应一步，链引发反应所消耗的单体所占比例很小，可以忽略不计。

对于热分解型引发剂，链引发反应由以下两个基元反应组成：

$$I \xrightarrow{k_d} 2R\cdot$$

$$R\cdot + M \xrightarrow{k_1} RM\cdot$$

式中，R·为初级自由基；RM·为单体自由基。

由于一个引发剂分解成两个初级自由基，因此初级自由基的速率可写为：

$$\frac{d[R\cdot]}{dt} = 2k_d[I]$$

在上述两步反应中，初级自由基的形成速率远低于单体自由基的形成速率，是控制反应速率步骤。考虑引发阶段体系中存在笼蔽效应和诱导分解等一些副反应，引入引发效率 f。这样总的链引发反应速率可写成：

$$R_i = 2fk_d[I]$$

链增长反应为单体自由基与大量单体逐一加成的过程，基元反应为

$$RM\cdot + M \longrightarrow RMM\cdot + M \longrightarrow RMMM\cdot + M \longrightarrow \cdots \longrightarrow M_n\cdot$$

对每一步反应均可写出反应速率公式：

$$R_{p1} = k_{p1}[RM\cdot][M]$$

$$R_{p2} = k_{p2}[RMM\cdot][M]$$

$$R_{p3} = k_{p3}[RMMM\cdot][M]$$

$$\cdots\cdots$$

$$R_{pn} = k_{pn}[M_n\cdot][M]$$

在每一步链增长反应中，处于链端的自由基的结构相同，只是链长不同。根据等活性理论假定，即链自由基的活性与链长无关，即各步速率常数相等：

$$k_{p1} = k_{p2} = k_{p3} = \cdots = k_{pn} = k_p$$

令自由基浓度 $[M\cdot]$ 代表大小不等的自由基 $RM\cdot$、$RMM\cdot$、$RMMM\cdot$、$\cdots$、$RM_n\cdot$ 浓度的总和，则总的链增长反应速率可写为：

$$R_p = -\left(\frac{d[M]}{dt}\right)_p = k_p[M]\sum[RM_i\cdot] = k_p[M][M\cdot]$$

双基终止是自由基聚合的主要终止方式，链终止的基元反应和速率方程式为：

偶合终止 $\qquad M_x\cdot + M_y\cdot \longrightarrow M_{x+y}$ $\qquad R_{tc} = 2k_{tc}[M\cdot]^2$

歧化终止 $\qquad M_x\cdot + M_y\cdot \longrightarrow M_x + M_y$ $\qquad R_{td} = 2k_{td}[M\cdot]^2$

一般自由基聚合反应中，两种终止方式都有，总的链终止速率为：

$$R_t = -\frac{d[M\cdot]}{dt} = 2k_t[M\cdot]^2$$

由于每一次终止反应失去两个自由基,式中引入因子 2。

式中,R_{tc} 为偶合终止速率;R_{td} 为歧化终止速率;R_t 为总终止速率;k_{tc}、k_{td}、k_t 为相应的速率常数。

自由基浓度测定困难,速率方程中的 $[M\cdot]$ 很难处理。为此提出稳态假定,假定聚合反应经过很短一段时间后,体系中自由基浓度保持恒定,进入"稳定状态",此时自由基的生成速率与消失速率相等,即引发速率等于终止速率,$R_i=R_t$,即

$$R_i = 2fk_d[I] = R_t = 2k_t[M\cdot]^2$$

可以导出
$$[M\cdot] = \left(\frac{R_i}{2k_t}\right)^{1/2}$$

聚合反应速率可以用单体消失速率表示。根据第三个假定,在假定聚合度很大的情况下,$R_i \ll R_p$,可以用链增长反应一步的速率来代表总的聚合反应速率。

$$R = R_p = k_p[M][M\cdot] = k_p[M]\left(\frac{R_i}{2k_t}\right)^{1/2}$$

上式为总聚合反应速率普适方程,可用于表达各种引发形式的聚合反应速率。当用引发剂引发时,代入引发速率的表达式 $R_i=2fk_d[I]$,得

$$R = -\frac{d[M]}{dt} = R_p = k_p\left(\frac{fk_d}{k_t}\right)^{1/2}[I]^{1/2}[M]$$

上式表明聚合速率与单体浓度的一次方,引发剂浓度的 1/2 次方成正比。

总聚合速率常数 K 为:

$$K = k_p(k_d/k_t)^{1/2}$$

总之,聚合反应速率方程是在前面三个假定基础上推导出来的,也是在满足以下两个条件的前提下提出来的:单体自由基形成速率快,对引发速率没有影响;忽略链转移反应对聚合速率的影响。

3.5.3　动力学方程的偏离

以链终止均为双基终止推导出动力学方程,聚合反应速率与引发剂浓度的 1/2 次方成正比。但在实际反应中,许多体系同时存在多种终止反应,如沉淀聚合,链自由基末端受到包围,难以双基终止,往往是单基终止和双基终止共存,使对引发剂浓度的反应级数介于 0.5~1。如氯乙烯聚合时,$R_p \propto [I]^{0.5\sim0.6}$;丙烯腈聚合时,$R_p \propto [I]^{0.9}$。

如果仅是单基终止:$R_t = -\frac{d[M\cdot]}{dt} = k_t[M\cdot]$　　$R_p \propto [I]$

双基、单基终止共存:$R_p = A[I]^{1/2} + B[I]$

有一些聚合反应,初级自由基与单体的反应较慢,链引发速率与单体浓度有关,应表

示为:

$$R_i = 2fk_d[I][M]$$

代入

$$R = R_p = k_p[M]\left(\frac{R_t}{2k_t}\right)^{1/2}$$

得到

$$R_p = k_p\left(\frac{fk_d}{k_t}\right)^{1/2}[I]^{1/2}[M]^{3/2}$$

则聚合速率与单体浓度呈 1.5 级关系。

可见,当单体自由基形成速率影响引发反应速率时,聚合反应速率对单体浓度的反应级数介于 1~1.5。

综合各种情况,聚合反应速率表达式为:

$$R_p = K[I]^n[M]^m$$

通常,式中指数 $n=0.5\sim1.0$;$m=1\sim1.5$(个别可达 2)。

对于热引发、光引发等,聚合反应速率方程式同样适用,但需换用相应的 R_i 表达式。

对于苯乙烯双分子的热引发,引发速率对单体为二级反应:

$$R_i = k_i[M]^2$$

对苯乙烯三分子的热引发,引发速率对单体为三级反应:

$$R_i = k_i[M]^3$$

光引发聚合也称光敏聚合,其引发速率为:

$$R_i = 2\phi\varepsilon I_0[S]$$

式中,ϕ 为量子效率,指每吸收一个光量子产生的自由基对数;ε 是单体的摩尔吸光系数;I_0 为体系吸收光强;$[S]$ 为光敏剂的浓度。各种不同引发方式的聚合速率表达式列于表 3-8 中(见二维码 3-3)。

3-3 表 3-8

3.5.4 温度对聚合反应速率的影响

上节得出总聚合速率常数 K 为:

$$K = k_p\left(\frac{k_d}{k_t}\right)^{1/2}$$

根据 Arrhenius 方程:$k = Ae^{-E_a/(RT)}$ $\ln k = \ln A - E_a/(RT)$

对总聚合速率常数取对数:

$$\ln K = \ln k_p + 1/2(\ln k_d - \ln k_t)$$

将 k_p、k_d、k_t 与温度的关系式代入得

$$\ln K = \ln\left[A_p\left(\frac{A_d}{A_t}\right)^{1/2}\right] - \frac{E_p + \dfrac{E_d}{2} - \dfrac{E_t}{2}}{RT}$$

总活化能为

$$E=E_p+E_d/2-E_t/2$$

一般,链增长反应活化能 E_p 为 20~40 kJ/mol,引发剂分解反应活化能 E_d 为 120~150 kJ/mol,链终止反应活化能 E_t 为 8~20 kJ/mol,则总活化能 E=80~90 kJ/mol。升高温度,速率常数增加,反应速率增大。

3.5.5　自由基聚合基元反应速率常数

链引发的速率常数 k_i 通过引发速率、引发效率与引发剂浓度的关系式容易测出,而链增长速率常数 k_p 和终止速率常数 k_t 与自由基浓度有关,测定困难。因此引入一个新的概念——自由基寿命(τ),定义为平均一个自由基从生成到真正终止所经历的时间。真正终止包括正常的双基终止,活性中心失去活性和链转移终止,转移后生成的自由基失活为止。自由基寿命可由稳态的自由基浓度与自由基的消失速率之比求得。

$$\tau=\frac{[M\cdot]_s}{R_t}=\frac{[M\cdot]_s}{2k_t[M\cdot]_s^2}=\frac{1}{2k_t[M\cdot]_s}$$

由

$$R_p=k_p[M][M\cdot]_s$$

自由基寿命也可写为:

$$\tau=\frac{k_p}{2k_t}\times\frac{[M]}{R_p}$$

多采用光聚合测定自由基寿命,使用旋转光屏测定。有两种方法:一种是在光照开始或光照熄灭以后的非稳态阶段进行,另一种是利用光间断照射的假稳态阶段测定。

由聚合速率方程可导出:

$$\frac{k_p^2}{k_t}=\frac{2R_p^2}{R_i[M]^2}$$

联立自由基寿命公式和上式就可以求出链增长速率常数 k_p 和链终止速率常数 k_t 的绝对值。

3.5.6　自动加速现象

一般聚合反应随着单体和引发剂浓度降低,反应速率应该逐渐减慢。但在自由基聚合中经常出现当转化率达到 10%~20% 后,聚合速率反而迅速增加的现象,一直持续到转化率较高时这个现象才消失,这种聚合反应速率自动加快的现象即为自动加速现象。甲基丙烯酸甲酯本体聚合和在苯中不同浓度的溶液聚合情况如图 3-3 所示。

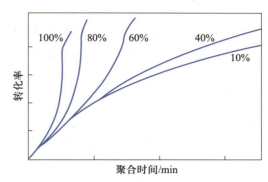

图 3-3 甲基丙烯酸甲酯聚合转化率-时间曲线（引发剂为 BPO，
溶剂为苯，温度为 50℃；曲线上数字为单体浓度）

自动加速现象主要由反应体系黏度增加导致的链自由基终止速率下降引起，凝胶效应和沉淀效应是降低终止速率的主要因素。

1. 凝胶效应

在单体-溶剂、聚合物-单体或聚合物互溶的均相体系中容易发生凝胶效应，如 MMA、乙酸乙烯酯及苯乙烯等的聚合体系中，终止反应受扩散控制。链自由基进行正常的双基终止需要进行链自由基平移、链段重排和双基有效碰撞。随着反应的进行，转化率达到一定程度（见二维码 3-4），体系黏度增加，长链自由基扩散受阻，减小了双基碰撞的概率，导致链终止速率随黏度增加而降低。而链自由基增长速率常数则基本不变，因为黏度增加对小分子单体的移动影响较小。由前面聚合速率公式可知，R_p 与 $k_p/k_t^{1/2}$ 成正比，由于凝胶效应，k_t 减小，所以 R_p 大幅增加，导致自动加速现象。当转化率继续增大，体系黏度增加到影响单体运动时，增长速率常数 k_p 快速减小，总的聚合速率开始降低。双基终止是自由基聚合独有反应，因此自动加速现象是自由基聚合的典型特征。

3-4 表 3-9

2. 沉淀效应

如丙烯腈、氯乙烯等聚合反应为非均相体系，整个聚合反应在多相体系中进行，反应一开始就可能出现自动加速现象，也称为沉淀效应。

在非均相体系中，聚合物不溶于单体或溶剂，反应开始生成的聚合物沉淀出来，链自由基被包埋在聚合物内部，双基终止被阻碍，而且沉淀效应包埋的效果远大于凝胶效应，自动加速现象可以在低温时持续很长时间。

对很多聚合体系来说，中期聚合反应速率研究非常重要，自动加速现象出现对提高反应速率是有利的，但应避免反应过快产生爆聚。实验表明，下列三个因素对自动加速现象有非常大的影响。

① 溶剂能够降低体系黏度，因此无溶剂的本体聚合出现自动加速现象比溶液聚合早。溶剂的溶解性好可以减缓，也可能不出现自动加速现象。沉淀效应就是溶解性差造

成的。

② 反应温度升高,体系黏度下降,可以延迟自动加速现象出现的时间。

③ 引发剂的用量和分子量大小有关,分子量越大,体系黏度越大,自动加速现象出现时间越短。

3.6 分子量和分子量分布

3.6.1 动力学链长和聚合度

1. 动力学链长 ν 的定义

在自由基聚合中,动力学链长为将一个活性种从引发阶段到终止阶段所消耗的平均单体分子数,记为 ν。不考虑链转移时,链增长速率和链引发速率之比即为动力学链长。稳态假定链引发速率等于链终止速率,则

$$\nu = \frac{R_p}{R_i} = \frac{R_p}{R_t} = \frac{k_p[M]}{2k_t[M\cdot]}$$

将链增长速率公式 $R_p = k_p\left(\frac{fk_d}{k_t}\right)^{1/2}[I]^{1/2}[M]$ 及引发速率公式 $R_i = 2fk_d[I]$ 代入上式,可得:

$$\nu = \frac{R_p}{R_i} = \frac{k_p\left(\frac{fk_d}{k_t}\right)^{\frac{1}{2}}[I]^{\frac{1}{2}}[M]}{2fk_d[I]} = \frac{k_p[M]}{2(fk_tk_d)^{1/2}[I]^{1/2}}$$

从上式可知:动力学链长与单体浓度成正比,与引发剂的 1/2 次方成反比。

2. 平均聚合度 $\overline{X}_n$

平均聚合度是指聚合物分子链中含有结构单元的数目,它与动力学链长有关。不考虑链转移,且自由基聚合以双基终止为主,则动力学链长和聚合度关系为:

偶合终止时 $\qquad\qquad \overline{X}_n = 2\nu$

歧化终止时 $\qquad\qquad \overline{X}_n = \nu$

两种终止方式同时存在时 $\qquad \nu < \overline{X}_n < 2\nu$

按二者比例计算: $\qquad\qquad \overline{X}_n = \dfrac{\nu}{\dfrac{C}{2}+D}$

式中,C、D 分别是偶合终止和歧化终止的比例。

当体系存在链转移时,影响分子量的情况要复杂得多。

3.6.2 有链转移时的平均聚合度

在前面已讨论了各种链转移反应,活性链向引发剂、单体、溶剂等转移反应会影响聚合度。向引发剂(I)、单体(M)、溶剂(S)转移反应的速率方程为:

$$M_x \cdot + I \xrightarrow{k_{tr,I}} M_x + R \cdot \qquad R_{tr,I} = k_{tr,I}[M \cdot][I]$$

$$M_x \cdot + M \xrightarrow{k_{tr,M}} M_x + M \cdot \qquad R_{tr,M} = k_{tr,M}[M \cdot][M]$$

$$M_x \cdot + S \xrightarrow{k_{tr,S}} M_x + S \cdot \qquad R_{tr,S} = k_{tr,S}[M \cdot][S]$$

式中,$R_{tr,I}$、$k_{tr,I}$ 分别为向引发剂转移的速率和速率常数,其他符号意义以此类推。

将以上链转移速率方程代入聚合度公式并取倒数,则

$$\frac{1}{\overline{X}_n} = \frac{R_{td} + \frac{1}{2}R_{tc}}{R_p} + \frac{k_{tr,M}}{k_p} + \frac{k_{tr,I}}{k_p} \times \frac{[I]}{[M]} + \frac{k_{tr,S}}{k_p} \times \frac{[S]}{[M]}$$

将链转移常数 C 定义为链转移速率常数与链增长速率常数之比,代表了两种反应的竞争力,也反映了某一物质的链转移能力。则三种链转移常数可分别表示为:

$$C_I = \frac{k_{tr,I}}{k_p} \qquad C_M = \frac{k_{tr,M}}{k_p} \qquad C_S = \frac{k_{tr,S}}{k_p}$$

将三种常数代入上式得:

$$\frac{1}{\overline{X}_n} = \frac{R_{td} + \frac{1}{2}R_{tc}}{R_p} + C_M + C_I \frac{[I]}{[M]} + C_S \frac{[S]}{[M]}$$

当只有偶合终止时,$R_{td}=0$:

$$\frac{1}{\overline{X}_n} = \frac{1}{2\nu} + C_M + C_I \frac{[I]}{[M]} + C_S \frac{[S]}{[M]}$$

当只有歧化终止时,$R_{tc}=0$:

$$\frac{1}{\overline{X}_n} = \frac{1}{\nu} + C_M + C_I \frac{[I]}{[M]} + C_S \frac{[S]}{[M]}$$

以上两式是链转移反应对聚合度影响的定量关系式。对于具体的聚合体系,并不一定包含以上所有链转移反应,下面只考虑歧化终止的情形,分别进行讨论。

1. 向引发剂转移

前面介绍过诱导分解导致引发效率降低,实际上诱导分解就是链自由基向引发剂转移,同时可能引起聚合度的降低。但引发剂浓度远低于单体浓度,C_I 也较小(不超过 10^{-2}),则 $C_I[I]/[M]$ 值更小,一般可以忽略向引发剂链转移对聚合度的影响。

2. 向单体转移

当无溶剂或溶剂的链转移常数较小,引发剂链转移也小到忽略不计,那么向单体的

转移对聚合度的影响为：

$$\frac{1}{\overline{X}_n} = \frac{1}{\nu} + C_M$$

此时，向单体的链转移常数对聚合度影响较大。

单体结构和聚合温度对链转移常数 C_M 影响较大。链自由基容易夺取单体上的键合力不大的氯原子、叔氢原子，如氯乙烯的 C_M 较大，约为 10^{-3}，其终止速率远低于链转移速率（$R_{tr,M} \gg R_t$），因此聚氯乙烯（PVC）的平均聚合度主要由 C_M 决定。

$$\overline{X}_n = \frac{R_p}{R_t + R_{tr,M}} \approx \frac{R_p}{R_{tr,M}} = \frac{1}{C_M}$$

而苯乙烯、MMA、丙烯腈等单体的 C_M 较小，为 $10^{-5} \sim 10^{-4}$。

由于 C_M 是温度的函数，对 C_M 较大的氯乙烯而言，PVC 的聚合度仅与温度有关。升高温度，C_M 增加，聚合度降低。这样可以通过改变温度来调节分子量，而用引发剂用量来调节聚合速率。

3. 向溶剂或链转移剂转移

链转移常数较大的小分子物质，通常 C_S 为 1 或更大，也称为链转移剂。脂肪族硫醇常用作单体链转移剂。聚合物的聚合度可以通过加入链转移剂来调节。

3–5
表 3–10

在实际应用中，可以通过链转移反应来调节聚合物的分子量。工业上常用适当的链转移剂（也叫分子量调节剂）来调控分子量。一些常见溶剂和链转移剂的链转移常数在表 3–10 中（见二维码 3–5）。

以歧化终止为例，

$$\frac{1}{\overline{X}_n} = \frac{1}{\nu} + C_M + C_I \frac{[I]}{[M]} + C_S \frac{[S]}{[M]} + C_{S'} \frac{[S']}{[M]}$$

式中，$C_{S'}$ 为分子量调节剂的链转移常数，$[S']$ 为其浓度。

4. 向大分子链转移

向聚合物的转移也不可忽视，主要是主链上产生活性点，单体在活性点上聚合，形成支链。

$$M_x\cdot + \sim\sim CH_2 - \underset{H}{\overset{X}{C}} \sim\sim \longrightarrow M_xH + \sim\sim CH_2 - \overset{X}{\underset{\cdot}{C}} \sim\sim \overset{M}{\longrightarrow} \sim\sim CH_2 - \overset{X}{\underset{M_m}{C}} \sim\sim$$

这样由分子间转移而形成的支链一般较长。高压聚乙烯除含少量长支链外，还有乙基、丁基等短支链，这是分子内转移的结果。

丁基支链是自由基端基夺取第 5 个亚甲基上的氢，"回咬"转移而形成的。乙基侧基则是加上一个乙烯分子后作第二次内转移而产生的。聚乙烯侧基数可高达 30 支链 /500 单元。

3.6.3 分子量分布

分子量分布函数包括数均分子量分布函数和重均分子量分布函数。可以采用的实验测定方法有沉淀分级法、凝胶渗透色谱法及动力学法。

数均分子量分布函数定义为聚合度为 X 的聚合物数目 N_x 在总的聚合物分子数 N 中所占比例所表示的函数。而重均分子量分布函数为聚合度为 X 的聚合物质量 W_x 占聚合物总质量 W 的比例所表示的函数。

歧化终止时每个链自由基终止后形成一个大分子。无链转移时，链增长阶段每反应一步，链长增加 1 个单体，称为成键反应。成键的概率记为 P。对于链终止反应，不产生新的共价键，称为不成键反应，不成键的概率则为 $1-P$。

$$\overline{X}_n = \frac{n}{N} = \frac{1}{1-P}$$

偶合终止时分子量分布为：$\dfrac{\overline{X_w}}{\overline{X_n}} = 1.5$

歧化终止时分子量分布为：$\dfrac{\overline{X_w}}{\overline{X_n}} = 1+P = 2$

3.7 阻聚和缓聚

3.7.1 阻聚和缓聚作用

阻聚剂是能与自由基反应生成不能引发单体聚合的低活性自由基或生成非自由基而使聚合反应完全停止的一类化合物。缓聚剂则是使聚合物反应减慢的化合物。图 3-4

为苯乙烯在 100℃ 热聚合时阻聚和缓聚的情况。有阻聚剂苯醌存在时,聚合反应开始一段时间没有产物生成,即存在一段诱导期(曲线 2)。当阻聚剂消耗完后,聚合速率不变,与无添加阻聚剂的苯乙烯热聚合(曲线 1)基本相同。但缓聚剂硝基苯则不会使聚合反应完全停止,没有诱导期,但反应速率减小(曲线 3)。而曲线 4 是加入亚硝基苯的情况,它兼有阻聚和缓聚的作用,即开始存在诱导期,当诱导期后,阻聚作用消失,反应速率也变慢,又起到缓聚作用。

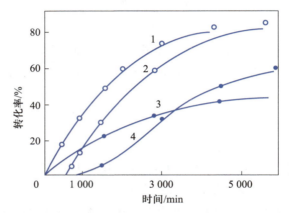

1—无阻聚剂;2—0.1% 苯醌;3—0.5% 硝基苯;4—0.2% 亚硝基苯

图 3-4 苯乙烯在 100℃ 热聚合时阻聚和缓聚的情况

3.7.2 阻聚剂的类型及作用机理

阻聚剂按组成结构分类有分子型阻聚剂和自由基型阻聚剂。分子型阻聚剂有苯醌、硝基化合物、芳胺、酚类、含硫化合物等。

自由基型阻聚剂常用的有 1,1- 二苯基 -2- 三硝基苯肼(DPPH)等。

按和自由基作用机理分为加成型阻聚剂、链转移型阻聚剂及电荷转移型阻聚剂。

① 加成型阻聚剂常见的有硫、氧气、硝基化合物及苯醌衍生物等。链自由基与阻聚剂发生快速加成反应,产生低活性自由基,不能引发聚合或减慢反应速率。如氧气具有显著的阻聚作用,自由基与氧加成,形成在低温(<100℃)低活性的过氧自由基,过氧自由基易发生终止反应,也可能引发单体聚合,形成低分子量的聚合物。但氧在高温时(>100℃)产生的过氧自由基活性高,起到引发剂的作用。

② 链转移型阻聚剂主要有 DPPH、芳胺、酚类等。DPPH 分子有自由基捕捉剂之称，能够定量地消灭自由基。DPPH 起始为紫黑色，捕捉到自由基后变为无色，因此可通过比色法定量地测定引发剂的引发效率。

③ 电荷转移型阻聚剂包括氯化铁、氯化铜等。自由基与一些变价金属盐易发生氧化还原反应，将自由基转化为非自由基，起到阻聚或缓聚作用。氯化铁阻聚效率高，能定量地消灭自由基，也可用于引发效率的测定。

3.7.3　烯丙基类单体的自阻聚作用

由于形成低活性的稳定的烯丙基自由基，某些类型的单体在聚合过程中停止反应，称为自阻聚。烯丙基类单体 CH_2＝CH—CH_2Y 中，烯丙基 C—H 键较弱，易发生向单体的链转移反应，形成的烯丙基自由基有高度共轭稳定性，不能再引发，此类单体本身就是聚合反应的自阻聚剂。

$$M_n\cdot + CH_2{=}CH{-}CH_2Y \longrightarrow CH_2{=}CH\cdot CHY + M_n{-}H$$
$$\cdot CH_2CH{=}CHY$$

常见的烯丙基类自阻聚单体有丙烯、异丁烯、乙酸烯丙酯等，对自由基活性较低。而 MMA、甲基丙烯腈等单体也能形成烯丙基自由基，但自阻聚效应较弱。可能是由于酯基和氰基对自由基具有共轭稳定作用，链自由基的活性降低，但单体的活性有所增加，链增长反应速率快于链转移速率，因此能够用自由基聚得到大分子。

3-6　第 3 章课程思政任务单　　　　　3-7　第 3 章思维导图

习题

1. 判断下列烯类单体适于何种机理聚合,自由基聚合、阳离子聚合还是阴离子聚合? 并说明原因。

$CH_2=CHCl$ $CH_2=CCl_2$ $CH_2=CHCN$ $CH_2=C(CN)_2$ $CH_2=CHCH_3$ $CH_2=C(CH_3)_2$

$CH_2=CHC_6H_5$ $CF_2=CF_2$ $CH_2=C(CN)COOR$ $CH_2=C(CH_3)-CH=CH_2$

2. 甲基丙烯酸甲酯进行聚合,试由 ΔH 和 ΔS 计算 77℃、127℃、177℃、227℃ 时的平衡单体浓度,从热力学上判断聚合能否正常进行。

3. 在甲苯中不同温度下测定偶氮二异丁腈的分解速率常数,数据如下,求分解活化能。再求 40℃ 和 80℃ 下的半衰期,判断在这两种温度下聚合是否有效。

温度 /℃	50	60.5	69.5
分解速率常数 /s^{-1}	2.64×10^{-6}	1.16×10^{-5}	3.78×10^{-5}

4. 以过氧化二苯甲酰作引发剂,在 60℃ 进行苯乙烯聚合动力学研究,数据如下:

(1) 60℃ 苯乙烯的密度为 0.887 g/mL

(2) 引发剂用量为单体质量的 0.109%

(3) $R_p=0.255 \times 10^{-4}$ mol/(L·s)

(4) 聚合度 =2 460

(5) $f=0.80$

(6) 自由基寿命 $\tau=0.82$ s

试求 k_d、k_p、k_t,建立三个常数的数量级概念,比较 [M] 和 [M·] 的大小,比较 R_i、R_p、R_t 的大小。全部为偶合终止,$a=0.5$。

5. 以过氧化二特丁基为引发剂,在 60℃ 下研究苯乙烯聚合。苯乙烯溶液浓度 (1.0 mol/L),过氧化物浓度 (0.01 mol/L),引发和聚合的初速率分别为 4×10^{-11} mol/(L·s) 和 1.5×10^{-7} mol/(L·s)。试计算 (fk_d),初期聚合度,初期动力学链长。计算时采用下列数据和条件:$C_M=8.0 \times 10^{-5}$,$C_I=3.2 \times 10^{-4}$,$C_S=2.3 \times 10^{-6}$,60℃ 苯乙烯的密度为 0.887 g/mL,苯的密度为 0.839 g/mL,设苯乙烯 – 苯体系为理想溶液。

6. 用过氧化二苯甲酰作引发剂,苯乙烯在 60℃ 进行本体聚合,试计算引发、向引发剂转移、向单体转移三部分在聚合度倒数中各占多少百分数? 对聚合度各有什么影响,计算时选用下列数据:

[I]=0.04 mol/L,$f=0.8$,$k_d=2.0 \times 10^{-6}$ s^{-1},$k_p=176$ L/(mol·s),$k_t=3.6 \times 10^7$ L/(mol·s),

ρ(60℃)=0.887 g/mL,$C_I=0.05$,$C_M=0.85 \times 10^{-4}$

7. 已知在苯乙烯单体中加入少量乙醇进行聚合时,所得聚苯乙烯的分子量比一般本体聚合要低,但当乙醇量增加到一定程度后,所得到的聚苯乙烯的分子量要比相应条件下本体聚合所得的要高,试解释之。

8. 某单体于一定温度下,用过氧化物作引发剂,进行溶液聚合反应,已知单体浓度为 $1.0 \text{ mol} \cdot \text{L}^{-1}$,一些动力学参数为 $fk_d = 2 \times 10^{-9} \text{ s}^{-1}$, $k_p/k_t^{1/2} = 0.033\ 5\ (\text{L} \cdot \text{mol} \cdot \text{s})^{1/2}$。若聚合中不存在任何链转移反应,引发反应速率与单体浓度无关,且链终止方式以偶合反应为主时,试计算:

(1)要求起始聚合速率 $(R_p)_0 > 1.4 \times 10^{-7} \text{ mol}/(\text{L} \cdot \text{s})$,产物的动力学链长 $\nu > 3\ 500$ 时,采用引发剂的浓度应是多少?

(2)当仍维持(1)的 $(R_p)_0$,而 $\nu > 4\ 100$ 时,引发剂浓度应是多少?

(3)为实现(2),可考虑变化除引发剂浓度外的一切工艺因素,试讨论调节哪些因素有利于达到上述目的。

9. 按下述两种配方,使苯乙烯在苯中用过氧化二苯甲酰在 60℃ 下引发自由基聚合:

(1)[BPO]$=2 \times 10^{-4} \text{ mol/L}$,[St]$=416 \text{ g/L}$

(2)[BPO]$=6 \times 10^{-4} \text{ mol/L}$,[St]$=83.2 \text{ g/L}$

设 $f=1$,试求上述两种配方的转化率均达到 10% 时所需要的时间比。

10. 苯乙烯在 60℃ 以过氧化二特丁基为引发剂,苯为溶剂进行聚合。当苯乙烯的浓度为 1 mol/L,引发剂浓度为 0.01 mol/L 时,引发和聚合的初速率分别为 $4 \times 10^{-11} \text{ mol}/(\text{L} \cdot \text{s})$ 和 $1.5 \times 10^{-7} \text{ mol}/(\text{L} \cdot \text{s})$。试根据计算判断在低转化率下,在上述聚合反应中链终止的主要方式,以及每一个由过氧化物引发的链自由基平均转移几次后失去活性。已知在该温度下 $C_M = 8.0 \times 10^{-5}$, $C_I = 3.2 \times 10^{-4}$, $C_S = 2.3 \times 10^{-6}$,60℃ 苯乙烯(分子量 10^4)的密度为 0.887 g/mL,苯(分子量 78)的密度为 0.839 g/mL,设苯乙烯体系为理想溶液。

3–8 第 3 章习题参考答案

3–9 拓展知识:可控–活性自由基聚合

3–10 拓展知识:典型自由基聚合物

3–11 拓展作业

3–12 拓展知识:表面引发聚合新进展及应用

3–13 拓展知识:光调控的活性自由基聚合的研究新进展

第 **4** 章
自由基共聚

学 习 导 航

知识目标

（1）理解二元共聚的分类、二元共聚物组成微分方程

（2）掌握典型二元共聚物的组成曲线、组成分布控制

（3）理解单体和自由基活性的判断方法及 Q-e 概念

能力目标

（1）能运用自由基共聚的原理对高聚物进行改性

（2）能运用自由基共聚理论指导共聚物的合成

（3）会控制共聚物的组成与结构，设计合成新的聚合物

思政目标

（1）通过自由基共聚发展过程中的故事，培养学生坚忍不拔的探索精神，追求卓越、进取永无止境

（2）通过自由基共聚发展过程中的典型人物，培养学生勇于实践、精益求精的工匠精神

（3）通过自由基共聚的反应特点，培养学生学会团结合作、公平竞争，整合资源、博采众长，为社会多做贡献

4.1 引　　言

　　共聚合是两种或两种以上的单体共同参与的聚合反应，所得聚合产物称为共聚物。按参加聚合反应的单体数量，两种单体参与的聚合反应称为二元共聚，以此类

推，三元共聚就是三种单体参与聚合，一般将三元及三元以上的共聚反应称为多元共聚。目前对二元共聚理论研究得较为透彻，而多元共聚由于参与单体多，反应机理复杂，理论研究困难，目前仅限于实际应用。共聚合这一术语多用于链式聚合的范畴。

4.1.1 共聚物的分类和命名

共聚物的序列结构是不同单体在大分子链上的相互连接形式。以最简单的二元共聚为例，按序列结构可分为以下四种类型。

1. 无规共聚物（random copolymer）

大分子链上两种单体结构单元 M_1 和 M_2 随机排列，自由基共聚多属于无规共聚，如丁苯橡胶。

$$\sim\sim\sim\sim M_1M_2M_2M_1M_2M_1M_2M_2M_1M_1M_1M_2\sim\sim\sim\sim$$

2. 交替共聚物（alternating copolymer）

大分子链上 M_1、M_2 结构单元严格交替排列，如苯乙烯 – 马来酸酐共聚物。

$$\sim\sim\sim\sim M_1M_2M_1M_2M_1M_2M_1M_2M_1M_2M_1M_2\sim\sim\sim\sim\sim$$

3. 嵌段共聚物（block copolymer）

M_1 和 M_2 两种单体单元各自形成较长的链段，间隔排列形成大分子链。根据链段的多少可以分为二嵌段、三嵌段及多嵌段共聚物，如苯乙烯 – 丁二烯二嵌段共聚物。M_1、M_2 两种单体组成的二嵌段共聚物可表示为：

$$\sim\sim\sim\sim M_1M_1M_1M_1M_1M_1M_2M_2M_2M_2M_2\sim\sim\sim\sim$$

4. 接枝共聚物（graft copolymer）

大分子中，以一种单体为主链，另一种单体形成支链，如高抗冲聚苯乙烯（HIPS）。

$$\begin{array}{c}M_2M_2M_2\sim\sim\sim\sim\\|\\\sim\sim\sim M_1M_1M_1M_1\sim\sim\sim M_1M_1M_1\sim\sim\sim\sim M_1M_1M_1\sim\sim\sim\\|\\M_2M_2M_2\sim\sim\sim\sim\end{array}$$

共聚物的命名主要采用来源基础命名法和插入一些连接字符的方法来表示：在两单体名称之间以短横线连接，前面加"聚"字或在后面加"共聚物"，如聚丁二烯 – 苯乙烯或丁二烯 – 苯乙烯共聚物。

IUPAC 命名原则，在两单体之间插入表明共聚物类型的符号，如 –co–、–alt–、–b–、–g– 分别表示无规（copolymer）、交替（alternating）、嵌段（block）、接枝（graft），如聚苯乙烯 –co– 丁二烯、聚苯乙烯 –b– 丁二烯等。命名时两种单体的前后顺序，对无规共聚物，一般序列结构含量高的单体名称在前，含量少的在后。嵌段共聚物一般按单体加入的次序，接枝共聚物是前面的单体为主链，支链单体在后。

4.1.2　研究共聚反应的意义

对共聚合的研究在理论和实际应用中都有重要意义。反应机理、聚合速率、分子量及分子量分布、共聚物的组成和序列分布等都是理论研究的重要内容，在实际应用上可以进行新的聚合物材料的设计合成。

共聚合是改进和提高均聚物性能和用途的常用方法，由一种单体合成的均聚物可能在某一方面性能有缺陷，通过合适的单体共聚，就可能改善缺陷，甚至性能更佳。如聚苯乙烯韧性差，与丁二烯接枝共聚，制得高抗冲聚苯乙烯，韧性大大提高。常用的工程塑料ABS 树脂是由丙烯腈、丁二烯、苯乙烯组成的三元接枝共聚物。ABS 为质硬、耐腐蚀、坚韧、抗冲击的性能优良的热塑性塑料。ABS 兼有三种组分的特性，丙烯腈组分的耐化学腐蚀性，可提高制品拉伸强度和硬度；丁二烯组分呈橡胶弹性，改善冲击强度；苯乙烯组分利于高温流动性，便于加工。典型共聚物改性实例见表 4-1（二维码 4-1）。

共聚合也扩大了单体的原料来源。均聚物种类有限，而把几十种单体相互共聚，则可以得到比均聚物多得多的共聚物。尤其有些化合物如马来酸酐不能聚合，但可以和其他单体如苯乙烯或乙酸乙烯酯共聚，使合成聚合物的原料范围大大扩展了。

4-1　表 4-1

4.2　共聚物组成

共聚反应时，单体的活性各不相同，聚合时所用单体的配料比与所得共聚物组成在许多情况下并不相同，而且随着共聚反应的进行共聚物的组成也不断变化。共聚物的组成对共聚产物的性能影响很大，因此研究共聚物的组成是共聚合反应中最根本的问题之一。

4.2.1　共聚反应机理及竞聚率

和均聚反应类似，自由基共聚反应也包括链引发、链增长和链终止三类基元反应，链转移反应也可能存在，为了简化问题，忽略链转移反应。在最简单的二元共聚中，两种单体参与反应，理论上存在两种链引发、四种链增长和三种链终止基元反应。

链引发：

$$R\cdot + M_1 \xrightarrow{k_{i1}} RM_1\cdot \qquad R_{i1}$$

$$R\cdot + M_2 \xrightarrow{k_{i2}} RM_2\cdot \qquad R_{i2}$$

式中，k_{i1}、k_{i2} 分别代表初级自由基引发单体 M_1 和 M_2 的速率常数。

链增长：

$$\sim\sim M_1\cdot + M_1 \xrightarrow{k_{11}} \sim\sim M_1\cdot \qquad R_{11} = k_{11}[M_1\cdot][M_1]$$

$$\sim\sim M_1\cdot + M_2 \xrightarrow{k_{12}} \sim\sim M_2\cdot \qquad R_{12} = k_{12}[M_1\cdot][M_2]$$

$$\sim\sim M_2\cdot + M_1 \xrightarrow{k_{21}} \sim\sim M_1\cdot \qquad R_{21} = k_{21}[M_2\cdot][M_1]$$

$$\sim\sim M_2\cdot + M_2 \xrightarrow{k_{22}} \sim\sim M_2\cdot \qquad R_{22} = k_{22}[M_2\cdot][M_2]$$

链终止（主要是双基终止）：

$$\sim\sim\sim M_1\cdot + \cdot M_1 \sim\sim\sim \xrightarrow{k_{t11}} P \qquad R_{t11} = 2k_{t11}[M_1\cdot]^2$$

$$\sim\sim\sim M_1\cdot + \cdot M_2 \sim\sim\sim \xrightarrow{k_{t12}} P \qquad R_{t12} = 2k_{t12}[M_1\cdot][M_2\cdot]$$

$$\sim\sim\sim M_2\cdot + \cdot M_2 \sim\sim\sim \xrightarrow{k_{t22}} P \qquad R_{t22} = 2k_{t22}[M_2\cdot]^2$$

式中，R_{11} 和 k_{11} 分别代表自由基 $M_1\cdot$ 和单体 M_1 反应的链增长速率和链增长速率常数，R_{t11} 和 k_{t11} 分别代表自由基 $M_1\cdot$ 和 $\cdot M_1$ 反应的链终止速率和链终止速率常数，其余以此类推。链增长中间两式是共聚反应，整个推导应用了后面介绍的等活性和不可逆假定。每个单体结尾的自由基都存在两种链增长反应的可能，即每个单体的链自由基都可能和两种单体 M_1、M_2 加成。因此聚合体系中存在四种链增长反应，有四个链增长反应速率常数，即 k_{11}、k_{12}、k_{22}、k_{21}。

注意：速率及速率常数的下标中，第一个数字代表某自由基，第二个数字则表示某单体。如 R_{21} 表示 $M_2\cdot$ 自由基与 M_1 单体反应的共聚速率；k_{12} 则表示 $M_1\cdot$ 自由基与 M_2 单体反应的速率常数。

定义竞聚率为：

$$r_1 = \frac{k_{11}}{k_{12}}$$

$$r_2 = \frac{k_{22}}{k_{21}}$$

r_1 和 r_2 是均聚与共聚时链增长速率常数之比，定义为单体 M_1 和 M_2 的竞聚率，r_1 和 r_2 的值取决于两种单体的相对活性，也可粗略判断共聚反应的情况。

4.2.2 共聚物组成方程

同自由基均聚反应类似，为简化推导过程，需做如下假定：

（1）等活性理论，即自由基活性与链长无关，与处理均聚动力学方程相同。

（2）前末端（倒数第二）单元结构和自由基活性无关，自由基活性仅与末端单元结构有关。

（3）无解聚反应，聚合是不可逆的。

（4）共聚物的聚合度很大，单体主要消耗在链增长反应中，链引发和链终止阶段消耗的单体可忽略不计。

（5）稳态假定。反应到一定时候，自由基总浓度以及两种链自由基的浓度都恒定，除了 $M_1\cdot$ 和 $M_2\cdot$ 自由基的各自链引发和链终止速率相等外，两种自由基互转变的速率也相等，达到稳态，即 $R_{p12}=R_{p21}$

或

$$k_{12}[M_1\cdot][M_2]=k_{21}[M_2\cdot][M_1]$$

根据聚合度很大的假定，和链增长消耗的单体相比链引发消耗的单体比例极小，M_1、M_2 消耗速率仅取决于链增长速率。

两种单体消失速率分别为：

$$-\frac{d[M_1]}{dt}=R_{11}+R_{21}=k_{11}[M_1\cdot][M_1]+k_{21}[M_2\cdot][M_1]$$

$$-\frac{d[M_2]}{dt}=R_{12}+R_{22}=k_{12}[M_1\cdot][M_2]+k_{22}[M_2\cdot][M_2]$$

两种单体的消耗速率比等于两单体进入共聚物的速率比，两式相除，得

$$\frac{d[M_1]}{d[M_2]}=\frac{k_{11}[M_1\cdot][M_1]+k_{21}[M_2\cdot][M_1]}{k_{12}[M_1\cdot][M_2]+k_{22}[M_2\cdot][M_2]}$$

根据稳态假定，可得

$$[M_1\cdot]=\frac{k_{21}[M_2\cdot][M_1]}{k_{12}[M_2]}$$

代入上式，并引入竞聚率的概念可得

$$\frac{d[M_1]}{d[M_2]}=\frac{[M_1]}{[M_2]}\times\frac{r_1[M_1]+[M_2]}{r_2[M_2]+[M_1]}$$

上式称为共聚物组成方程或共聚物组成微分方程。Mayo 和 Lewis 在 1944 年首先推导出此式，因此也称为 Mayo–Lewis 方程。

方程中 $d[M_1]/d[M_2]$ 称为共聚物组成比，表示某一瞬间进入共聚物中 M_1、M_2 单体单元的摩尔比。$[M_1]/[M_2]$ 为单体的组成比，代表该瞬间反应体系中两种单体的摩尔比。

该方程表明，共聚物的瞬间组成主要取决于两种单体的浓度比和竞聚率，与链引发、链终止速率无关。

使用微分方程有时不方便，可以进行如下处理。以 f_1 和 f_2 分别表示某一瞬间单体 M_1 与 M_2 占单体混合物的摩尔分数，即

$$f_1=\frac{[M_1]}{[M_1]+[M_2]}\quad f_2=\frac{[M_2]}{[M_1]+[M_2]}$$

分别以 F_1 和 F_2 表示该瞬间形成的共聚物中 M_1 和 M_2 单体占共聚物的摩尔分数：

$$F_1=\frac{d[M_1]}{d[M_1]+d[M_2]}\quad F_2=\frac{d[M_2]}{d[M_1]+d[M_2]}$$

可知 $f_1=1-f_2$，$F_1=1-F_2$

运用合比定理，共聚微分方程可转换为：

$$F_1=1-F_2=\frac{r_1f_1^2+f_1f_2}{r_1f_1^2+2f_1f_2+r_2f_2^2}$$

此式为摩尔分数共聚方程。

工业上常用质量分数来表示两种单体的比例及共聚物组成。令 w_1、w_2 代表某瞬间单体 M_1、M_2 占原料单体混合物的质量分数；dw_1、dw_2 分别为该瞬间共聚物中两种单体单元的质量比，M_1'、M_2' 代表单体 M_1、M_2 的分子量。

$$\frac{dw_1}{dw_2}=\frac{w_1}{w_2}\times\frac{r_1w_1\frac{M_2'}{M_1'}+w_2}{r_2w_2+w_1\frac{M_2'}{M_1'}}$$

令 $k=\dfrac{M_2'}{M_1'}$，上式变为

$$\frac{dw_1}{dw_2}=\frac{w_1}{w_2}\times\frac{r_1w_1k+w_2}{r_2w_2+w_1k}$$

此式为重量共聚方程，与摩尔分数方程都是共聚物组成方程的不同形式，在不同场合下各有方便之处。

4.3　共聚物组成曲线

由前面推导共聚物组成方程可知，共聚物组成和链引发、链终止无关，共聚物组成通常和原料组成不相等，特殊情况例外。而且共聚物微分方程只适用于低转化率（约5%）。共聚物组成与单体组成的关系由 r_1 和 r_2 决定。将摩尔分数方程用曲线表示，画成 F_1-f_1 曲线图，称为共聚物组成曲线或共聚曲线。

典型竞聚率数值代表的意义，以 $r_1=k_{11}/k_{12}$ 为例。r_1 表示以 $M_1\cdot$ 为末端的增长链自由基与自身单体 M_1 的均聚反应能力与另一种单体 M_2 进行共聚的反应能力之比。竞聚率反映了两种单体与同一种自由基竞争聚合的反应活性，也反映了链自由基进行均聚与共聚能力的比较。竞聚率是判断单体活性和共聚行为的重要参数。

当 $r_1=0$，即 $k_{11}=0$，$k_{12}\neq0$，表示 M_1 的均聚反应速率常数为 0，$M_1\cdot$ 自由基只能和 M_2 单体共聚，即单体 M_1 只能共聚而不能自聚。

当 $r_1>1$，即 $k_{11}>k_{12}$ 时，表明 $M_1\cdot$ 自由基容易和 M_1 单体反应，即倾向均聚而不易共聚。

当 $r_1=1$，即 $k_{11}=k_{12}$，表明和两种单体 M_1、M_2 反应，链自由基 $M_1\cdot$ 具有相同的活性，即发生均聚与共聚反应的概率相等。

当 $r_1<1$，即 $k_{11}<k_{12}$，表明 $M_1\cdot$ 优先与 M_2 单体反应，不易和自身单体反应，也就是容易共聚而不易均聚。

当 $r_1=\infty$，即 $k_{11}\neq 0$，$k_{12}\approx 0$，表明 $M_1\cdot$ 自由基只会与 M_1 单体发生均聚反应，不能和 M_2 单体发生共聚反应。

4.3.1　理想恒比共聚（$r_1=r_2=1$）

这是一种特殊情况，表明两种链自由基均聚和共聚增长概率完全相等，这类共聚称为理想恒比共聚，将 $r_1=r_2=1$ 代入共聚物组成方程，得

$$\frac{\mathrm{d}[M_1]}{\mathrm{d}[M_2]}=\frac{[M_1]}{[M_2]}$$

$$F_1=\frac{r_1 f_1^2+f_1 f_2}{r_1 f_1^2+2f_1 f_2+r_2 f_2^2}=\frac{f_1^2+f_1 f_2}{f_1^2+2f_1 f_2+f_2^2}=f_1$$

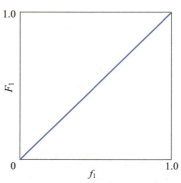

无论单体的配比如何，共聚组成恒等于单体组成。以 F_1 对 f_1 作图得到一条直线，如图 4-1 所示，为一过原点的直线。表 4-2 列出一些恒比共聚的实例（见二维码 4-2）。

4-2　表 4-2

图 4-1　理想恒比共聚组成曲线

4.3.2　交替共聚（$r_1=r_2=0$）

$r_1=r_2=0$，表明两种单体只可共聚而不可均聚，所形成的大分子链中两种单体单元严格交替排列。代入组成方程，则有

$$\frac{\mathrm{d}[M_1]}{\mathrm{d}[M_2]}=1\quad F_1=0.5$$

共聚物组成曲线是 $F_1=0.5$ 的水平线，如图 4-2 所示。其相关实例列在表 4-3 中（见二维码 4-3）。

4-3　表 4-3

不论单体组成如何，共聚物组成始终是各占 50%，这种极端的情况不常见，如乙酸 -2- 氯烯丙基酯和马来酸酐共聚属于交替共聚。但 r_1 趋近 0，$r_2=0$ 的情况比较常见，见表 4-4（二维码 4-4），此时：

$$\frac{\mathrm{d}[M_1]}{\mathrm{d}[M_2]}=1+r_1\frac{[M_1]}{[M_2]}$$

4-4　表 4-4

r_1 很小，趋近 0，单体 M_1 有一定均聚能力；$r_2=0$，则 M_2 只可共聚完全不能均聚。只有当 M_1 的浓度尽量小、M_2 的浓度很高时，上式的第二项趋近 0，则 $\mathrm{d}[M_1]/\mathrm{d}[M_2]$ 趋近 1，得到的产物基本上为交替共聚物；当 f_1 较

大时,共聚物中 $F_1 > 0.5$。60℃时苯乙烯($r_1 = 0.01$)和马来酸酐($r_2 = 0$)自由基共聚就属于这种情况,如图 4-2 所示。

当 $r_1 > 0$,$r_2 = 0$ 时,M_1 的均聚能力增强,M_2 是以单个单元分布在 M_1 形成的大分子链上,严格讲不属于交替共聚物。

4.3.3 无恒比点的非理想共聚($r_1 > 1$,$r_2 < 1$ 或 $r_1 < 1$,$r_2 > 1$)

其共聚组成曲线如图 4-3 所示,表 4-5、表 4-6 是几种此类共聚的实例(见二维码4-5)。与对角线无交点,即无恒比共聚点。当 $r_1 > 1$,$r_2 < 1$,即 $k_{11} > k_{12}$,$k_{22} < k_{21}$,此时,单体 M_1 与链自由基的反应倾向总是大于单体 M_2,故 $F_1 > f_1$,共聚物组成曲线始终为处于对角线上方的凸形曲线。反之,当 $r_1 < 1$,$r_2 > 1$,单体 M_2 与链自由基的反应倾向大于单体 M_1,$F_1 < f_1$,为处于对角线的下方的凹性曲线。如氯乙烯($r_1 = 1.68$)- 乙酸乙烯酯($r_2 = 0.23$),甲基丙烯酸甲酯($r_1 = 1.91$)- 丙烯酸甲酯($r_2 = 0.5$)等的自由基共聚。

4-5
表 4-5,表 4-6

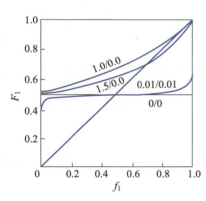

图 4-2 交替共聚组成曲线($r_1 r_2 = 0$,
曲线上数值为 r_1 / r_2)

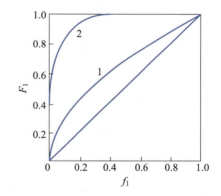

1—氯乙烯($r_1 = 1.68$)- 乙酸乙烯酯($r_2 = 0.23$);
2—苯乙烯($r_1 = 55$)- 乙酸乙烯酯($r_2 = 0.01$)

图 4-3 无恒比点的非理想共聚组成曲线

由于两个单体的竞聚率一个大于 1(均聚能力强)、一个小于 1(共聚能力强),所得的共聚物应该是在竞聚率大于 1 的单体的均聚链段中嵌入另一个竞聚率小于 1 的单体的短链节,也称为嵌段共聚物,大分子链可如下表示:

$$\sim\sim\sim\sim M_1 M_1 M_1 M_1 M_1 M_1 M_2 M_1 M_1 M_1 M_1 M_1 M_2 M_2 M_1 M_1 M_1 M_1 \sim\sim\sim$$

在这类共聚中,当 $r_1 r_2 = 1$,称为理想共聚。这时的组成曲线见图 4-4,曲线与对角线对称。将 $r_1 r_2 = 1$ 代入共聚方程,可简化为:

$$\frac{d[M_1]}{d[M_2]} = r_1 \frac{[M_1]}{[M_2]}$$

及
$$F_1=\frac{r_1f_1}{r_1f_1+f_2}$$

能够进行理想共聚的单体对较少,较多的是接近理想共聚的共聚体系(见图 4-4),如乙酸乙烯酯 - 乙烯(r_1=1.02,r_2=0.97,r_1r_2=0.99),丁二烯 - 苯乙烯(r_1=1.39,r_2=0.78,r_1r_2=1.08)的自由基共聚。

4.3.4 有恒比点的非理想共聚(r_1<1,r_2<1)

有恒比点的非理想共聚是自由基共聚中最为普遍的类型。当 r_1<1,r_2<1,即 k_{11}<k_{12},k_{22}<k_{21},表明两种单体的均聚能力比共聚弱。如图 4-5 所示,共聚物的组成曲线具有反 S 形特征,曲线与对角线有一交点,在交点处 F_1=f_1,此点称为恒比点。

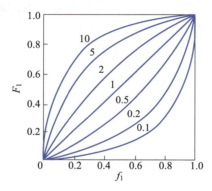

图 4-4 理想共聚组成曲线(r_1r_2=1,
曲线上数字为 r_1 值)

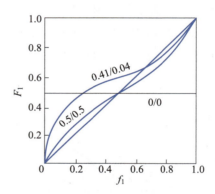

图 4-5 非理想恒比共聚曲线(曲线
上数值为 r_1/r_2)

将 $d[M_1]/d[M_2]$=$[M_1]/[M_2]$ 代入共聚微分方程或将 F_1=f_1 代入共聚摩尔分数方程,可求出满足恒比点的条件。

恒比点的计算如下:

$$\frac{d[M_1]}{d[M_2]}=\frac{[M_1]}{[M_2]}\cdot\frac{r_1[M_1]+[M_2]}{r_2[M_2]+[M_1]}\qquad\frac{r_1[M_1]+[M_2]}{r_2[M_2]+[M_1]}=1$$

$$\frac{[M_1]}{[M_2]}=\frac{1-r_2}{1-r_1}\qquad\frac{d[M_1]}{d[M_2]}=\frac{1-r_2}{1-r_1}$$

$$(F_1)_{恒}=(f_1)_{恒}=\frac{1-r_2}{2-r_1-r_2}$$

恒比点取决于 r_1 和 r_2。若 r_1=r_2,则恒比点在 F_1=f_1=0.5 处,曲线上下对称,如丙烯腈 - 丙烯酸甲酯(r_1=0.83,r_2=0.83)共聚,这类共聚例子较少。若 r_1<r_2,恒比点出现在 0.5 之前;若 r_1>r_2,恒比点出现在 0.5 之后。当 f_1 高于恒比点时,则 F_1 总是小于 f_1,反 S 曲线的一部分在对角线下方;当 f_1 低于恒比点时,F_1 总是大于 f_1,反 S 曲线的另一部分在对角线上方。在这种情况下,共聚物组成和单体组成都随着聚合的进行而变化。

　　当 r_1 和 r_2 都越接近 0 时,共聚组成曲线的中间部分越平坦,前面已介绍的交替共聚就是 $r_1=r_2=0$ 的极端情况。而当 r_1 和 r_2 都越接近 1 时,共聚曲线越接近对角线,极端情况就是 $r_1=r_2=1$ 的恒比共聚。在表 4-7 中列出了几个实例(见二维码 4-6)。

4-6　表 4-7

4.3.5　混均共聚与嵌段共聚($r_1>1$,$r_2>1$)

　　$r_1>1$,$r_2>1$,即 $k_{11}>k_{12}$,$k_{22}>k_{21}$,表明两种链自由基都倾向均聚反应而不易共聚,所得到的是短嵌段的共聚物,均聚链段的长短取决于 r_1、r_2 的大小。若 $r_1\gg1$,$r_2\gg1$,则链段较长,甚至只能得到两种均聚物,故称为混均或嵌段共聚。r_1、r_2 略大于 1,均聚链段较短,由于 M_1 和 M_2 的链段长度都较短且难以控制,与真正的嵌段共聚物相差很远。如苯乙烯($r_1=1.38$)–异戊二烯($r_2=2.05$)自由基共聚就属于此类共聚。其共聚物组成曲线呈 S 形,也有恒比点,位置和曲线形状与 $r_1<1$,$r_2<1$ 的情况相反。表 4-8 是这类共聚物的实例(见二维码 4-7)。

4-7　表 4-8

4.4　共聚物组成和转化率的关系

4.4.1　定性描述

　　由以上共聚曲线的讨论可知,在二元共聚反应中,除了恒比共聚和交替共聚形成的共聚物组成不受转化率影响,其他类型共聚反应的共聚物组成都随转化率增加而改变。当转化率为 100% 时,产生的共聚物平均组成与最初单体投料组成一致,但它不是组成均匀的共聚物,而是一系列不同组成共聚物的混合物,这种组成不均匀的共聚物加工困难且性能较差。因此对共聚组成的控制研究在理论和工业生产上都是非常重要的。

　　根据共聚物的反应情况,分以下几种情况讨论其一般规律。

　　$r_1>1$,$r_2<1$ 情况下,组成曲线如图 4-6 中的曲线 1。组成曲线在对角线上方,若起始单体组成为 f_1^0,对应的瞬间共聚物组成为 F_1^0,可知 $F_1^0>f_1^0$。该体系中单体 M_1 的消耗速率快。随着转化率增加,体系中的单体组成 f_1 所形成的共

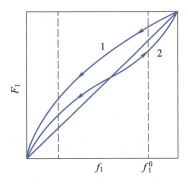

1—$r_1>1$,$r_2<1$;2—$r_1<1$,$r_2<1$

图 4-6　共聚物组成的变化方向

聚物瞬时组成为 F_1，则 $f_1^0 > f_1$，$F_1^0 > F_1$，即单体和瞬时共聚物组成都递减。

对 $r_1 < 1$，$r_2 < 1$ 的有恒比点的非理想共聚，如曲线 2 所示，在恒比点处，转化率对 F_1 无影响。当 f_1^0 大于恒比点处投料，f_1 处于恒比点上方，单体组成和共聚物瞬时组成变化方向与曲线 2 上部分相同；当 f_1^0 小于恒比点处投料，f_1 处于恒比点下方，单体组成和共聚物瞬时组成与曲线 1 相同。对于 $r_1 > 1$，$r_2 > 1$ 这类嵌段共聚，与上面的情况正好相反。

4.4.2　共聚物组成和转化率的关系

1. 共聚物瞬时组成和转化率的关系

共聚物组成方程得到的是共聚物的瞬时组成，在较低的转化率下（<5%），可近似由投料单体组成求出生成的共聚物组成。当转化率增加后，可以借助共聚微分方程的积分或图解方法来掌握共聚物瞬时组成、平均组成与某一特定单体转化率的关系。最常用的是 Skeist 提出的积分方法。

设某二元共聚体系两单体总物质的量为 M，所形成共聚物中含 M_1 单体单元比投料单体中 M_1 多，即 $F_1 > f_1$。当有 dM 发生共聚时，生成的共聚物中含有 $F_1 dM$ 的 M_1，未反应的单体中所剩 M_1 的物质的量为 $(M - dM)(f_1 - df_1)$，根据物料平衡原理可得：

$$Mf_1 - (M - dM)(f_1 - df_1) = F_1 dM$$

展开并略去二阶无穷小项 $dMdf_1$，重排成积分形式：

$$\frac{dM}{M} = \frac{df_1}{F_1 - f_1}$$

在 $f_1^0 \sim f_1$ 积分可得

$$\int_{M^0}^{M} \frac{dM}{M} = \ln \frac{M}{M^0} = \int_{f_1^0}^{f_1} \frac{df_1}{F_1 - f_1}$$

令摩尔转化率

$$C = \frac{M^0 - M}{M^0} = 1 - \frac{M}{M^0}$$

$$\ln \frac{M}{M^0} = \ln(1 - C) = \int_{f_1^0}^{f_1} \frac{df_1}{F_1 - f_1}$$

由

$$F_1 = \frac{r_1 f_1^2 + f_1 f_2}{r_1 f_1^2 + 2 f_1 f_2 + r_2 f_2^2}$$

令

$$\alpha = \frac{r_2}{1 - r_2}, \quad \beta = \frac{r_1}{1 - r_1}, \quad \gamma = \frac{1 - r_1 \cdot r_2}{(1 - r_1)(1 - r_2)}, \quad \delta = \frac{1 - r_2}{2 - r_1 - r_2}$$

将以上参数代入上式积分得

$$C = 1 - \frac{M}{M^0} = 1 - \left(\frac{f_1}{f_1^0}\right)^{\alpha} \left(\frac{f_2}{f_2^0}\right)^{\beta} \left(\frac{f_1^0 - \delta}{f_1 - \delta}\right)^{\gamma}$$

通过处理可以获得 $f_1 - C$ 的关系式，再利用上式就可以得到 F_1 与 C 的关系式。

2. 共聚物平均组成与转化率 C 的关系

$$\overline{F}_1 = \frac{M_1^0 - M_1}{(M_1^0 + M_2^0) - (M_1 + M_2)} = \frac{M_1^0 - M_1}{M^0 - M}$$

式中，$\overline{F}_1$ 为共聚物中单体 M_1 的平均组成；f_1^0 为起始原料组成，$f_1^0 = \dfrac{M_1^0}{M_0} = M_1^0$；$f_1$ 为瞬时单体组成，$f_1 = \dfrac{M_1}{M}$。

由以上关系式，可得

$$\overline{F}_1 = \frac{M_1^0 - M_1}{M^0 - M} = \frac{f_1^0 - (1-C)f_1}{C}$$

上式表示平均组成 $\overline{F}_1$ 与原料起始组成 f_1^0、瞬时单体组成 f_1 和转化率 C 之间的关系。图 4-7 是苯乙烯（St）–甲基丙烯酸甲酯（MMA）共聚体系的 f_1、F_1、$\overline{F}_1$ 与 C 之间的关系曲线。当单体 M_1 和 M_2 配比为 f_1 和 f_2 时，其共聚物的瞬时组成为 F_1 和 F_2，平均组成为 $\overline{F}_1$ 和 $\overline{F}_2$。

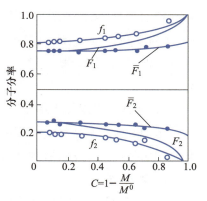

$f_1^0 = 0.80$，$f_2^0 = 0.20$，$r_1 = 0.53$，$r_2 = 0.56$；中间水平线为恒比组成，$f_1 = F_1 = \overline{F}_1 = 0.484$

图 4-7　St–MMA 共聚合 f_1、F_1、$\overline{F}_1$ 与 C 间的关系曲线

4.4.3　共聚物组成控制

共聚物组成是决定共聚物性能的重要指标，从材料加工与应用考虑，共聚物组成均匀、分布较窄是有利的。因此在共聚合成时，需要控制共聚物的组成及分布。为得到预期共聚组成且组成均匀分布的无规共聚物，经常采用以下几种方法。

1. 一次性投料，完全反应

对某些特殊体系，如交替共聚体系、恒比共聚体系、非理想恒比共聚体系中，可以在恒比点处一次性投料，当共聚反应进行到一定程度将聚合终止，可以得到组成均匀的产物。以恒比点单体投料比进行聚合，共聚物组成 F_1 总等于单体组成 f_1，两种单体总是恒定地按单体投料比反应，形成的共聚物组成保持不变，这种工艺只适合于恒比点的共聚物组成恰好符合实际需要的场合。如苯乙烯 – 反丁烯二酸二乙酯（$r_1 = 0.30$，$r_2 = 0.07$）共聚，属于非理想恒比共聚，恒比点 $F_1 = f_1 = 0.57$，如要求共聚组成 F_1 为 0.57 左右，因此控制投料单体比 $f_1^0 = 0.57$，一次性投料反应完全，产物为组成均匀 $F_1 = 0.57$ 的无规共聚物。

2. 控制转化率，一次性投料

有了 F_1–C 关系曲线，可知在一定的转化率范围内共聚物组成基本恒定，因此选择一个合适的单体配比，控制一定转化率终止聚合，如苯乙烯 – 反丁烯二酸二乙酯共聚，要求的共聚物组成在恒比点附近，如 $F_1 = 0.5 \sim 0.6$ 时，可选择单体投料比 $f_1^0 = 0.5 \sim 0.6$ 一次性投料,控制转化率不超过 90%,所得共聚物组成与要求变化不大。

3. 补加活泼单体

对共聚物组成和转化率的关系曲线斜率较大的体系,如要在较高转化率下得到组成均匀的共聚物,则由所需的共聚物组成 F_1 求出对应的单体组成 f_1,按起始单体比 $f_1^0=f_1$ 投料,随着反应的进行,连续或分次补加消耗较快的单体,以保证反应过程中体系的单体组成维持恒定,从而获得分布均匀的预期组成的共聚物。但此法对工艺要求较高,操作难度较大。

4. 分批或连续加入单体

采用连续共聚方法,将恒定配比的单体以一定的速率连续加入反应体系中。此法在理论和实际应用上不如补加活泼单体法。

5. 其他方法

在一定范围内,可以通过反应条件如反应方法、反应温度等的改变或者适当改变两单体的竞聚率等方法对共聚物组成进行适当调节。

4.5 共聚物的序列结构

4.5.1 序列长度分布

在二元共聚体系中,共聚物的序列结构是两种结构单元在共聚物分子链上的排列,也称序列长度分布。序列长度是指在一个相同的结构单元连接而成的链段中所含该结构单元的数目。如下所示的链段中,由 9 个 M_1 连接而成,称为 $9M_1$ 序列,其序列长度为 9。同样,有 $1M_1$、$2M_1$、$3M_1$、$\cdots$、nM_1 序列。

$$\sim\sim\sim\sim M_2 \underbrace{M_1 M_1 M_1 M_1 M_1 M_1 M_1 M_1 M_1}_{9 \text{ 个 } M_1} M_2 M_2 \sim\sim\sim\sim\sim\sim$$

交替和嵌段共聚物的分子链序列结构是明确的。而一般共聚物的序列结构是不规则、不明确的,采用统计的方法,可以求得单体 M_1 或单体 M_2 各自成为 1,2,3,$\cdots$,n 连续序列的概率,即序列长度分布。

活性增长链 $\sim\sim\sim M_2 M_1 \cdot$ 有两种链增长方式,与自身单体 M_1 加成形成 $\sim\sim M_2 M_1 M_1 \cdot$,设其概率为 P_{11};与第二单体 M_2 加成为 $\sim\sim\sim M_2 M_1 M_2 \cdot$,其概率为 P_{12}。P_{11} 和 P_{12} 可由相应的链增长速率表示:

$$P_{11} = \frac{R_{11}}{R_{11}+R_{12}} = \frac{k_{11}[M_1\cdot][M_1]}{k_{11}[M_1\cdot][M_1]+k_{12}[M_1\cdot][M_2]} = \frac{k_{11}[M_1]}{k_{11}[M_1]+k_{12}[M_2]} = \frac{r_1[M_1]}{r_1[M_1]+[M_2]}$$

$$P_{12} = \frac{R_{12}}{R_{11}+R_{12}} = \frac{k_{12}[M_1\cdot][M_2]}{k_{11}[M_1\cdot][M_1]+k_{12}[M_1\cdot][M_2]} = \frac{k_{12}[M_2]}{k_{11}[M_1]+k_{12}[M_2]} = \frac{[M_2]}{r_1[M_1]+[M_2]}$$

其中，$P_{11}+P_{12}=1$。

活性链与 M_1 加成 1 次概率为 P_{11}，则加成 2 次概率为 P_{11}^2，同理，加成（$n-1$）次概率为 $P_{11}^{(n-1)}$。若要形成 n 个 M_1 序列，必须由 ~~~$M_2M_1\cdot$ 与 M_1 加成（$n-1$）次，而后再与 M_2 加成一次：

$$\sim\sim\sim M_2M_1\cdot + M_1 \xrightarrow{(n-1)次} \cdots \longrightarrow \sim\sim M_2M_1M_1\cdots M_1\cdot \xrightarrow{M_2} \sim\sim M_2M_1M_1\cdots M_1M_2\cdot$$

则形成 $n M_1$ 序列的概率为：

$$P_{1(n)}=P_{11}^{(n-1)}P_{12}=\left\{\frac{r_1[M_1]}{r_1[M_1]+[M_2]}\right\}^{(n-1)}\times\frac{[M_2]}{r_1[M_1]+[M_2]}$$

同理可知：

$$P_{22}=\frac{r_2[M_2]}{r_2[M_2]+[M_1]}\ ,\quad P_{21}=\frac{[M_1]}{r_2[M_2]+[M_1]}$$

$$P_{2(n)}=P_{22}^{(n-1)}P_{21}=\left\{\frac{r_2[M_2]}{r_2[M_2]+[M_1]}\right\}^{(n-1)}\times\frac{[M_1]}{r_2[M_2]+[M_1]}$$

由上式可知，单体 M_1 或 M_2 各种序列长度的生成概率与各自的单体组成及竞聚率有关。将 n 分别为 1，2，3，…代入上式，即可得到 M_1 或 M_2 各种序列长度的生成概率。

4.5.2 平均序列长度

由于共聚物序列长度是多分散的，其值只有统计意义，一般用统计平均值来表示，称为平均序列长度，M_1 和 M_2 单体的平均序列长度分别用 $\overline{L}_{M1}$ 和 $\overline{L}_{M2}$ 表示，

$$\overline{L}_{M1}=\sum_{n=1}^{n}nP_{1(n)}=\sum_{n=1}^{n}n\,P_{11}^{(n-1)}(1-P_{11})=\frac{1}{1-P_{11}}=1+r_1\frac{[M_1]}{[M_2]}$$

$$\overline{L}_{M2}=\sum_{n=1}^{n}nP_{2(n)}=\sum_{n=1}^{n}n\,P_{22}^{(n-1)}(1-P_{22})=\frac{1}{1-P_{22}}=1+r_2\frac{[M_2]}{[M_1]}$$

当等量投料即 $[M_1]=[M_2]$ 时，则

$$\overline{L}_{M1}=1+r_1,\quad \overline{L}_{M2}=1+r_2$$

当 r_1、r_2 越小，序列平均长度越短。例如，交替共聚 $r_1=r_2=0$，$\overline{L}_{M1}=\overline{L}_{M2}=1$。而 $r_1=r_2=1$ 的恒比共聚，则 $\overline{L}_{M1}=\overline{L}_{M2}=2$。

4.6 竞聚率的测定及影响因素

4.6.1 竞聚率的测定

竞聚率是共聚反应的重要参数，它决定共聚物组成、序列长度分布等一对单体的共聚行为，因此测定和计算竞聚率是非常必要的。竞聚率可以通过实验测定单体组成和相

应的共聚物组成而获得。在低转化率（5%~10%）下利用元素分析、红外光谱、紫外光谱、核磁共振等表征手段测定共聚物组成；单体组成约等于原料配料，残余单体组成可用气相色谱法测定。一般需进行多组实验测定，通过共聚方程可以得到比较准确的竞聚率结果。对实验数据进行处理，常采用以下几种方法。

1. 直线交叉法

将共聚物组成微分方程重排得

$$r_1 = \frac{[M_2]}{[M_1]}\left\{\frac{d[M_1]}{d[M_2]}\left(1+\frac{[M_2]}{[M_1]}r_2\right)-1\right\}$$

将几组单体配比和测得的相应共聚物组成代入上式，就有了几条 r_1-r_2 直线。交叉区域的重心坐标或交点就是 r_1、r_2 的值。如图 4-8 所示，交叉区域越小，实验误差也越小。

2. 截距斜率法

令 $[M_1]/[M_2]=R$，$d[M_1]/d[M_2]=\rho$，代入共聚微分方程，再重排得

$$\frac{\rho-1}{R}=r_1-r_2\frac{\rho}{R^2}$$

进行多次实验（一般大于 6 次），在低转化率下测定不同 R 值对应的 ρ 值，以 $(\rho-1)/R$ 为纵坐标、ρ/R^2 为横坐标作图（图 4-9），可得到一条直线，斜率为 $-r_2$，截距为 r_1。

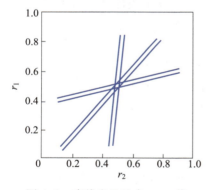

图 4-8　直线交叉法求 r_1、r_2 值

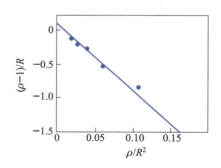

图 4-9　$N-$ 乙烯基丁二烯亚胺 - 甲基丙烯酸甲酯共聚竞聚率截距斜率图（r_1=0.07，r_2=9.7）

此外，还有曲线拟合法和积分法。利用 Q-e 方程估算竞聚率的数值将在后面章节介绍，当然各种方法求出的竞聚率都会有一定误差，使用时要加以注意。

4.6.2　竞聚率的影响因素

竞聚率是两种链增长速率常数之比，影响链增长速率常数的因素也将会影响竞聚率。影响内因主要是单体本身性质，外因是聚合反应条件，包括温度、压力、溶剂和其他

因素。

1. 温度

根据竞聚率定义：$r_1=k_{11}/k_{12}$，有

$$\frac{\mathrm{d}\ln r_1}{\mathrm{d}T}=\frac{E_{11}-E_{12}}{RT^2}$$

E_{11} 和 E_{12} 分别为自由基 $M_1\cdot$ 与单体 M_1 和 M_2 进行链增长反应的活化能。因链增长活化能较小，二者之差更小，因此温度对竞聚率影响较小。一般温度升高有向理想共聚（$r_1r_2=1$）趋近的倾向。

2. 压力

压力对竞聚率的影响与温度的影响类似，即竞聚率随压力变化很小。升高压力，共聚反应也向理想共聚（$r_1r_2=1$）的方向移动。

3. 溶剂和其他因素

溶剂的极性、聚合反应体系的 pH 改变、某些盐类的存在，以及不同的聚合反应方法等，对竞聚率也有一定的影响。

4.7　单体与自由基的活性

在均聚反应中，单体和自由基的相对反应活性一般不能由链增长速率常数的大小来判断。例如，乙酸乙烯酯的 $k_p=2\,300$，苯乙烯的 $k_p=145$，但是发现苯乙烯单体的活性高于乙酸乙烯酯，而苯乙烯自由基的活性却低于乙酸乙烯酯自由基。判断两种单体的相对活性需与同种自由基反应来比较，同样，两种自由基的相对活性需与同种单体反应来比较，因此共聚反应是研究单体和自由基的相对活性的有效手段。

4.7.1　单体及自由基的活性次序

1. 单体的相对活性

根据竞聚率 $r_1=\dfrac{k_{11}}{k_{12}}$ 的定义，取倒数得

$$\frac{1}{r_1}=\frac{k_{12}}{k_{11}}$$

$1/r_1$ 即代表单体链自由基同另一种单体反应与自身单体反应的链增长速率常数之比。即对同种链自由基，与不同单体反应，二者的反应速率常数之比可比较两种单体的相对活性。以同种链自由基（如单体 M_1 的自由基），分别和不同的第二单体（M_2）共聚，测得一系列的 r_1 值。$1/r_1$ 值越大，表明第二单体相对于单体 M_1 越活泼。可在手册中查

到竞聚率数据,取倒数列于表 4-9 中,表中各纵列的数值大小表示对同种链自由基反应,不同单体的相对活性。

表 4-9 一些乙烯基单体对各种链自由基的相对活性($1/r_1$)

单体	链自由基($\sim\sim\sim\sim\sim M_1\cdot$)						
	B·	St·	VAc·	VC·	MMA·	MA·	AN·
丁二烯(B)	—	1.7	—	9	4	20	50
苯乙烯(St)	0.73	—	100	50	2.2	6.7	25
甲基丙烯酸甲酯(MMA)	1.3	1.9	67	102	—	2	6.7
甲基乙烯酮(MVK)	—	3.4	20	10	—	—	1.7
丙烯腈(AN)	3.3	2.5	20	25	0.82	1.2	—
丙烯酸甲酯(MA)	1.3	1.3	10	17	0.52	—	0.67
偏二氯乙烯(VDC)	—	0.54	10	—	0.39	—	1.1
氯乙烯(VC)	0.11	0.059	4.4	—	0.10	0.25	0.37
乙酸乙烯酯(VAc)	—	0.019	—	0.59	0.059	0.11	0.24

从表 4-9 可以看出,对每种链自由基,纵列的数值从上到下基本是减小的,表明各单体对同种链自由基的相对活性次序基本上是自上而下依次减弱。但有个别例外,这是由于交替效应引起的偏离。

各种常见单体的相对活性次序大致如下:

$$B>St>MMA>AN>MA>VC>VAc$$

2. 自由基的相对活性

不同链自由基(如不同 $M_1\cdot$)与同种单体 M_2 反应,从链增长速率常数 k_{12} 的大小可得到各种自由基的相对活性。通过实验或从手册中获得 r_1 和 k_{11},代入 $1/r_1=k_{12}/k_{11}$,便可求出 k_{12},如表 4-10 所示。

表 4-10 链自由基 – 单体链增长速率常数($k_{12}\times 10^{-2}$)

单体	链自由基($\sim\sim\sim\sim\sim\sim M_1\cdot$)						
	B·	St·	VAc·	VC·	MMA·	MA·	AN·
丁二烯(B)	1	2.8	20.6	980	418	—	3 190
苯乙烯(St)	0.7	1.65	11.3	490	100.45	2 300	5 500
甲基丙烯酸甲酯(MMA)	1.3	3.14	5.15	131	41.8	1 540	1 100
丙烯腈(AN)	3.3	4.13	4.22	19.6	25.1	460	2 250
丙烯酸甲酯(MA)	1.3	2.15	2.68	13.1	20.9	230	1 870
氯乙烯(VC)	0.11	0.097	0.52	7.20	5.2	101	110
乙酸乙烯酯(VAc)	—	0.034	0.26	2.30	2.30	23	64.9

将表 4-10 中各横排数据比较可知,所列的 7 种链自由基对于每种单体的相对活性都是从左到右依次增加的,其中活性较低的是丁二烯、苯乙烯自由基,而氯乙烯、乙酸乙烯酯的自由基活性较高。竖列显示的是不同单体对同种自由基反应的相对活性。由此可见,单体与自由基的活性次序正好相反,即活泼单体产生的自由基不活泼;反之,不活泼单体产生的自由基活泼。

4.7.2 取代基对单体及自由基活性的影响

前述已给出了自由基或单体的相对活性。从取代基的影响分析,取代基对自由基活性的影响比对单体的影响大得多,下面主要讨论取代基的共轭效应、极性效应和位阻效应。

1. 共轭效应

共轭效应是影响自由基或单体相对活性最重要因素。如果取代基与自由基共轭,可使自由基的单电子离域性增加而稳定性增大。因此取代基共轭效应越大,自由基就越稳定,其活性就越低。共轭效应对单体活性的影响情况则与对自由基的影响相反。即单体取代基的共轭效应越大,单体越活泼。如苯乙烯、丁二烯自由基的共轭稳定性高,活性低,故苯乙烯、丁二烯单体转变成相应的自由基时所需的活化能较小,反应进行容易,该单体的活性较大。氯乙烯、乙酸乙烯酯共轭效应小,自由基不稳定,活性高,则单体生成自由基所需的活化能较高,故单体的活性很小。因此,取代基的共轭效应使得单体和自由基的活性次序完全相反,取代基的共轭效应使单体活性增加,而该单体生成的自由基活性则降低。

取代基的共轭效应对单体和自由基的影响程度不同,取代基共轭效应对单体活性的影响要比对自由基活性影响小得多。

共聚时,共聚单体有三种情况,即共轭稳定单体之间共聚;非共轭稳定单体之间共聚;共轭稳定单体与非共轭稳定单体共聚。例如,对第三种单体组合,以共轭单体苯乙烯与非共轭单体乙酸乙烯酯共聚为例,可存在以下 4 种反应:

$$\sim\sim\sim\sim St\cdot + St \longrightarrow \sim\sim\sim\sim\sim St\cdot$$
$$\sim\sim\sim St\cdot + VAc \longrightarrow \sim\sim\sim\sim\sim VAc\cdot$$
$$\sim\sim VAc\cdot + St \longrightarrow \sim\sim\sim\sim\sim St\cdot$$
$$\sim\sim VAc\cdot + VAc \longrightarrow \sim\sim\sim\sim\sim VAc\cdot$$

交叉链增长反应由活性很低的苯乙烯自由基与活性很低的单体乙酸乙烯酯间的反应,反应速率极低,共聚反应很难进行。但对另两种单体组合,则不存在交叉链增长反应二者活性都低的情况。因此,有共轭稳定作用的单体之间或无共轭作用的两单体之间容易发生共聚,而无共轭稳定的单体与有共轭稳定的单体之间则不易发生共聚。

2. 极性效应

在单体和自由基活性次序中（表 4-9、表 4-10），会发现少数反常情况，如丙烯腈，这是由取代基的极性效应引起的。吸电子取代基使烯烃单体的双键带有部分正电性，而给电子取代基使烯烃单体的双键带有部分负电性。在自由基共聚中发现，带有吸电子取代基的单体（电子受体）往往容易与带有给电子取代基的单体（电子给体）发生交替共聚，这种情况称为极性效应，也叫交替效应。极性相差越大，r_1r_2 值越趋近 0，交替共聚倾向越大。由于极性效应，一些很难均聚的单体如顺丁烯二酸酐、反丁烯二酸二乙酯等，却能与极性相反的单体如乙烯基醚、苯乙烯等进行自由基共聚。甚至两个都不能均聚的单体，如顺丁烯二酸酐和 1,2- 二苯乙烯，由于二者极性相反，都可以顺利进行共聚反应。

3. 位阻效应

取代基的数目、大小、位置对单体或自由基活性也有较大影响，这就是空间位阻效应。表 4-11 列出了各种氯取代乙烯单体与不同链自由基的反应速率常数 k_{12}。

表 4-11　各种氯取代乙烯单体与不同链自由基的反应速率常数 k_{12}

单体（M_2）	链自由基 ~~~~~~M_1·		
	苯乙烯	丙烯腈	乙酸乙烯酯
氯乙烯	9.7	725	10 100
偏二氯乙烯	89	21 500	23 000
顺 -1,2- 二氯乙烯	4.5	—	365
反 -1,2- 二氯乙烯	0.79	—	2 300
三氯乙烯	10.3	29	3 480
四氯乙烯	0.83	4.2	338

由表 4-11 可见，偏二氯乙烯的两个取代基在同一个碳原子上，对称排列，取代基体积较小，空间位阻效应不显著，但由于两个取代基的电子效应叠加而使单体活性比单取代的氯乙烯活性大得多。1,2- 二取代单体的空间位阻效应明显，单体活性明显下降，1,2- 二氯乙烯的活性比氯乙烯活性大大降低。反式 1,2- 二取代乙烯活性大于顺式结构，在自由基和单体加成聚合时，顺式结构比反式结构空间位阻更大，活性降低。

三取代乙烯的活性低于 1,1- 二取代乙烯，但高于 1,2- 二取代乙烯，这是空间位阻效应和电子效应共同作用的结果。四氯乙烯的活性最低，取代基数量最多，这是空间位阻效应过大导致的。

4.8　Q-e 概念和 Q-e 方程

　　每一对单体的竞聚率的实验测定相当烦琐,由此希望建立自由基 – 单体共聚反应结构与活性的定量关系,据此来估算竞聚率。1947 年,Alfrey 和 Price 建立了 Q-e 概念和 Q-e 方程,提出:在不考虑取代基的空间位阻效应影响时,链增长反应的速率常数与取代基的共轭效应（Q）、极性效应（e）之间可用以下经验公式来描述。

　　Q-e 表示式:

$$k_{12}=P_1Q_2\exp(-e_1e_2)$$

式中,P_1 和 Q_2 分别为共轭效应对自由基 $M_1\cdot$ 和单体 M_2 活性的贡献,e 值表示 M 或 M· 的极性,假定单体和自由基的极性相同,则 e_1 表示 M_1 或 $M_1\cdot$ 的极性,e_2 为 M_2 或 $M_2\cdot$ 的极性。

　　写出链增长速率常数的 Q-e 表达式为:

$$k_{11}=P_1Q_1\exp(-e_1e_2) \qquad k_{22}=P_2Q_2\exp(-e_2e_2)$$

$$k_{12}=P_1Q_2\exp(-e_1e_2) \qquad k_{21}=P_2Q_1\exp(-e_2e_1)$$

　　竞聚率相应表示为:

$$r_1=\frac{k_{11}}{k_{12}}=\frac{Q_1}{Q_2}\exp[-e_1(e_1-e_2)]$$

$$r_2=\frac{k_{22}}{k_{21}}=\frac{Q_2}{Q_1}\exp[-e_2(e_2-e_1)]$$

　　如果知道单体的 Q、e 值,就可估算出 r_1、r_2 值,选苯乙烯为标准参考单体,令其 $Q=1.0$,$e=-0.8$。将苯乙烯与不同单体共聚,实验测得 r_1、r_2 代入 Q-e 方程,即可求得不同单体的 Q、e 值。Q 值越大,表示取代基的共轭效应越强,单体越易反应,活性越高。e 表示极性,正值代表吸电子取代基,负值为给电子取代基,绝对值越大,表示极性越大。表 4-12 列出了常见单体的 Q、e 值（见二维码 4-8）。

4-8
表 4-12

　　通过 Q、e 值,可利用 Q-e 方程估算出任意两单体组合的竞聚率。但由于该方程未考虑位阻效应、假设单体和自由基的极性相同,使得估算出的 r_1、r_2 值误差较大。尽管如此,用它来估算竞聚率推测其共聚行为还是方便的。如 Q 值相似的单体易于共聚,e 值相差大的单体倾向交替共聚。

4-9　课程思政任务单及参考文献

4-10　自由基共聚思维导图

习题

1. 甲基丙烯酸甲酯（M_1）浓度为 5 mol/L，5-乙基-2-乙烯基吡啶浓度为 1 mol/L，竞聚率：$r_1=0.40$，$r_2=0.69$。（a）计算聚合共聚物起始组成（以摩尔分数计），（b）求共聚物组成与单体组成相同时两单体摩尔比。

2. 示意画出下列各对竞聚率的共聚物组成曲线，并说明其特征。$f_1=0.5$ 时，低转化率阶段的 F_2 约为多少？

情况	1	2	3	4	5	6	7	8	9
r_1	0.1	0.1	0.1	0.5	0.2	0.8	0.2	0.2	0.2
r_2	0.1	1	10	0.5	0.2	0.8	0.8	5	10

3. 已知苯乙烯（M_1）和 1-氯-1，3-丁二烯（M_2）的共聚物中碳和氢原子的质量分数如下：

f_1	0.892	0.649	0.324	0.153
$w(C)/\%$	81.80	71.34	64.59	58.69
$w(H)/\%$	10.88	20.14	27.92	34.79

求共聚物中苯乙烯结构单元的相应含量 F_1。

4. 若苯乙烯和丙烯腈在 60℃进行自由基共聚反应 1 h 后取出，用凯氏定氮法测定其共聚物的含氮量，数据如下。试定性描述用简易法求竞聚率（r_1，r_2）的方法步骤。

配料比

	单体1（苯乙烯）	单体2（丙烯腈）	$w(N)/\%$（质量）
①	m_1（g）	n_1（g）	A_1
②	m_2（g）	n_2（g）	A_2
③	m_3（g）	n_3（g）	A_3

M_1' 为苯乙烯链节的分子量，M_2' 为丙烯腈链节的分子量。

5. 丙烯酸 a-二茂铁乙酯（FEA）和丙烯酸二茂铁甲酯（FMA）分别与苯乙烯（St）、丙烯酸甲酯（MA）、乙酸乙烯酯（VAc）共聚，竞聚率如下：

M_1	M_2	r_1	r_2
FEA	St	0.41	1.06
FEA	MA	0.76	0.69
FEA	VAc	3.4	0.074
FMA	St	0.02	2.3
FMA	MA	0.14	4.4
FMA	VAc	1.4	0.46

（1）比较 FEA 和 FMA 单体的活性大小以及 FEA 和 FMA 自由基活性中心的活性大小。

（2）预测 FEA 和 FMA 在均聚时哪个有较高的 K_p，并解释之。

（3）列出苯乙烯、丙烯酸甲酯、乙酸乙烯酯与 FEA 增长中心的活性增加顺序。这一活性增加顺序和它对 FMA 增长中心的活性增加顺序是否相同？

（4）上述共聚数据表征上述共聚反应是自由基、阳离子还是阴离子共聚？解释之。

（5）列出苯乙烯、丙烯酸甲酯、乙酸乙烯酯活性中心与 FEA 单体的反应活性次序。

4-11　第 4 章习题参考答案

4-12　拓展知识：功能化聚烯烃接枝共聚物的制备和应用研究新进展

4-13　拓展知识：结构可控含氟共聚物的合成及其应用研究新进展

第5章
其他连锁聚合反应

学习导航

知识目标

（1）掌握连锁聚合的原理、单体和引发剂的特点、动力学的影响因素

（2）掌握高聚物的立体异构及立构规整性

（3）知道典型连锁聚合反应在高分子合成中的应用

能力目标

（1）能够根据离子聚合的特点，合理选择用于阴离子、阳离子、开环和配位聚合的单体及引发剂

（2）能够写出单体进行离子聚合的反应机理，并分析外界因素对聚合过程的影响

（3）能够通过离子聚合合成特定结构高分子

（4）能够运用立构规整性的概念，判断立构规整高聚物及其对性能的影响

思政目标

（1）让学生了解老一辈科学家为我国基于连锁聚合反应的高分子合成工业的建立及发展所做出的杰出贡献，立志为建设工业强国而奋斗

（2）让学生知道配位聚合在口罩核心材料"熔喷布"生产中的应用，了解新冠疫情时期，我国为"全球抗疫"所做的贡献。增强学生的爱国热情和社会责任感

连锁聚合又称链式聚合，同逐步聚合一样，是高分子合成中一种非常重要的聚合方式。连锁聚合反应中有活性中心（自由基或离子）形成，单体只能与活性中心反应生成新的活性中心，而单体彼此之间不能反应；聚合过程一般由链引发、链增长和链终止三个基元反应组成（有时还伴有链转移反应）。在很短的时间内许多单体聚合在一起，形成分

子量很大的高分子,其分子量一般不随单体转化率而变(活性聚合除外)。按活性中心的不同,连锁聚合可分为自由基聚合和离子聚合,其中离子聚合又可以细分为阴离子聚合和阳离子聚合。开环聚合和配位聚合虽然也有离子聚合的特征,但又有其自身特点,本章将单独讲解。表5-1列出了连锁聚合与逐步聚合的差异。

表 5-1　连锁聚合与逐步聚合的差异

差异	连锁聚合	逐步聚合
1	单体只能与活性中心反应生成新的活性中心,单体-单体、单体-聚合物、聚合物-聚合物之间无法发生反应	没有活性中心;单体、低聚物和高聚物之间均能发生缩聚反应
2	由链引发、链增长和链终止等基元反应组成,各基元反应的活化能和反应速率差别很大	无法区分基元反应,各步的活化能和反应速率差别不大
3	从单体到高聚物的反应时间极短,中途不能停止,聚合一开始就有高聚物生成	分子量逐步增加,反应可以停留在中等聚合度阶段,只有到反应后期才有高聚物生成
4	聚合过程中,单体逐渐减少,转化率提高;延长反应时间有利于转化率提高	单体首先缩聚成低聚物,然后逐步形成高聚物;延长反应时间有利于分子量增加,但转化率变化不大;任何阶段,反应产物均由分子量不等的同系物组成
5	加入阻聚剂可以猝灭活性中心,使反应终止	平衡限制和官能团非等物质的量可使缩聚反应暂停;这些因素去除后,可继续缩聚反应

5.1　阴离子聚合

　　与自由基聚合一样,离子聚合也属于连锁聚合的范畴。区别于以自由基为活性中心的自由基聚合,离子聚合的活性中心是离子或离子对。根据活性中心的电荷性质,可分为阴(负)离子聚合和阳(正)离子聚合。相对于自由基聚合,离子聚合的理论研究要晚一些,开始于20世纪50年代;其中,最具代表性的工作是1953年Ziegler在常温低压下制得聚乙烯;1956年,Szwarc发现了"活性聚合"。同自由基聚合相比,离子聚合具有单体选择性高、聚合条件苛刻、聚合速率快、引发体系非均相和反应介质对聚合影响大等特点,目前聚合机理和动力学的研究尚不如自由基聚合成熟。

　　离子聚合早已成功应用于工业生产,在高分子合成中发挥着日益重要的作用。例如,阴离子聚合的产品有SBS树脂和顺丁橡胶等;阳离子聚合的产品有聚异丁烯和丁基橡胶(异丁烯和少量异戊二烯)等;开环聚合的产品有聚环氧乙烷和尼龙-6(聚己内酰胺)等;配位聚合的产品有高密度聚乙烯、聚丙烯和乙丙橡胶等。

5.1.1 阴离子聚合单体

相对于自由基聚合,离子聚合对单体有较高的选择性。能够用于阴离子聚合的单体通常具有如下特点:(1)双键具有足够的亲电性,以保证能被阴离子引发剂引发;(2)引发后,活性中心应具有足够的活性以进行链增长反应;(3)形成碳阴离子后,活性种的电子云密度分散,能量降低且稳定,不易发生链终止或链转移等副反应。根据上述原则,下列 3 类单体可以进行阴离子聚合。

1. 共轭烯烃

如果烯烃单体中存在 $\pi-\pi$ 共轭,那么可以使 C=C 上的电子云密度分散且稳定,有利于阴离子聚合反应的进行。因此共轭烯烃类单体,如 1,3-丁二烯、异戊二烯和苯乙烯可以发生阴离子聚合。

2. 连接强吸电子取代基的烯烃

取代基如果具有吸电子的诱导效应,C=C 上的电子云密度会降低,容易被阴离子进攻;且吸电子基团的 e 值越高(Q–e 概念中的 e 值),阴离子聚合的活性越高。在离子聚合中,取代基的诱导效应往往大于共轭效应,起主要作用。图 5–1 中的单体在阴离子聚合反应中活性依次降低。由此可见,连接强吸电子取代基的烯类单体,如丙烯腈和甲基丙烯酸酯等,可以进行阴离子聚合。

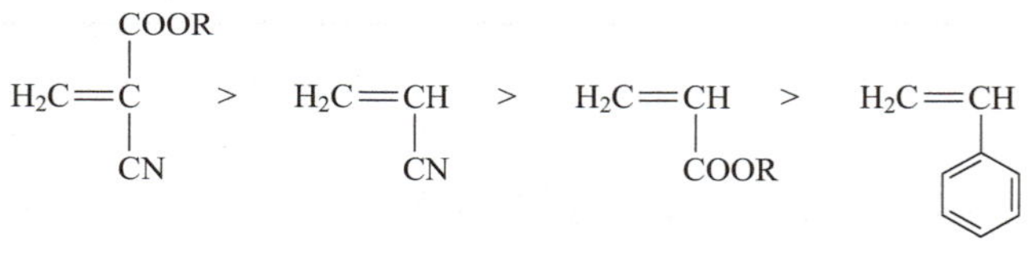

图 5–1　阴离子聚合中单体活性的比较

与诱导效应相反,p–π 共轭效应通常为给电子效应。因此如果单体上存在 p–π 共轭效应,往往不利于阴离子聚合。如图 5–2 所示,氯乙烯单体中的 Cl 原子虽然具有较强的诱导效应,但是 Cl 上的孤对电子与 C=C 形成 p–π 共轭,从而削弱双键的亲电性,导致阴离子聚合无法实现。

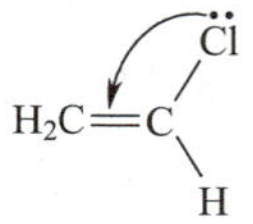

图 5–2　氯乙烯单体中的 p–π 共轭效应

3. 杂环类化合物

除上述两类烯烃单体外,杂环类化合物如环氧化合物、内酯和内酰胺等,也可以通过开环反应进行阴离子聚合,其内容将在"5.3 开环聚合"中详细讨论。

5.1.2 阴离子聚合引发剂

由于单体具有亲电性,阴离子聚合的引发剂只能是电子给体,即亲核试剂,属于 Lewis 碱类。按照引发机理可以分为电子转移引发(又可分为电子直接转移引发和电子间接转移引发)和阴离子加成引发;按照引发剂的类型则可以划分为金属引发和有机金属化合物引发等。

1. 碱金属

(1)电子直接转移引发 Li、Na 和 K 这些碱金属的最外层只有一个电子,很容易转移给单体或中间体,因而可以直接用作阴离子聚合的引发剂。以金属 Na 引发苯乙烯单体聚合为例(图 5-3),Na 直接将最外层的电子转移给苯乙烯单体,从而形成了单体自由基阴离子,由于自由基的活性非常高,很容易发生偶合反应,从而形成一个双阴离子,此后双阴离子继续引发单体双向增长聚合。这种引发的特点是:形成双阴离子活性种,使链增长反应双向进行。

碱金属不溶于有机溶剂,因此该体系为非均相体系,引发速率取决于 Na 的比表面积,通常粒径越小比表面积越大。然而,从目前的研究来看,这种引发方式中引发剂的利用率很低,远不及均相催化体系。

$$\text{Na} + \text{CH}_2\!\!=\!\!\underset{\overset{|}{X}}{\text{CH}} \longrightarrow \text{Na}^\oplus\text{CH}_2\!\!-\!\!\underset{\overset{|}{X}}{\overset{}{\text{CH}}}\!\cdot \longleftrightarrow \text{Na}^\oplus\underset{\overset{|}{X}}{\overset{}{\text{CH}}}\!\!-\!\!\text{CH}_2\!\cdot \longrightarrow \text{Na}^\oplus\underset{\overset{|}{X}}{\overset{}{\text{CH}}}\text{CHCH}_2\!\!-\!\!\text{CH}_2\underset{\overset{|}{X}}{\overset{}{\text{CH}}}^\ominus\,\text{Na}^\oplus$$

图 5-3 金属 Na 引发苯乙烯单体聚合

(2)电子间接转移引发 碱金属可以与芳香酮、偶氮化合物、蒽和萘等反应生成碱金属配合物,其中最典型的是萘钠和萘锂体系。Na 和萘在 THF 溶剂中混合后,Na 将最外层电子传递给萘分子,得到绿色的萘钠自由基阴离子(图 5-4)。通过电子顺磁共振光谱,可以证明自由基的存在。当苯乙烯单体加入后,萘钠自由基阴离子将电子转移给苯乙烯单体,形成红

5-1 EPR 检测自由基

色的苯乙烯自由基阴离子,与此同时释放一个萘分子。电子顺磁共振光谱分析表明,加入苯乙烯单体后,体系中的自由基立即消失,由此证明两个苯乙烯自由基阴离子相互偶合形成一个苯乙烯双阴离子。此后的链增长反应在苯乙烯双阴离子上同时双向进行。

电子间接转移引发的特点是:萘分子只起到碱金属电子向苯乙烯单体转移中间体的作用,因此为间接转移引发。反应动力学表明,99% 以上的链增长反应是通过苯乙烯双阴离子进行的。这是因为,苯乙烯自由基阴离子的浓度通常为 $10^{-3}\sim10^{-2}\ \text{mol}\cdot\text{L}^{-1}$,远高于自由基聚合反应中的自由基浓度,同时偶合反应的速率常数非常高($10^{6}\sim10^{8}\ \text{L}\cdot\text{mol}^{-1}\cdot\text{s}^{-1}$),有利于双阴离子活性种的形成。因此,与电子直接转移引发一样,链增长反应双向进行。不同之处在于,萘钠能与极性溶剂 THF 形成均相体系,因此碱金属的利用率极大提高。此外,值得注意的是,即使单体全部聚合,溶液依旧呈现红色,说明苯乙烯双阴离子仍然存在并保持

活性。此时,如果再次加入单体,聚合反应还能够继续进行,显示出无终止的特性,故称为"活性聚合"。活性中心之所以几天甚至几周都保持"活性",是因为碳阴离子具有稳定的四面体结构,寿命较长。这也是阴离子聚合与自由基聚合及阳离子聚合的明显区别之一。

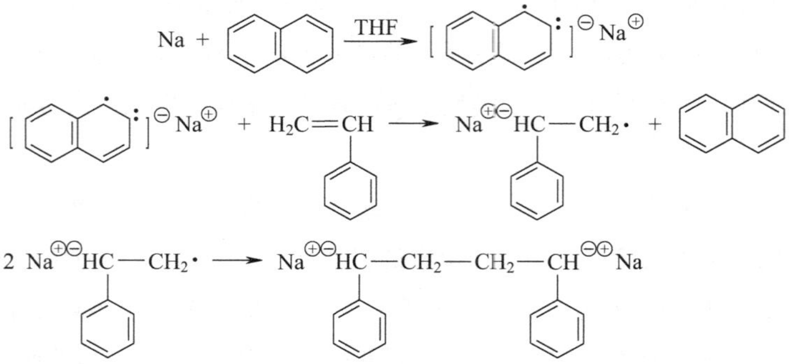

图 5-4 萘钠引发苯乙烯单体聚合

除萘钠体系外,碱金属 – 液氨所构成的体系也可以引发阴离子聚合。一般认为,Li 在液氨中引发甲基丙烯腈聚合的过程中,首先生成了电子化的氨分子,即 Li 将最外层电子转移给氨分子(图 5-5);接下来,电子化的氨分子将电子转移给单体,从而生成单体自由基阴离子;该单体自由基阴离子偶合形成双阴离子继续引发链增长反应。显然,该引发过程与萘钠引发苯乙烯单体聚合一样,也属于电子间接转移引发反应。

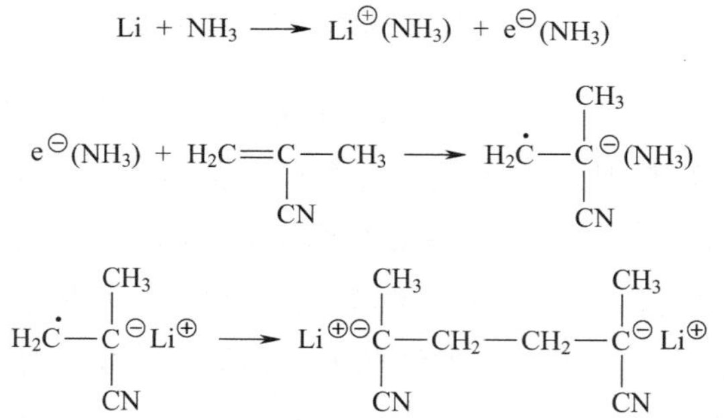

图 5-5 Li 在液氨中引发甲基丙烯腈单体聚合

2. 有机金属化合物

区别于碱金属的电子转移引发机理,有机金属化合物的引发剂机理为阴离子加成引发,过程为阴离子直接引发单体,形成"单"阴离子活性中心。该类引发剂的种类较多,最主要的是金属氨基化合物和金属烷基化合物。

(1)金属氨基化合物 金属氨基化合物是研究得最早的引发剂之一,典型代表为 $NaNH_2$– 液氨和 KNH_2– 液氨体系。K 的金属性很强,在介电常数大、溶剂化能力强的液氨中可以反应得到 KNH_2(图 5-6);KNH_2 解离得到 K^+ 和 NH_2^-;进行阴离子聚合时,NH_2^- 直接进攻苯乙烯中的 C=C 进行加成反应,形成末端含有—NH_2 的阴离子;该阴离子继续引发其他单体聚合,最终所得到的高分子以—NH$_2$为端基。可以看到,不同于电子转移机理中分子链双向增长,在阴离子加成引发过程中,分子链只沿着一个方向增长,另一端为引发剂的片段(如—NH$_2$和丁基等)。

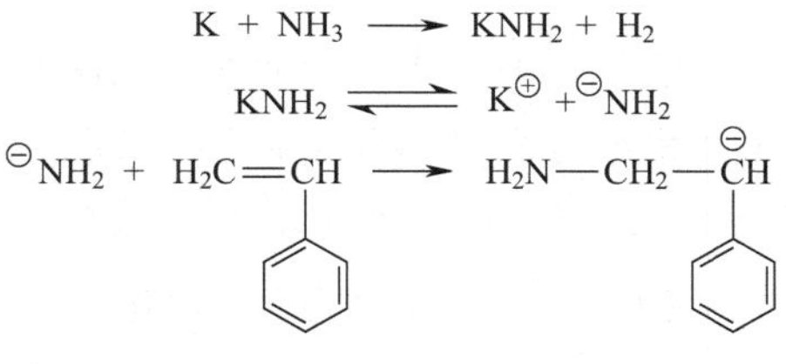

$$K + NH_3 \longrightarrow KNH_2 + H_2$$

$$KNH_2 \rightleftharpoons K^{\oplus} + {}^{\ominus}NH_2$$

$$^{\ominus}NH_2 + H_2C=CH \longrightarrow H_2N-CH_2-\overset{\ominus}{CH}$$

图 5-6　KNH$_2$–液氨体系引发苯乙烯单体聚合

(2)金属烷基化合物　金属烷基化合物是工业中常用的阴离子聚合引发剂,其引发活性与金属电负性密切相关,通常金属–碳键的极性越强,引发活性越大,如表 5-2 所示。由于 Na 和 K 所形成的金属–碳键的离子性太强,虽然活泼,但很难溶于常用烃类溶剂,限制了应用。相反,Mg 和 Al 的金属电负性虽高,金属与碳所形成的键,则倾向于共价键,可以溶于烃类溶剂,但引发活性却很弱或无法引发(Mg 形成格氏试剂后才可高效引发阴离子聚合反应),也不常使用。因此,烷基锂由于兼具优异的引发活性和良好的溶解性,成为目前应用最广的阴离子聚合引发剂。工业上常用其作引发剂合成聚 1,3–丁二烯和聚异戊二烯两种橡胶。

表 5-2　金属电负性与引发活性之间的关系

金属	K	Na	Li	Mg	Al
电负性	0.8	0.9	1.0	1.2~1.3	1.5
金属–碳键	K—C	Na—C	Li—C	Mg—C	Al—C
键的极性	离子性		极性共价键	极性弱	极性很弱
引发作用	活泼引发剂		常用引发剂	不能直接引发	不能引发

与金属氨基化合物一样,金属烷基化合物的引发机理也遵循阴离子加成引发。正丁基锂引发苯乙烯聚合时,丁基阴离子直接进攻 C=C 发生加成反应,形成阴离子;此后进行链增长反应,最终丁基将成为聚苯乙烯分子链的末端(图 5-7)。

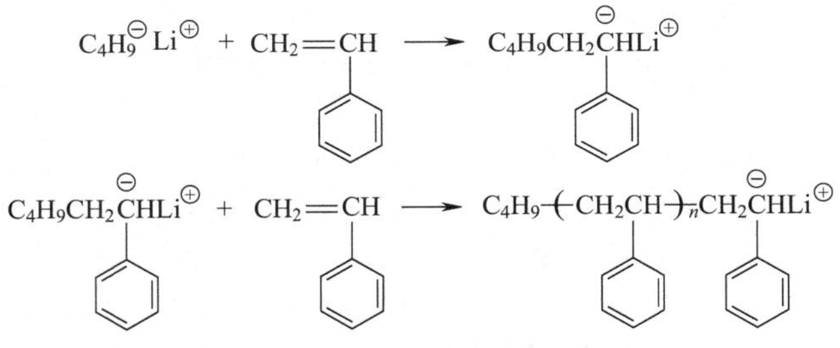

$$C_4H_9^{\ominus}Li^{\oplus} + CH_2=CH \longrightarrow C_4H_9CH_2\overset{\ominus}{CH}Li^{\oplus}$$

$$C_4H_9CH_2\overset{\ominus}{CH}Li^{\oplus} + CH_2=CH \longrightarrow C_4H_9(CH_2CH)_{\overline{n}}CH_2\overset{\ominus}{CH}Li^{\oplus}$$

图 5-7　丁基锂引发苯乙烯单体聚合

由于丁基锂中 Li—C 键既有共价性又有离子性,因而在非极性溶剂中,丁基锂容易发生缔合生成 2、4 和 6 缔合体,削弱引发效率(图 5-8)。实验中,常通过选择极性溶剂、提高反应温度和降低引发剂浓度等方法来抑制缔合现象发生。

$$n\,\text{C}_4\text{H}_9\text{Li} \longleftrightarrow (\text{C}_4\text{H}_9\text{Li})_n$$

图 5-8 丁基锂形成缔合体

(3)其他引发剂和引发方式 除上述引发剂外,其他 Lewis 碱,如氰化物、氢氧化物、醇盐、格氏试剂(RMgBr)和水等也可以作为阴离子聚合的引发剂,但通常只能引发较活泼的单体聚合。金属烷氧基化合物(如甲醇钠和甲醇钾),多用于高活性环氧乙烷和环氧丙烷的开环聚合,其内容将在"5.3 开环聚合"中讨论。

除引发剂引发阴离子聚合外,电离辐照也可以通过电子转移引发阴离子聚合,其过程可以描述为:反应体系中的单体或溶剂发生辐射分解,生成自由基阴离子和溶剂化电子,如果单体中含有强的吸电子取代基,那么电子将转移至单体,然后偶合生成双阴离子,进行链增长反应。电化学引发的聚合反应中,多数体系是电子直接转移到单体上,从而生成自由基阴离子,引发聚合反应。

3. 单体和引发剂的匹配

通常,按照引发剂活性的不同,可以将其分成 4 类(表 5-3),这些引发剂引发单体聚合的能力是有差别的。一般来说,引发剂活性越强,对单体的活性要求越低;反之,引发剂活性越弱,那么对单体活性要求越高。例如,H_2O 是阴离子聚合反应的终止剂,但是却可以用作高活性 α-氰基丙烯酸乙酯聚合的引发剂。表 5-3 中的箭头展示了引发剂及引发单体的对应关系。

表 5-3 阴离子聚合的单体活性和引发剂活性

引发剂	单体	分子式	Q	e
SrR$_2$,CaR$_2$ Na,NaR Li,LiR	α-甲基苯乙烯 苯乙烯 丁二烯	$CH_2{=}C(CH_3)C_6H_5$ $CH_2{=}CHC_6H_5$ $CH_2{=}CHCH{=}CH_2$	 1 1.28	 -0.8 0
RMgX t-ROLi	甲基丙烯酸甲酯 丙烯酸甲酯	$CH_2{=}C(CH_3)COOCH_3$ $CH_2{=}CHCOOCH_3$	1.92 1.33	1.20 1.41
ROX ROLi 强碱	丙烯腈 甲基丙烯腈 甲基乙烯基酮	$CH_2{=}CHCN$ $CH_2{=}C(CH_3)CN$ $CH_2{=}CHCOCH_3$	2.70 33 3.45	1.91 1.74 1.51
吡啶 NR$_3$ 弱碱 ROR H$_2$O	硝基乙烯 亚甲基丙二酸二乙酯 α-氰基丙烯酸乙酯 偏二氰基乙烯 α-氰基-2,4-己二烯酸乙酯	$CH_2{=}CHNO_2$ $CH_2{=}C(COOC_2H_5)_2$ $CH_2{=}C(CN)COOC_2H_5$ $CH_2{=}C(CN)_2$ $CH_3CH{=}CHCH{=}C(CN)COOC_2H_5$		

5.1.3 阴离子聚合机理

区别于自由基聚合,阴离子聚合反应通常只含有链引发和链增长两步基元反应,反应过程如图 5-9 所示。聚合机理可以概括为:快引发、慢增长、无终止和无转移,下面逐一进行解释。

链引发反应:$B^{\ominus}A^{\oplus}$ + M $\xrightarrow{\text{极快}}$ $BM^{\ominus}A^{\oplus}$

链增长反应:$BM^{\ominus}A^{\oplus}$ + nM $\xrightarrow{\text{慢}}$ $BM_{n+1}^{\ominus}\ A^{\oplus}$

$A^{\oplus}$为反离子,$B^{\ominus}$为活性中心,M 为聚合单体

图 5-9 阴离子聚合中链引发和链增长反应通式

1. 快引发

阴离子聚合的引发方式包括电子转移引发和阴离子加成引发,活化能一般小于 10 kJ·mol^{-1},低于自由基聚合引发的活化能(引发剂分解的活化能为 105~150 kJ·mol^{-1}),因此引发过程较快。

2. 慢增长

由于阴离子聚合单体的 π 轨道已经被孤对电子占据,阴离子只能进攻 π* 轨道实现聚合(图 5-10)。这种情况下,链增长活化能较高,通常为 10~40 kJ·mol^{-1},与自由基聚合链增长的活化能差别不大(20~34 kJ·mol^{-1}),高于引发活化能。因此,同快引发过程相比,表现为慢增长过程。

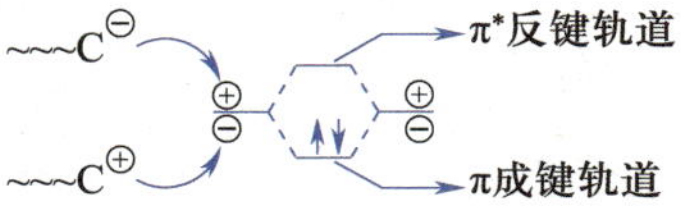

图 5-10 阴离子和阳离子引发剂分别进攻 π* 和 π 轨道

由于每条分子链上的活性中心可以有多个(如苯乙烯双阴离子),因此链增长可以单向、双向甚至多向(图 5-11)进行。

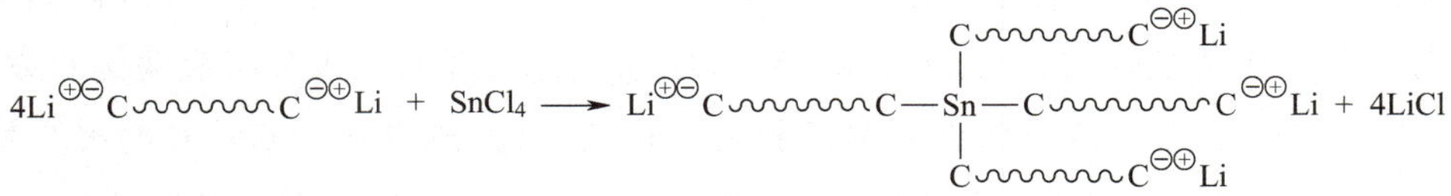

图 5-11 可以进行四向增长的阴离子活性中心

3. 无终止

阴离子聚合无法像自由基聚合一样,自发终止反应。原因在于:(1)活性链间相同电荷静电排斥,不可能双基偶合终止;(2)夺取活性链上 H$^-$ 所需要的能量很高,难以歧

化终止;(3)活性链的反离子通常为金属离子,无 H^+ 可供夺取而终止;(4)金属－碳键解离倾向大,不易发生反离子与活性中心的加成而终止。

事实上,链增长反应中,活性链直到单体完全消耗完,依然保持着活性。此时,如果再加入单体,聚合反应依然可以继续进行。例如,用萘钠引发苯乙烯单体聚合后,当单体反应完毕可以得到红色的苯乙烯双阴离子溶液。该溶液放置一段时间后,红色依旧保持。再次加入苯乙烯单体,聚合继续进行,反应结束后溶液依旧呈红色。通常把这种无终止的阴离子聚合反应称为活性聚合反应。

大多数碳阴离子是有颜色的,因此可以用光谱来跟踪聚合过程中浓度的变化。研究发现,即使转化率达 100% 时,活性中心的浓度依旧恒定。数均分子量与转化率呈线性关系,产物是分子量分布窄的高分子。

如果想让聚合反应终止,可以采用以下方法:

(1)加入 H^+ 的给体(如水、醇和酸等)与反应链中心结合。图 5-12 中,生成的 OH^- 亲核性较弱,不足以继续引发反应,因此导致反应终止。

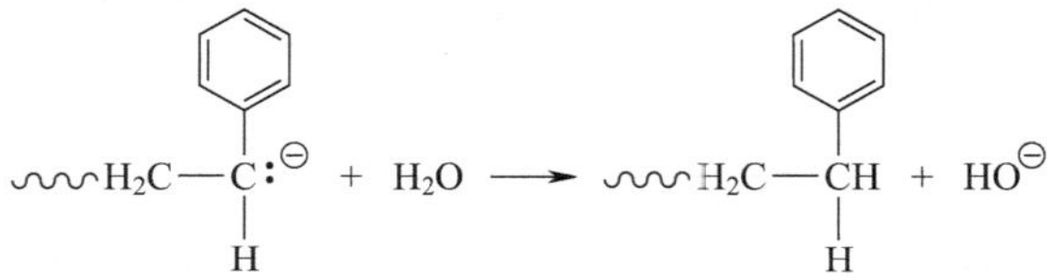

图 5-12 H₂O 终止苯乙烯阴离子聚合反应

(2)反应体系含有微量杂质(如 H_2O、CO_2 和 O_2 等)也可以使聚合反应终止。图 5-13 中,过氧阴离子的反应活性不足,导致反应终止。

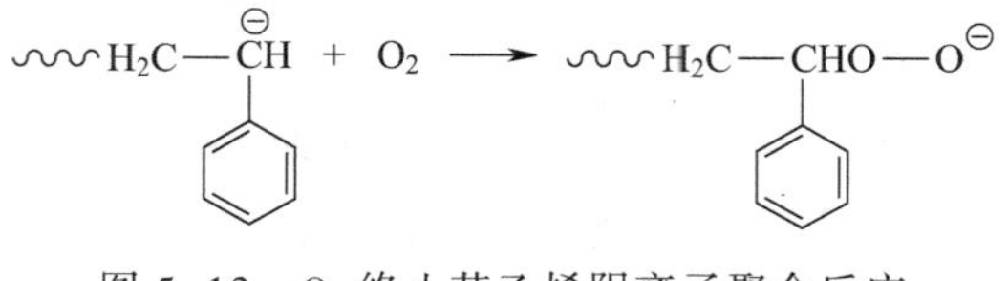

图 5-13 O₂ 终止苯乙烯阴离子聚合反应

(3)活性中心自发终止。活性中心不会一直保持活性,即使没有终止剂存在,随着时间的推移,活性中心的浓度也会逐渐降低。苯乙烯阴离子是最稳定的活性阴离子,即使常温放置数周依然保持良好的活性。对该体系终止机理的光谱分析表明为自发终止(图 5-14)。首先,增长链中的碳阴离子脱去氢负离子,生成末端为 C＝C 的聚合物;然后,另一条增长链中的碳阴离子从该聚合物中夺取一个烯丙基氢,生成了不活泼的 1,3-二苯基烯丙基阴离子。

从"链终止"机理的描述中可以看出,阴离子聚合需要在高真空或惰性气氛、单体和反应溶剂严格纯化、反应器皿非常洁净的条件下才可以进行。工业生产中常用活性阴离子溶液来冲洗管道以保证反应环境的清洁。

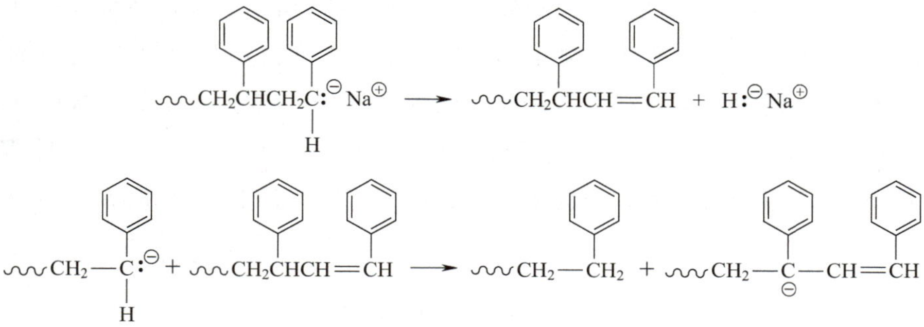

图 5-14　苯乙烯阴离子聚合反应的自发终止

4. 无转移

事实上,对于一些极性较强的单体,如丙烯腈和丙烯酸酯等,在反应过程中可能发生链转移反应。在这里不进行详细介绍。工业生产中,可以通过降低反应温度来避免该类单体链转移反应的发生。

5.1.4　活性阴离子聚合动力学

1. 聚合速率

对活性阴离子聚合来说,聚合开始前,引发剂全部快速转变为活性中心,使阴离子活性中心的浓度等于引发剂的浓度([M$^-$]=[C])。链增长过程中再无引发反应和终止反应,因此活性中心数目在聚合过程中保持不变。每个活性中心的活性相同,因此每个活性中心所引发的聚合单体数目一样,最终所形成的高分子链长度几乎一样,分子量分布窄。据此写出活性阴离子聚合反应的速率方程:

$$R_p = k_p[M^\ominus][M] = k_p[C][M] \qquad (5-1)$$

式中,[M$^\ominus$]为阴离子活性中心的总浓度;[M]为单体浓度;[C]为引发剂的浓度;k_p为链增长反应的速率常数。从式(5-1)中可以看到,聚合反应速率与单体及引发剂浓度相关。同自由基聚合相比,在单体浓度相同的条件下,由于没有活性中心的终止反应,阴离子聚合中引发剂所形成的活性中心浓度($10^{-3} \sim 10^{-2}$ mol·L^{-1})远高于自由基聚合中活性中心的浓度($10^{-9} \sim 10^{-7}$ mol·L^{-1}),且二者的k_p相当,因此阴离子聚合速率一般高于自由基聚合速率。

除上述两个影响因素外,聚合反应速率常数也会影响反应速率。下面详细讨论一下k_p。

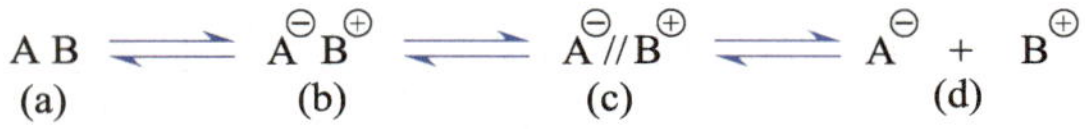

图 5-15　离子聚合反应中活性中心的形式

　　阴离子聚合的活性中心是多中心的形式,如图 5-15 所示。包括共价键(a)、紧密离子对(b)、松散离子对(c)和自由离子(d)四种形式。在链增长阶段,上述活性中心都会引发单体聚合,因此 k_p 是离子对各种状态的综合值,为表观速率常数。从(a)到(d),离子对之间越来越松散,因此聚合活性顺序为:(a)≪(b)<(c)<(d)。若忽略聚合活性极差的共价键,可以将活性中心分成离子对和自由离子两种形式,此时 k_p 的表达式可以写成:

$$k_p = \frac{[P^{\ominus}C^{\oplus}]}{[M^{\ominus}]}k_{(\mp)} + \frac{[P^{\ominus}]}{[M^{\ominus}]}k_{(-)} \qquad (5-2)$$

式中,$[P^{\ominus}C^{\oplus}]$ 为 $A^{\ominus}B^{\oplus}$ 和 $A^{\ominus}//B^{\oplus}$ 两种离子对的浓度;$[P^{\ominus}]$ 为自由离子 $A^{\ominus}$ 的浓度,$[P^{\ominus}] \ll [P^{\ominus}C^{\oplus}]$;$[M^{\ominus}]$ 为活性中心的总浓度,$[M^{\ominus}] = [P^{\ominus}] + [P^{\ominus}C^{\oplus}]$;$k_{(\mp)}$ 和 $k_{(-)}$ 为离子对增长速率常数和自由离子增长速率常数。

$$P^{\ominus}C^{\oplus} + M \xrightarrow{k_{(\mp)}} PM^{\ominus}C^{\oplus} \qquad (5-3)$$

$$P^{\ominus} + C^{\oplus} + M \xrightarrow{k_{(-)}} PM^{\ominus} - C^{\oplus} \qquad (5-4)$$

　　一般来说,在弱极性的溶剂中,活性中心通常以紧密离子对的形式存在,$k_{(\mp)}$ 很小。在强极性的溶剂中,活性中心主要以松对的形式存在,少量解离成自由离子。虽然解离平衡常数很小($2.2 \times 10^{-2} \sim 2.0 \times 10^{-4}$),但是 $k_{(-)}$ 要比 $k_{(\mp)}$ 大 2~3 个数量级,在 k_p 中占主要地位。

　　(1)溶剂的影响　溶剂对活性阴离子聚合速率的影响可以通过介电常数和电子给予指数两个物理量进行分析(表 5-4):

　　① 介电常数表示溶剂极性的大小。溶剂极性越大,活性链离子与反离子的解离程度越大,自由离子越多;

　　② 电子给予指数反映了溶剂的给电子能力(即溶剂化作用)。溶剂的给电子能力越强,对阳离子的溶剂化作用越强,离子对也越疏松。

表 5-4　溶剂的介电常数和电子给予指数

溶剂	介电常数	电子给予指数
正己烷	2.2	
苯	2.2	2
二氧六环	2.2	5
乙醚	4.3	19.2
THF	7.6	20.0
丙酮	20.7	17.0
硝基苯	34.5	4.4
二甲基甲酰胺	35	30.9

因此,溶剂的极性(介电常数)越大,溶剂化能力(电子给予指数)越强,松散离子对越多,k_p 往往越高。表 5-5 中的数据表明,萘钠在 25 ℃下引发苯乙烯聚合,溶剂类型对聚合反应影响显著。与苯和二氧六环相比,在 THF 和 1,2- 二甲氧基乙烷中,k_p 提高了 2~3 个数量级,说明介电常数越大,聚合速率越快。另外,在 1,2- 二甲氧基乙烷中的聚合速率高于 THF,表明介电常数并不是衡量溶剂化能力的唯一因素。在前者的分子上有两个醚官能团,它对聚苯乙烯阴离子的溶剂化能力比后者强;由此可见,电子给予指数也起到了重要影响。此外,在丁基锂引发苯乙烯单体聚合的实验中,如果以非极性的环己烷为溶剂,反应需要数小时才能完成;如果在强极性的 THF 中进行,短短十几分钟就可以完成聚合反应。溶剂对聚合反应速率产生如此明显的影响,在自由基聚合中是罕见的。

表 5-5　溶剂对苯乙烯阴离子聚合 k_p 的影响

溶剂	介电常数	$k_p/(\text{L}\cdot\text{mol}^{-1}\cdot\text{s}^{-1})$
苯	2.2	2
二氧六环	2.2	5
THF	7.6	550
1,2- 二甲氧基乙烷	5.5	3 800

(2)反离子的影响　反离子的影响与溶剂有关,一般分为以下两种情况:

① 在溶剂化能力强的溶剂中,松散离子对是主要存在形式。此时,如果反离子半径越大,溶剂化作用减弱,解离程度越低,$k_{(\mp)}$ 减小。如在 THF 中,反离子为 Li^+ 和 Cs^+,对应的 $k_{(\mp)}$ 分别为 100 $\text{L}\cdot\text{mol}^{-1}\cdot\text{s}^{-1}$ 和 22 $\text{L}\cdot\text{mol}^{-1}\cdot\text{s}^{-1}$。

② 在溶剂化能力弱的溶剂中,紧密离子对是主要存在形式。此时,如果反离子半径越大,库仑力作用越小,解离程度越高,$k_{(\mp)}$ 增大。如在二氧六环中,反离子为 Li^+ 和 Cs^+,对应的 $k_{(\mp)}$ 分别为 0.04 $\text{L}\cdot\text{mol}^{-1}\cdot\text{s}^{-1}$ 和 24.5 $\text{L}\cdot\text{mol}^{-1}\cdot\text{s}^{-1}$。

(3)温度的影响　温度对 k_p 的影响比较复杂:首先,温度会影响每一种活性中心的解离,升高温度会使解离平衡常数下降。其次,在极性溶剂 THF 中,当反离子体积较大时(如 Cs^+),$k_{(\mp)}$ 和 $k_{(-)}$ 均随着温度的下降而减小;但当反离子体积较小时(如 Na^+),$k_{(-)}$ 随着温度的下降而减小,而 $k_{(\mp)}$ 却随着温度的下降而升高。这是因为反离子体积较小时,以松散离子对为主。因此,相同温度下反离子为 Na^+ 的 $k_{(\mp)}$ 要高于反离子为 Cs^+ 的 $k_{(\mp)}$。当反离子为 Na^+ 时,温度降低,溶剂对 Na^+ 的溶剂化能力增强,更易形成松散离子对,使 $k_{(\mp)}$ 增大。由此可见,对于不同的反应体系,温度对反应速率的影响结果各不相同。一般来说,阴离子活性聚合的活化能 E 在 8~21 $\text{kJ}\cdot\text{mol}^{-1}$,数值较小且为正值;因此,聚合速率通常随温度的升高略有提高,但并不敏感。

2. 聚合度

在阴离子聚合过程中,如果引发剂全部快速转变为活性中心,单体分布均匀,所有链段同时开始增长,且无链转移和链终止反应,在可忽略解聚的情况下,那么就会实现一个理想的同步增长模式。可以想象,当单体全部聚合后,会平均地分布在每一条活性链上。此时,活性聚合物的平均聚合度等于消耗单体浓度与大分子活性链浓度之比。式(5-5)中,[C]为引发剂浓度;$[M]_0$为单体初始浓度;$[M]_t$为任意时刻单体浓度。通过调控引发剂和单体的浓度,可以调控聚合度进而调控分子量。这里须强调n为每个引发剂分子上的活性中心数。对于单阴离子$n=1$;对于双阴离子$n=2$;在某些特殊的条件下,n还可以是其他值。不难得出高分子活性链浓度 = 活性端基的浓度$/n$的结论。

$$\overline{X_n} = \frac{[M]_0 - [M]_t}{\dfrac{[M^{\ominus}]}{n}} = \frac{n([M]_0 - [M]_t)}{[C]} \tag{5-5}$$

通过聚合度的计算,可以很容易地估算出聚合物的分子量。与实验测试所得到真实分子量进行对比发现,设计的目标产物分子量与实际合成的聚合物分子量非常吻合。

由于阴离子聚合过程中,每个活性中心的活性差别不大,这就使最终聚合物的分子量分布很窄,接近单分散。例如,萘钠引发苯乙烯单体在 THF 中聚合,分子量分布指数为1.06~1.12。尽管所得聚合物的分子量分布很窄,但仍存在一定的多分散性,无法得到单分散的聚合物,这是因为反应过程中很难使引发剂分子与单体完全混合均匀,即每个活性中心与单体混合的机会总是有些差别;此外,反应体系中的杂质无法完全清除干净,会对聚合过程产生或多或少的影响。

5.1.5　阴离子聚合的应用

1. 合成分子量分布窄的高聚物

大多数高分子的分子量都是多分散的。有些时候,研究和测试中需要用到分布比较窄,甚至单分散的聚合物。例如,用凝胶渗透色谱测试未知高分子样品分子量时,需要用分子量分布很窄的标准样品标定仪器。相比于自由基聚合,阴离子聚合所得到的聚苯乙烯多分散系数较小,是凝胶渗透色谱测试标准样品的理想选择。

5-2　遥爪
聚合物

2. 合成遥爪聚合物

遥爪聚合物通常指含有一个或多个功能化端基,能与其他分子进行反应的聚合物;它们可用于合成嵌段共聚物以及其他类型共聚物。通过各种亲电试剂,使活性阴离子聚合终止,可以合成遥爪聚合物。例如,CO_2、环氧乙烷和烯丙基溴与活性阴离子聚合物反应,最终聚合物的端基分别是羧基、羟基和烯丙基。端羟基聚丁二烯(HTPB)是一种液体遥爪聚合物,被称为"液体橡胶",其固化物具有优异的耐水解、耐酸碱、耐磨和耐低温性能。

3. 合成嵌段共聚物

利用阴离子聚合为活性聚合的特点,顺序加入单体可以合成嵌段共聚物。以 ABA 型嵌段共聚物 SBS 树脂(分子链中段为顺式聚丁二烯,两端为聚苯乙烯)为例:以丁基锂为引发剂,首先引发苯乙烯单体聚合(图 5-16);当苯乙烯完全耗尽后加入丁二烯单体,丁二烯会在苯乙烯阴离子活性链上继续聚合,直至耗尽;此时,再次加入苯乙烯单体聚合,得到 SBS 树脂。

5-3 SBS 树脂

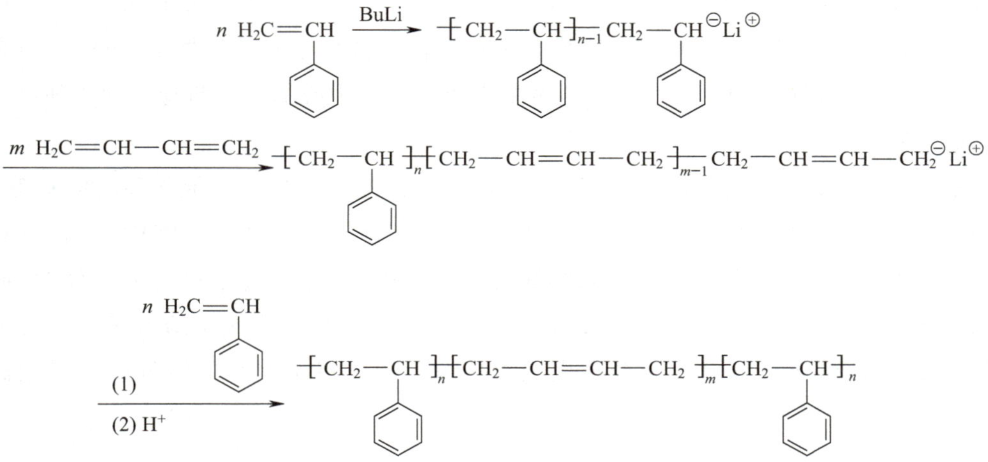

图 5-16 阴离子活性聚合制备 SBS

但是,这种顺序加入单体进行阴离子聚合有一个前提条件:每一种单体阴离子都能够引发下一种单体的聚合。通常只有新生成的碳阴离子的稳定性与原来碳阴离子相当或更高时,原来碳阴离子才能转化成新的碳阴离子。虽然丁二烯和苯乙烯阴离子活性链能够彼此引发聚合,但是聚甲基丙烯酸甲酯的阴离子链就不能引发苯乙烯单体聚合;反之,聚苯乙烯阴离子链却可以引发甲基丙烯酸甲酯单体聚合。那么,如何判断阴离子活性链和单体的活性呢?这需要引入参数 $\mathrm{p}K_a$($\mathrm{p}K_a = -\lg K_a$),K_a 是解离平衡常数,也就是单体解离出 H^+ 的能力。用 $\mathrm{p}K_a$ 表示单体相对碱性的大小,$\mathrm{p}K_a$ 越大,阴离子的碱性越大,可聚合能力越强。$\mathrm{p}K_a$ 大的单体活性中心能够引发 $\mathrm{p}K_a$ 小的单体聚合。苯乙烯的 $\mathrm{p}K_a = 40\sim42$,丁二烯的 $\mathrm{p}K_a = 38$;可以看出二者相差不大,因此,可以相互引发聚合形成 SBS 树脂。甲基丙烯酸甲酯的 $\mathrm{p}K_a = 24$,形成的阴离子链,无法引发苯乙烯单体的聚合。

5.2 阳离子聚合

相对于自由基聚合和阴离子聚合,对阳离子聚合的过程和机理还有待深入探究。因为阳离子活性很高,引发过程十分复杂,易发生异构化等副反应,很难获得高分子量的聚合物。目前,采用阳离子聚合进行大规模工业生产的高聚物只有异丁烯。此外,异戊二烯和丁二烯等可以作为少量添加组分与异丁烯进行阳离子共聚合。

5.2.1　阳离子聚合单体

一般来说,能够进行阳离子聚合的单体通常具有如下特点:(1)较高的亲核性,以保证被阳离子引发剂所引发;(2)生成的阳离子活性中心容易与自身单体分子加成,以完成持续的链增长反应;(3)单体被引发生成的阳离子活性中心的活性不宜过高,应具有一定的稳定性,以防止副反应发生。这就要求单体活性中心的活性与稳定性之间有一个适当的平衡。

根据上述要求,原则上来说,取代基为强给电子基团(如烷基、苯基和乙烯基等)的单体均可以进行阳离子聚合。一方面,给电子基团使 C＝C 电子云密度增加,有利于阳离子活性中心的进攻;另一方面,给电子基团又使阳离子活性种电子云分散,能量降低而稳定。然而,实际聚合过程要复杂得多,很多因素,如取代基给电子能力强弱和空间位阻效应都会对阳离子聚合产生较大影响。通常以下 4 类单体可以进行阳离子聚合:

1.　异丁烯

乙烯的碳原子上没有取代基,无给电子效应,C＝C 上的电子云密度低,亲核性较弱,通常难以进行阳离子聚合。丙烯和丁烯的 C＝C 双键上各有一个甲基和乙基。然而,一个烷基的给电子效应太弱,导致碳阳离子不稳定,极易发生链转移等副反应;进行阳离子聚合时,一般只得到低分子量的油状物。

异丁烯中,同一碳原子上连有两个甲基,给电子效应极大提高,亲核性加强,且能够生成稳定的三级碳阳离子,因此可以进行阳离子聚合。

一些更高级的 α-烯烃,除给电子效应外,还受其他因素的影响。如当 C＝C 上连有苯环和叔丁基时,受制于空间位阻效应,也很难进行阳离子聚合。

2.　烷基乙烯基醚

分析烷基乙烯基醚的结构不难发现,该单体上同时存在诱导效应和共轭效应(图 5-17)。前者来自烷氧基的吸电子效应,使 C＝C 电子云密度降低;后者来自 O 原子上孤对电子与 C＝C 形成的 p-π 共轭效应,使双键电子云密度增加。其中,共轭效应占主导,活性中心的活性甚至高于异丁烯,因此能够进行阳离子聚合。

$$CH_2{=}CH{-}OR$$

图 5-17　烷基乙烯
基醚的结构式

3.　共轭单体

苯乙烯、α-甲基苯乙烯、丁二烯和异戊二烯等共轭单体中,π 电子活动性强,易诱导极化,能进行阳离子聚合。但它们活性不及异丁烯和烷基乙烯基醚,无工业价值。因此,这类单体极少用阳离子聚合来形成均聚物,通常用作异丁烯的共聚单体。

4. 杂环类化合物

环醚和环缩醛等杂环单体可以进行阳离子聚合,其聚合反应将在"5.3 开环聚合"中进行讨论。

5.2.2 阳离子聚合引发剂

由于给电子基团的作用,单体双键上的电子云密度较高,因此可以引发阳离子聚合的引发剂应该具有较好的亲电性。一般来说,引发方式有两种:(1)引发剂生成阳离子,引发单体生成碳阳离子;(2)引发剂和单体先形成电荷转移配合物而后再引发。常见的引发剂通常分为以下 3 类:

1. 质子酸

作为一种典型的亲电试剂,质子酸通过解离可以产生 H^+,引发阳离子聚合反应,常见的质子酸有 H_2SO_4、H_3PO_4、$HClO_4$、CCl_3COOH 和 CF_3COOH 等。

质子酸的引发活性取决于提供 H^+ 的能力,这就要求酸性足够强,使 H^+ 容易解离,烯烃质子化,从而引发阳离子聚合(图 5-18);此外,阴离子的亲核性须相对较弱,避免与质子化的烯烃结合,形成共价键加成在单体阳离子上(图 5-19)。通常酸根的亲核能力越强,质子酸的活性越弱。以 HCl 为例,虽然是一种强无机酸,但是 Cl^- 的半径小,亲核能力强,所以以 HCl 引发异丁烯聚合,只能得到加成产物,不会得到高聚物。以磷酸作为引发剂,虽然 PO_4^{3-} 的亲核性弱一些,也只能形成二聚体或三聚体。采用阴离子体积更大的 CF_3COOH 为引发剂,可以得到分子量为数千的高聚物。

图 5-18　质子酸引发单体形成阳　　　　图 5-19　阴离子的亲核性强,
　　　　离子活性中心　　　　　　　　　　　　直接连接在单体阳离子上

2. Lewis 酸

Lewis 酸为电子的受体,具有亲电性,因此可以用作阳离子聚合的引发剂;通常在较低的温度下就可以得到高分子量的聚合物,而且产率很高。常见 Lewis 酸包括金属卤化物(如 $AlCl_3$、$SnCl_4$、$TiCl_4$ 和 BF_3 等)、卤氧化物(如 $POCl_3$、CrO_2Cl 和 $VOCl_3$ 等)和卤素(如 I_2、Cl_2 和 Br_2)等。

以这些 Lewis 酸作为主引发剂进行聚合反应时,一般都会用到共引发剂。共引发剂通常分为两类:(1)质子供体,如 H_2O、ROH、HX 和 RCOOH 等;(2)碳阳离子供体,如 RX、RCOX 和（RCO）$_2$O 等。主引发剂和共引发剂相互搭配使用往往会起到更好的效果。

以无水 BF$_3$ 引发异丁烯聚合为例，单独使用 BF$_3$ 很难引发聚合反应；但如果体系中加入痕量的 H$_2$O 作为共引发剂，聚合反应可以很快发生。原因在于 BF$_3$ 和水反应生成了配合物（图 5-20），H$^+$ 进攻 C＝C 得到五元环中间体；开环后，得到叔丁基碳阳离子活性中心，其反离子为［BF$_3$OH］$^-$，共引发剂 H$_2$O 为反应提供了 H$^+$。

在 AlCl$_3$-C（CH$_3$）$_3$Cl 体系引发苯乙烯聚合过程中，首先，AlCl$_3$-C（CH$_3$）$_3$Cl 形成叔丁基碳阳离子，该阳离子进攻苯乙烯中的 C＝C，得到单体阳离子，反离子为［AlCl$_4$]$^-$；该反应中，共引发剂 C（CH$_3$）$_3$Cl 提供了碳阳离子（图 5-21）。

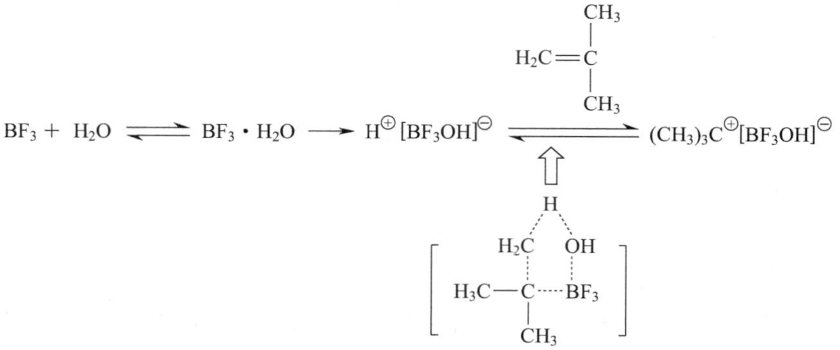

图 5-20 BF$_3$-H$_2$O 体系引发异丁烯聚合

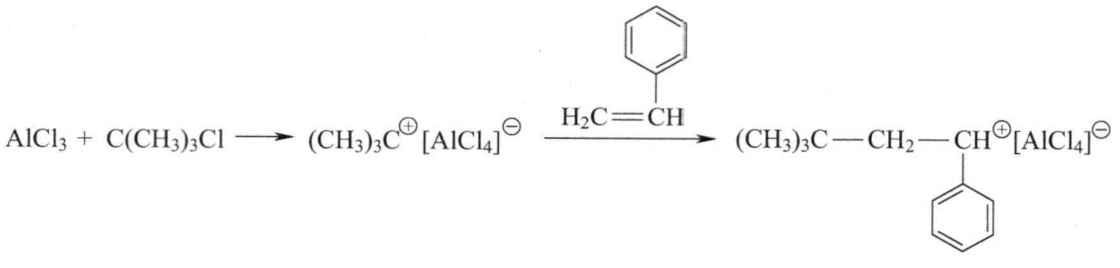

图 5-21 AlCl$_3$-C（CH$_3$）$_3$Cl 体系引发苯乙烯聚合

当不同的主引发剂与共引发剂相互组合时，可以得到多种引发体系，这些引发体系的活性很不相同，在实际聚合过程中必须予以仔细考虑。一般来说，活性受两方面因素的影响：

（1）酸性 酸性越强，引发活性越高，如 BF$_3$>AlCl$_3$>TiCl$_4$>SnCl$_4$；AlCl$_3$>AlRCl$_2$>AlR$_2$Cl>AlR$_3$。

（2）主引发剂和共引发剂的配比 在很多阳离子聚合体系中，引发剂与共引发剂有一个最佳比。在此条件下，聚合反应速率最快，生成高聚物的分子量最大；一旦浓度比例超过这一数值，聚合速率会下降。以 SnCl$_4$-H$_2$O 体系为例，只需存在痕量的 H$_2$O（10^{-11} mol/L）就可以引发聚合反应；如果 H$_2$O 过量，可能导致 SnCl$_4$ 发生水解反应生成氧鎓离子（图 5-22）。这种氧鎓离子不活泼，导致聚合速率明显下降。

在不同溶剂中,引发剂和共引发剂的最佳比例往往不同。以 CCl₄ 为溶剂,[H₂O]/[SnCl₄] 的最佳比例为 0.02;而以 CCl₄(70%)和硝基苯(30%)的混合溶液作溶剂,最佳比例则为 1.0。

$$SnCl_4 + 2H_2O \longrightarrow [H_3O]^{\oplus}[SnCl_4OH]^{\ominus}$$

图 5-22　SnCl₄ 的水解反应

3. 其他引发剂和引发方式

除质子酸和 Lewis 酸外,I₂、高氯酸乙酸酯、氧鎓离子和稳定的碳阳离子盐等也可以引发阳离子聚合,如高氯酸乙酸酯可通过酰基正离子与单体进行加成引发(图 5-23)。

对于稳定的碳阳离子盐,如环庚三烯和蒽的阳离子(图 5-24),其共轭结构可以很好地分散电荷,保持较高稳定性;但引发活性较弱,只能引发一些亲核性强的单体聚合,如烷基乙烯基醚、茚和 N-乙烯基咔唑等(图 5-25)。

除溶液聚合外,借助高能射线辐照(如 γ 射线),也可形成单体阳离子自由基。该聚合过程比较复杂(图 5-26),涉及偶合形成双阳离子活性中心。辐照引发最大特点是碳阳离子活性中心没有反离子存在。

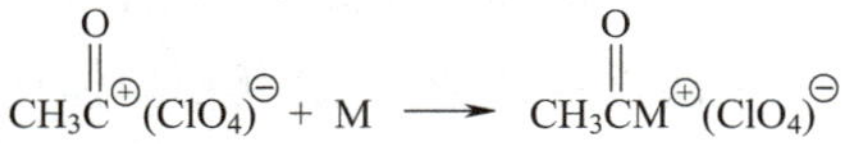

图 5-23　高氯酸乙酸酯引发单体进行阳离子聚合

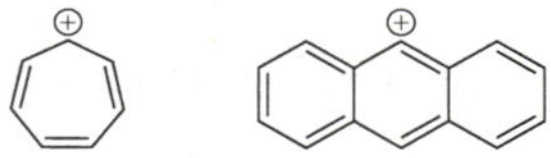

图 5-24　环庚三烯和蒽的阳离子

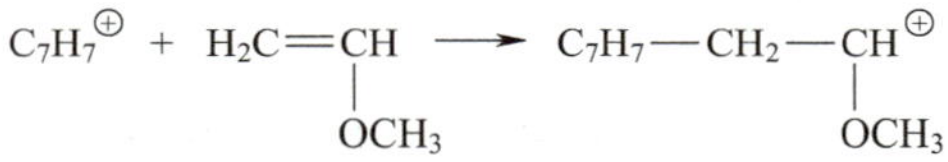

图 5-25　环庚三烯阳离子引发甲基乙烯基醚聚合

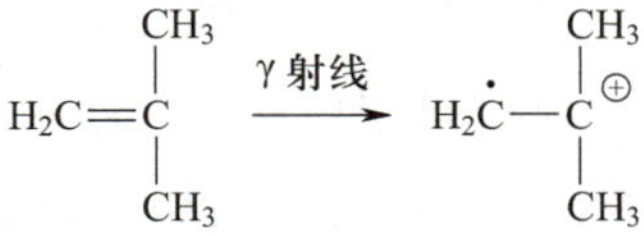

图 5-26　γ 射线辐照生成异丁烯阳离子自由基

5.2.3　阳离子聚合机理

与自由基和阴离子聚合一样,同属于连锁聚合的阳离子聚合也包含链引发、链增长、链转移和链终止这些基元反应;其特点是:快引发、快增长、易转移和难终止,反应通式如图 5-27 所示。

图 5-27　阳离子聚合通式

1. 快引发

引发过程中,产生的阳离子对单体中的 C═C 进行亲电进攻,并通过共价键直接连在单体上,因此属于加成引发,这与阴离子聚合中的加成引发类似。该过程所需活化能仅为 $8.4 \sim 21 \ kJ \cdot mol^{-1}$,远低于自由基聚合的活化能 $105 \sim 125 \ kJ \cdot mol^{-1}$,因此引发过程极快,几乎是瞬间完成的。

2. 快增长

经引发过程形成单体阳离子后,单体阳离子在很短的时间内与其他单体进行连续加成,使分子链不断增长形成聚合物。增长反应是阳离子聚合中最具特点的基元反应,概括来说有以下 3 个特点:

(1)增长速率极快 阴离子聚合中,活性中心进攻单体的 π^* 反键轨道;而阳离子聚合中,活性中心进攻 π 成键轨道(图 5-10),因而增长活化能低很多,通常仅为 $0.8 \sim 8.0 \ kJ \cdot mol^{-1}$。相比而言,阴离子和自由基聚合的增长活化能分别为 $10 \sim 40 \ kJ \cdot mol^{-1}$ 和 $20 \sim 34 \ kJ \cdot mol^{-1}$。因此阳离子聚合反应中,链增长反应的速率极快。

(2)立构规整性相对较好 阳离子活性中心总是跟随着反离子,聚合过程中单体需要不断插入碳阳离子和反离子所形成的离子对中间进行链增长,这就使单体插入时的构型受到一定限制(图 5-28)。一般来说碳阳离子单体与反离子之间的距离越近,这种要求越严格。因此,阳离子聚合所得到的聚合物相对于自由基聚合来说,具有一定的立构规整性。但这种立构规整性与配位聚合相比,还是有一定差距的。

$$HM_n^{\oplus}(CR)^{\ominus} \ + \ M \ \xrightarrow{k_p} \ HM_nM^{\oplus}(CR)^{\ominus}$$

图 5-28 单体插入碳阳离子和反离子中间进行链增长

(3)异构化聚合 由于碳阳离子不稳定,总是倾向于进行重排反应以得到更稳定的结构,这就使聚合过程中会出现重排、转移和异构化等副反应。重排反应的发生程度,不仅取决于增长碳阳离子和重排碳阳离子的相对稳定性,还取决于增长和重排反应的相对速率。以 3-甲基-1-丁烯为例(图 5-29),一般常温条件下,增长反应速率大于重排反应速率,所以得到的是常见的聚合物。如果把反应温度降到 -100℃,此时重排反应速率大于增长反应速率,阳离子有充分的时间完成重排。其重排过程为:初始的仲碳阳离子在与下一个单体加成之前,就发生了分子内氢负离子转移,重排成更稳定的叔碳阳离子,从而导致异构化现象的出现。实验表明,当聚合反应在 -100℃ 和 -130℃ 下进行时,产物中重排后重复单元的比例分别是 70% 和 100%。这种活性中心先发生异构化重排形成更稳定的结构,然后再进行聚合的反应称为异构化聚合。如果能够通过相对简单的重排路线得到稳定的碳阳离子,异构化聚合也可以生成高分子量的聚合物。

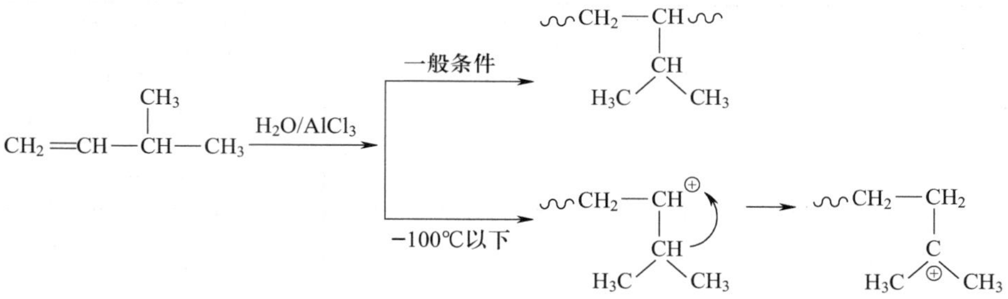

图 5-29　3-甲基-1-丁烯的异构化聚合

3. 易转移

阳离子聚合中链转移反应普遍发生,活性中心可以向单体转移,也可以向溶剂和反离子转移,甚至还可以向引发剂转移。其中,以向单体转移最为常见,以 BF_3-H_2O 体系引发异丁烯聚合为例(图 5-30),叔碳阳离子向单体转移的结果是生成了一个末端含有双键的聚合物和新的活性中心。与自由基聚合一样,向单体链转移的难易程度可以用 C_M($C_M=k_{tr,M}/k_p$)来衡量,异丁烯阳离子聚合中的 C_M 列于表 5-6 中。相比于自由基聚合中 $C_M=10^{-5}\sim10^{-3}$,阳离子聚合中 $C_M=10^{-2}\sim10^{-1}$。这就意味着,阳离子聚合过程中极易发生链转移反应,导致连锁聚合过程被破坏,分子量下降,且 C_M 越大分子量越低。为保证聚合产物的分子量足够大,必须抑制链转移反应。对于大多数单体来说,向单体的链转移是限制聚合物分子量的主要反应。由于向单体链转移反应的活化能通常高于链增长反应的活化能,因此阳离子聚合一般在低温下进行,以抑制向单体链转移反应的发生。

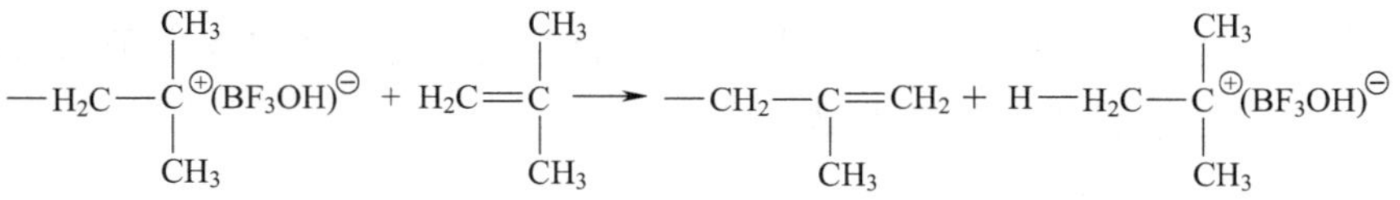

图 5-30　阳离子活性中心向单体转移

表 5-6　异丁烯阳离子聚合时活性中心向单体的链转移常数

引发剂 - 助引发剂	温度 /℃	$C_M \times 10^4$
TiCl₄-H₂O	-20	21.2
	-50	6.60
	-78	1.52
TiCl₄-CCl₃COOH	-20	26.9
	-50	5.68
	-78	2.44

续表

引发剂 – 助引发剂	温度 /℃	$C_M \times 10^4$
SnCl₄–CCl₃COOH	–20	60.0
	–50	36.0
	–78	5.7
BF₃–H₂O	–25	15
	–50	3.9

4. 难终止

因为阳离子活性中心带有相同的正电荷,所以不会发生偶合终止。链终止反应主要通过以下 3 种方式实现:

(1)自发终止　增长离子对重排,终止成聚合物(该聚合物中通常含有不饱和的端基),同时再生出引发剂 – 共引发剂配合物,继续引发单体聚合,保持动力学链不终止(图 5–31)。

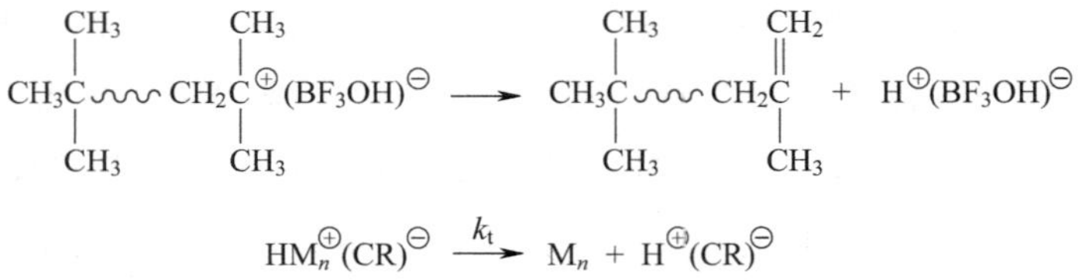

图 5–31　自发终止

(2)反离子加成终止　如果反离子中含有一些容易被碳阳离子进攻的部位,那么反离子中的一部分会加成到活性链上,从而使聚合反应终止。如果反离子的亲核性足够强,会整个加成到增长的碳阳离子上终止反应(图 5–32)。

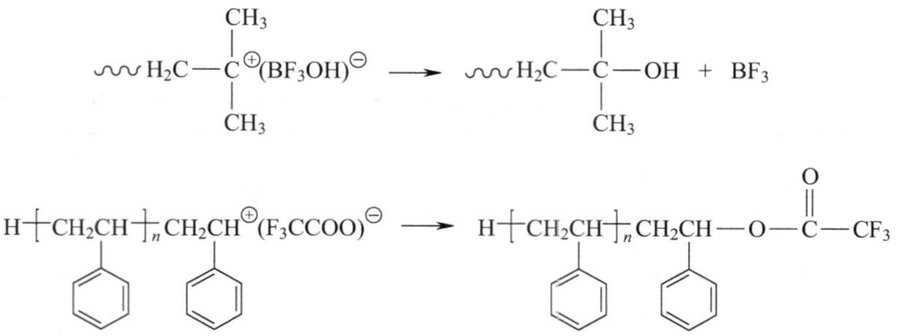

图 5–32　反离子加成终止

(3)外加终止剂　有些时候,在决定终止阳离子聚合反应时,可以通过外加终止剂的方式来结束反应。常用的终止剂有 H_2O、ROH 和 RCOOH 等,因为碳阳离子活性中心很容易与之结合。如加入 H_2O 后,形成的氧鎓离子活性低,不能再引发聚合,反应终止（图 5-33）。

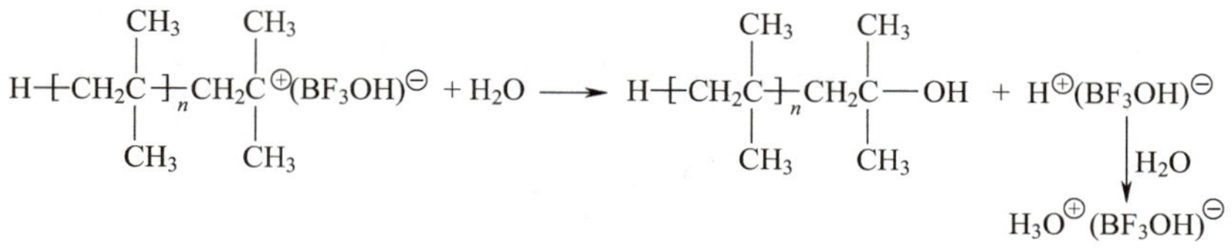

图 5-33 外加 H_2O 终止阳离子聚合

由此可见,阳离子聚合反应中,真正的动力学链终止反应比较少,又不像阴离子聚合那样无终止反应发生,所以其终止反应的特点为难终止。

5.2.4 阳离子聚合动力学

阳离子聚合反应机理复杂,动力学方程建立相对较难。由于共引发剂的使用、聚合速率快、反应易受微量杂质影响及实验数据重现性差,反应体系很难建立"稳态"假定,只有在特定的反应条件下才可以采用"稳态"假定。

1. 聚合反应速率

（1）链引发 根据链引发反应的方程,可以推导出引发剂 – 共引发剂配位平衡常数 K 的表达式为式（5-7）;进一步推导,可以得到引发阶段的速率方程为式（5-9）。式中,[C]、[RH]和[M]分别为引发剂、共引发剂和单体的浓度;[$HM^{\oplus}(CR)^{\ominus}$]为所有增长离子对的总浓度。

$$[H^{\oplus}(CR)^{\ominus}] = K[C][RH] \tag{5-6}$$

$$K = \frac{[H^{\oplus}(CR)^{\ominus}]}{[C][RH]} \tag{5-7}$$

$$H^{\oplus}(CR)^{\ominus} + M \xrightarrow{k_i} HM^{\oplus}(CR)^{\ominus} \tag{5-8}$$

$$R_i = k_i[H^{\oplus}(CR)^{\ominus}][M] = Kk_i[C][RH][M] \tag{5-9}$$

（2）链增长 根据链增长阶段的反应方程,可以得出增长反应阶段的速率表达式为式（5-11）:

$$HM_n^{\oplus}(CR)^{\ominus} + M \xrightarrow{k_p} HM_n M^{\oplus}(CR)^{\ominus} \tag{5-10}$$

$$R_p = k_p[HM^{\oplus}(CR)^{\ominus}][M] \tag{5-11}$$

（3）链终止 对于链终止反应,在这里只考虑单基终止的情况,即式（5-12）和式（5-13）:

$$R_t = k_t[HM^{\oplus}(CR)^{\ominus}] \tag{5-12}$$

$$C+RH \xrightleftharpoons{K} H^{\oplus}(CR)^{\ominus} \tag{5-13}$$

为研究方便,建立稳态假定,即 $R_i=R_t$,可以推导出阳离子单基终止的速率方程为式(5-15):

$$[HM^{\oplus}(CR)^{\ominus}] = \frac{Kk_i[C][RH][M]}{k_t} \tag{5-14}$$

$$R_p = \frac{Kk_ik_p}{k_t}[C][RH][M]^2 \tag{5-15}$$

可以看到随着引发剂和单体浓度的增加,聚合速率加快。此外,聚合速率还和一些常数相关(如 K 和 k_p)。如何理解这些常数对反应速率的影响呢?这需要了解阳离子聚合过程中活性中心的存在形式。同阴离子聚合一样,阳离子聚合的活性中心也存在 4 种解离平衡(图 5-15):共价键、紧密离子对、松散离子对和自由离子。除共价键外,离子对和自由离子均可以引发阳离子的聚合反应,也就是说大多数聚合活性种处于平衡离子对和自由离子状态。$k_{(\pm)}$ 和 $k_{(+)}$ 为离子对增长速率常数和自由离子增长速率常数。通常 $k_{(\pm)}$ 比 $k_{(+)}$ 小 1~3 个数量级,由此可见自由离子对活性中心的贡献更大。所以,图 5-15 中的平衡向右移动,有利于加速聚合反应。因此,影响平衡移动的因素均会对聚合反应速率产生影响。

① 溶剂。溶剂的极性越大、介电常数越高,越有利于解离,提高反应速率。25℃下 $HClO_4$ 引发苯乙烯阳离子聚合反应中,采用不同配比的 CCl_4 和 CH_2Cl_2 作溶剂,随着极性溶剂 CH_2Cl_2 含量的增加,k_p 增加了 4 个数量级(表 5-7)。

表 5-7 溶剂极性对苯乙烯阳离子聚合增长速率常数的影响
($HClO_4$, $[M]=0.43$ mol·L^{-1}, 25℃)

溶剂	介电常数	k_p/(L·mol^{-1}·s^{-1})
CCl_4	2.3	0.001 2
CCl_4-$(CH_2Cl)_2$(40:60)	5.16	0.40
CCl_4-$(CH_2Cl)_2$(20:80)	7.0	3.2
$(CH_2Cl)_2$	9.72	17.0

② 反离子。在阳离子聚合中,反离子的体积越大,离子对越容易解离,反应速率越快。如苯乙烯在 1,2-二氯乙烷中聚合,采用的引发剂不同,表观增长速率常数差别非常明显(表 5-8)。

③ 温度。温度对于反应速率的影响可以通过活化能进行判断,对于阳离子聚合总的反应活化能可以写成 $E_R=E_i+E_p-E_t$ 的形式,E_R 的数值通常在 -21~40 kJ·mol^{-1};而自由基聚合中的 E_R 一般情况下在 83 kJ·mol^{-1} 左右。阳离子聚合中 E_R 相对较小,说明温度

对反应速率的影响并不明显。此外由于负值的出现,阳离子聚合中可能出现温度降低,聚合反应速率加快的情况。

表5-8　25℃下苯乙烯在1,2-二氯乙烷中进行阳离子聚合

引发剂	表观增长速率常数/($L \cdot mol^{-1} \cdot s^{-1}$)
I_2	0.003
$SnCl_4-H_2O$	0.42
$HClO_4$	1.70

2. 聚合度

同反应速率一样,阳离子聚合中聚合度的表达式也很难建立。如果不考虑链转移反应,则单基终止反应的聚合度表达式可以写成式(5-16):

$$\overline{X}_n = \frac{R_p}{R_t} = \frac{k_p[HM^{\oplus}(CR)^{\ominus}][M]}{k_t[HM^{\oplus}(CR)^{\ominus}]} = \frac{k_p}{k_t}[M] \tag{5-16}$$

对于阳离子聚合来说,链转移反应普遍存在,其中以向单体转移为主要形式,如果考虑向单体转移,则方程式可以写成式(5-17):

$$\overline{X}_n = \frac{R_p}{R_{tr,M}} = \frac{k_p[HM^{\oplus}(CR)^{\ominus}][M]}{k_{tr,M}[HM^{\oplus}(CR)^{\ominus}][M]} = \frac{k_p}{k_{tr,M}} = \frac{1}{C_M} \tag{5-17}$$

如果向溶剂转移为主要形式,则聚合度可以写成式(5-18):

$$\overline{X}_n = \frac{1}{C_S}\frac{[M]}{[S]} \tag{5-18}$$

同时考虑上述步骤,则聚合度表达式是上面3个式子的综合,为式(5-19):

$$\frac{1}{\overline{X}_n} = \frac{k_t}{k_p[M]} + C_M + C_S\frac{[S]}{[M]} \tag{5-19}$$

可以看到,单体浓度增大,聚合度增大。此外,聚合度的表观活化能可以写成 $E_{\overline{X}_n} = E_p - E_t$ 的形式,通常 $E_{\overline{X}_n} = -12.5 \sim -29 \ kJ \cdot mol^{-1}$。活化能为负值意味着随着聚合反应温度的升高,聚合度下降,分子量降低;这与自由基聚合非常类似。出现此现象的原因是,温度升高,链转移反应加剧。因此对于阳离子聚合来说,为了获得分子量足够高的聚合物,通常选择在极低的温度(如 -100℃)下进行反应,以抑制链转移反应的发生。

5.2.5　自由基聚合与离子聚合的比较

表5-9从7个方面对自由基聚合和离子聚合进行了总结和比较。

表 5–9　自由基聚合和离子聚合的比较

聚合反应	自由基聚合	离子聚合	
		阴离子聚合	阳离子聚合
单体	带弱吸电子基团的烯类共轭单体	带吸电子基团的共轭烯、杂环	带给电子基团的烯类单体、杂环
引发剂	偶氮类、过氧化物类引发剂等	碱金属和有机金属化合物等	Lewis 酸、质子酸等
溶剂	影响链转移反应	影响聚合速率和定向能力	
聚合方法	本体、溶液、悬浮、乳液	本体、溶液	
阻聚剂	氧、苯醌、DPPH 等	水、醇、酸、氧、CO_2 等	水、醇、酸、胺、苯醌等
聚合温度	引发剂分解活化能较大，需在较高温度下聚合	引发活化能较小，为减少链转移、重排等副反应，通常在低温下聚合	
链终止方式	双基终止（偶合和歧化终止）	难终止	易转移（向单体、溶剂转移）、难终止

5.3　开　环　聚　合

开环聚合与加聚和缩聚并列，成为第三大类聚合反应。不同于后两者，开环聚合中的单体是环状化合物，在引发剂或催化剂的作用下，σ 键断裂，形成线型聚合物，其通式如图 5-34 所示。与缩聚反应相似，开环聚合的产物通常是杂链高分子，区别在于聚合过程中无小分子产物生成。同加聚反应相比，开环聚合过程中无 C＝C 断裂，最终的聚合物和初始单体元素组成相同，貌似加聚反应。

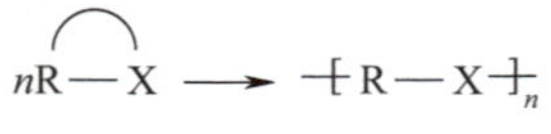

$$nR{-}X \longrightarrow \text{┤}R{-}X\text{├}_n$$

图 5-34　开环聚合反应通式

5.3.1　开环聚合的热力学和动力学

1. 开环聚合的单体

常见的开环聚合单体有环醚、环内酯、环硅氧烷和内酰胺类等。这些单体进行开环聚合的产物在日常生活中发挥着重要作用，如用于黏接剂的聚环氧乙烷、用于工程塑料的聚甲醛和聚己内酰胺（尼龙 –6）等。

2. 开环聚合的热力学分析

环状单体能否开环发生聚合反应，生成线型高分子，取决于热力学中的 ΔG。根据吉布斯自由能方程，$\Delta G = \Delta H - T\Delta S$，需要从焓变 ΔH 和熵变 ΔS 这两个方面来分析开环聚合过程中 ΔG 的变化。

（1）焓变 聚合前，多元环中存在环张力；聚合后，呈线型结构无环张力。因此开环聚合过程中，环张力需要释放，ΔH 主要来源于环状单体张力的变化。sp^3 杂化的碳原子键角为 109.5°，而常见的三元环为平面结构，键角为 60°；六元环呈椅型构象，键角为 111.05°。不难看出，这些环状结构中总是有环张力的存在。聚合过程中，环状结构打开，通常是一个放热的过程。表 5-10 为环状化合物聚合过程中 ΔH 与成环原子数目 n 之间的关系。除六元环开环为吸热过程，热力学上不利外，其余环开环均为放热过程。从三元环到六元环，开环的难度逐渐增加；从六元环到八元环，开环能力逐渐增强。一般来说，三、四、七和八元环相对较容易进行开环聚合。

（2）熵变 从单体到聚合物，熵值会减小，从热力学角度讲，这是不利于开环聚合的。从表 5-10 中可以看到，从三元环到八元环，ΔS 均小于 0，绝对值逐渐减小。从熵变的角度来讲，大环有利于开环，通常十二元环以上，熵变对聚合的负面影响已经很小了。

（3）自由能的变化 表 5-10 中，在三元环和四元环中，ΔH 是决定 ΔG 的主要因素；而在五元环和六元环中，ΔS 对 ΔG 的贡献相对大；对于七元环、八元环和更大的环来说，ΔH 和 ΔS 对 ΔG 的影响基本相等。因此三元环和四元环的聚合能力最强，其次为五元环、七元环和八元环，聚合能力最差的是六元环。此外，吉布斯自由能方程中，第一项 ΔH 通常小于 0；第二项 ΔS 也小于 0；因此 ΔG 的正负还与温度相关。当温度逐渐升高后，ΔG 将会从负值变成正值，导致聚合反应不能发生。

表 5-10 多元环烷烃开环聚合过程中的焓变、熵变和自由能变化

$(CH_2)_n$ n	$\dfrac{\Delta H_{1c}}{kJ \cdot mol^{-1}}$	$\dfrac{\Delta S_{1c}}{J \cdot mol^{-1} \cdot K^{-1}}$	$\dfrac{\Delta G_{1c}}{kJ \cdot mol^{-1}}$
3	−113.0	−69.1	−92.5
4	−105.1	−55.3	−90.0
5	−21.2	−42.7	−9.2
6	+2.9	−10.5	+5.9
7	−21.8	−15.9	−16.3
8	−34.8	−3.3	−34.3

3. 开环聚合的动力学分析

环状单体能否开环聚合，除了热力学因素外，也需考虑和分析动力学的影响。以三元环烷烃开环为例，虽然热力学上可行，但是由于各个键的键能非常平均，缺少相对较弱、容易发生聚合的键，因此实际反应中，开环聚合很难进行。对于含有杂原子（如 O、S

和 N 等）的环状单体来说，情况就大不一样了。从热力学角度来说，杂环单体的热力学参数与环烷烃类似；然而，从动力学上，环中的杂原子容易被亲核或亲电的活性中心进攻，因此它们比环烷烃更易开环聚合。常见的可以进行开环聚合的单体包括：环醚、环缩醛、环酯、环酰胺和环硫等，它们发生开环聚合的可能性及进行聚合的方式如表 5-11 所示。大多数开环聚合为离子聚合或配位聚合机理，极少数为自由基聚合或逐步聚合机理。

表 5-11　常见环状单体的开环聚合能力及聚合反应类型

环状单体	3	4	5	6	7	8	9 及以上	聚合反应类型
环醚	●	●	●	×	●			阴、阳离子聚合
环缩醛			●	●	●	●		阳离子聚合
环酰胺	●	●	●	●				阴离子聚合、逐步聚合
环硫	●	●	×	×	●			阳、阴离子聚合、配位聚合
环亚胺	●	●	×	×				阳离子聚合

注：●表示可以进行开环聚合；×表示不能进行开环聚合。

从反应历程来看，一般的开环聚合都有链引发、链增长和链终止等明显的基元反应，这是典型的连锁聚合特征。从聚合物分子量与转化率的关系来看，随着转化率的提高，分子量往往增加，这又有一些逐步聚合的特征。然而，与逐步聚合不同的是，多数己内酰胺开环聚合中单体和单体之间、低聚物和低聚物之间彼此不会发生反应。从机理上来归纳一个聚合反应，首先要看有无基元反应，有基元反应属于连锁聚合；此外，还要看分子量与时间的关系，如果分子量随着转化率是线性增加的，那么属于活性聚合。实际上，大多数开环聚合是按照活性聚合方式进行的特殊的连锁聚合，即聚合物的分子量随着单体转化率的增加而增大，也随着单体与引发剂比例的提高而增大，并且还可以形成嵌段共聚物。正是由于这一特点，开环聚合的增长速率常数要比之前所讲过的连锁聚合（离子聚合和自由基聚合）小很多，与逐步聚合反应相类似。连锁聚合反应即使在低转化率的条件下也可以得到高分子量的聚合物，而开环聚合反应产物的分子量增长要慢得多，与转化率密切相关。

5.3.2　几种典型的开环聚合反应

1. 环醚

环醚可以简单命名为氧杂环烷烃，如氧杂环丙烷、氧杂环丁烷和氧杂环戊烷等。前缀"氧杂"表示相应的环烷烃中 CH_2 被 O 所取代。大部分环烷烃还有其他人们所熟知的名称，如三元、四元、五元和六元环醚分别被称为环氧乙烷（氧化乙烯）、丁氧环（氧化三亚甲基）、THF 和四氢吡喃。

环醚属于 Lewis 碱，其中的 O 原子易受阳离子进攻，因此均可以通过阳离子引发开环聚合。三元环醚的环张力大、容易开环，除阳离子聚合外，也可用阴离子引发开环聚合。阳离子聚合中经常伴有链转移等副反应发生，因此，工业上能够用阴离子聚合的反应，一般不采用阳离子聚合。

在这里，以环氧乙烷为例，先介绍一下三元环醚的阴离子聚合；接下来，介绍其他环醚的阳离子聚合。

（1）阴离子聚合　环氧乙烷（EO）和环氧丙烷（PO）可以在氢氧化物、金属氧化物、醇盐和金属有机化合物的引发下，进行阴离子开环聚合，最终形成线型聚醚。以甲醇钠引发环氧乙烷为例，来介绍一下三元环醚的阴离子聚合机理。首先，NaOH 和甲醇发生反应后形成甲醇钠，其中甲氧阴离子为活性中心，Na^+ 为配对电子（图 5-35）；接下来，活性中心进攻环氧乙烷中的 C 原子，使其开环成为线型聚合物；新形成的活性中心继续进攻单体，导致分子链增长形成最终聚合物。

$$CH_3OH + NaOH \longrightarrow CH_3O^{\ominus}Na^{\oplus} + H_2O$$

$$A^{\ominus}B^{\oplus} + H_2C\!-\!CH_2 \longrightarrow A\!-\!CH_2\!-\!CH_2O^{\ominus}B^{\oplus}$$

$$A\!-\!CH_2\!-\!CH_2O^{\ominus}B^{\oplus} + H_2C\!-\!CH_2 \longrightarrow A\!-\!CH_2CH_2O\!-\!CH_2CH_2O^{\ominus}B^{\oplus}$$

图 5-35　环氧乙烷开环聚合

环氧乙烷的活性阴离子聚合过程由链引发和链增长两步基元反应组成，难终止。要结束聚合反应，需加入草酸和磷酸等质子酸，使活性链失活。工业上通过环氧乙烷和环氧丙烷的阴离子开环聚合，合成分子量在 1 000~3 000 的端羟基聚环氧乙烷和聚环氧丙烷（聚醚多元醇），用作聚氨酯的软段及表面活性剂。

（2）阳离子聚合　环醚进行阳离子聚合时的引发剂主要有质子酸（如浓硫酸、三氟乙酸、氟磺酸和三氟甲基磺酸等）和 Lewis 酸（如 BF_3、PF_5、$SnCl_4$ 和 $SbCl_5$ 等）。Lewis 酸与微量共引发剂（如水和醇等）形成配合物，提供质子或者阳离子。以 BF_3-H_2O 体系引发环氧乙烷为例（图 5-36），来解释阳离子开环聚合的机理。首先，BF_3 和 H_2O 反应生成超强酸 $H^+[BF_3OH]^-$，$H^+[BF_3OH]^-$ 与环氧乙烷反应形成氧镓离子。氧镓离子与环氧乙烷单体继续反应，形成最终的聚合物。

5-4 环氧树脂

再来看五元环醚 THF 的阳离子开环聚合过程。根据之前的知识，五元环的环张力较小，因此对引发剂选择和单体精制的要求很高。不同于三元环醚，THF 只能进行阳离子聚合。阳离子聚合中，引发初始的活性中心一般是碳阳离子，而环醚聚合的活性中心却是三级氧锑离子。通常,质子引发环醚开环,先形成二级氧锑离子;再次开环,才形成三级氧锑离子,这就产生了诱导期;因此,如果以 Lewis 酸直接引发 THF 开环聚合,反应速率通常较慢。为提高聚合反应速率,需要引入少量环氧乙烷作为开环促进剂,因为环氧乙烷很容易被引发开环,直接形成三级氧锑离子,从而缩短或消除诱导期(图 5-37)。工业上,利用阳离子开环聚合制备的具有良好柔顺性的端羟基聚四氢呋喃,常被用于生产聚氨酯热塑性弹性体。

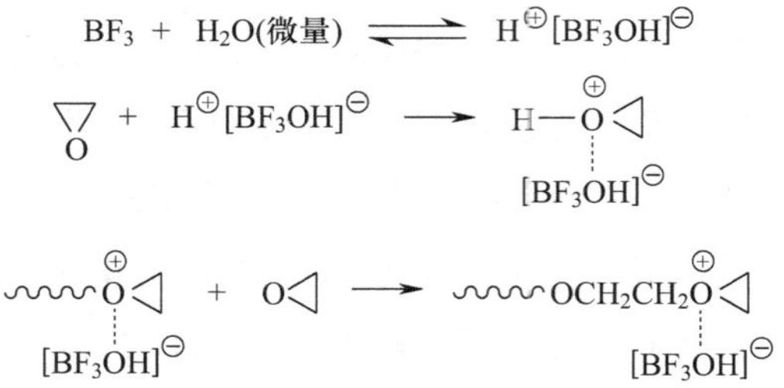

图 5-36　BF$_3$-H$_2$O 体系引发环氧乙烷开环聚合

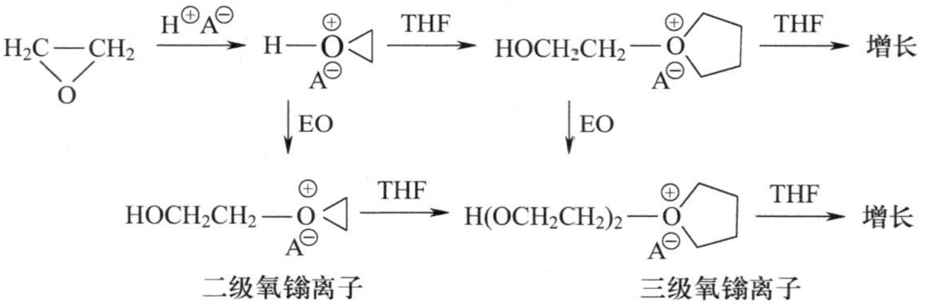

图 5-37　在环氧乙烷为开环促进剂的条件下,Lewis 酸引发 THF 开环聚合

2. 环缩醛

甲醛的三聚体被称为三聚甲醛或三氧六环,可以进行阳离子聚合,得到聚甲醛。以 BF$_3$-H$_2$O 体系为引发剂,其链引发和链增长的过程如图 5-38 所示。

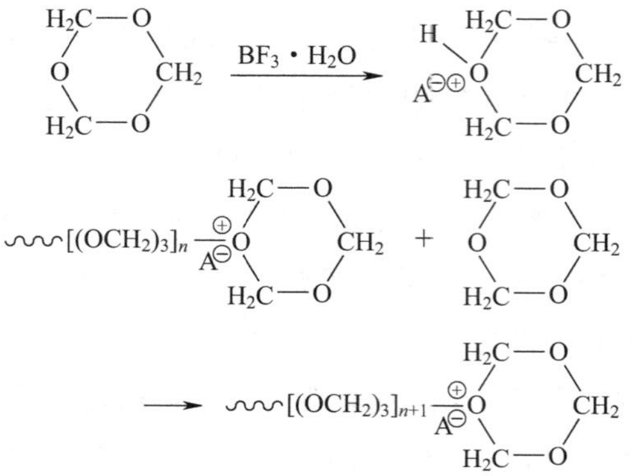

图 5-38　BF$_3$-H$_2$O 体系引发聚甲醛开环聚合

未封端的聚甲醛极易从端基开始发生解聚反应,通常采用端基酯化(如与乙酸酐反应)或者在共聚过程中加入一些其他环状单体来提高聚甲醛的稳定性(图 5-39)。

$$CH_3CO—[(OCH_2)_3]_nO—COCH_3$$

图 5-39 聚甲醛的端基酯化

3. 内酰胺

(1)水解聚合 ε-己内酰胺是七元杂环,有开环聚合的倾向。最终产物中,线型聚合物与环状单体并存,相互构成平衡,其中环状单体占 8% ~10%(图 5-40)。

$$n\ \overline{NH(CH_2)_5C}{=}O \rightleftharpoons {+}NH(CH_2)_5CO{+}_n$$
$$\quad\quad 8\%{\sim}10\% \quad\quad\quad\quad\quad >90\%$$

图 5-40 聚己内酰胺与单体之间的平衡

ε-己内酰胺可以通过水解聚合合成聚己内酰胺(尼龙-6)。如图 5-41 所示,首先,ε-己内酰胺水解得到 ε-氨基己酸;接下来,ε-氨基己酸之间可以进行自缩聚反应;此外,氨基酸中的—COOH 还可以将 ε-己内酰胺质子化,生成活性单体。接在聚酰胺链上的伯胺亲核进攻活性单体,进行开环聚合反应。ε-己内酰胺开环聚合反应速率比氨基酸自缩聚反应速率至少大一个数量级,因此最终产物以开环聚合产物为主。

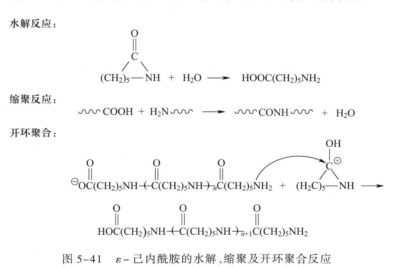

图 5-41 ε-己内酰胺的水解、缩聚及开环聚合反应

(2)阴离子聚合 除了通过水解反应进行逐步聚合外,己内酰胺也可以进行阴离子聚合。

① 链引发。首先,ε-己内酰胺与碱金属或其衍生物反应,形成内酰胺阴离子活性中心(Ⅰ)。该反应为平衡反应,须除去副产物 BH,使平衡向右移动(图 5-42)。然后,内酰胺阴离子与单体反应开环,生成活泼的伯胺阴离子(Ⅱ)。

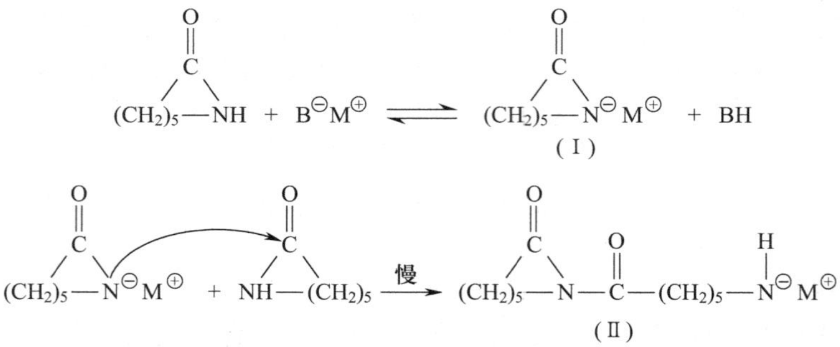

图 5-42 ε-己内酰胺的阴离子聚合的链引发反应

② 链增长。伯胺阴离子（Ⅱ）无共轭作用，活性很高，很快夺取另一单体 ε-己内酰胺分子上的一个质子，生成二聚体，同时再生成内酰胺阴离子（Ⅰ）（图 5-43）。形成的二聚体含有酰化内酰胺结构，由于酰胺环连接了一个羰基，使环上酰胺键更加缺电子，活性提高，易使单体阴离子亲核进攻二聚体开环进行增长反应，形成预聚体阴离子（图 5-44）。

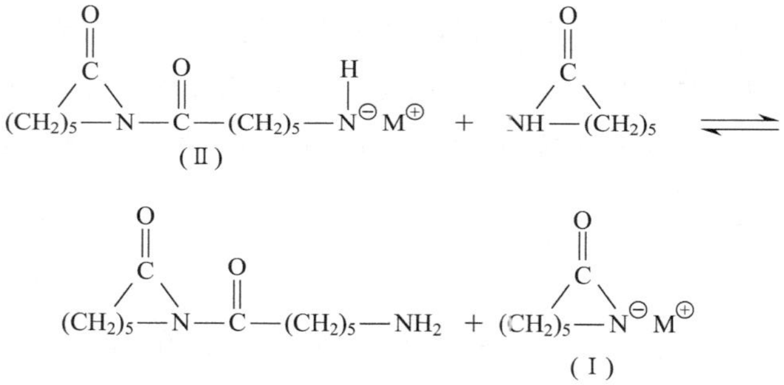

图 5-43 链增长生成二聚体和再生内酰胺阴离子的反应

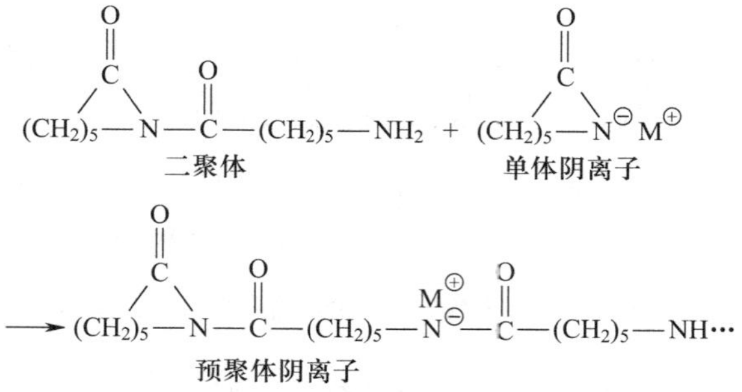

图 5-44 单体阴离子与二聚体反应生成预聚体阴离子

生成的预聚体阴离子，转移单体上的质子，增长了一个结构单元；同时再生单体阴离子（图 5-45，该反应与图 5-43 相似），然后再重复图 5-44 的反应。整个链增长过程，可看作单体阴离子使高活性的酰化内酰胺开环反应生成预聚体阴离子，预聚体阴离子转移单体上的质子形成多聚体和再生单体阴离子,不断重复图 5-43 和图 5-44 的反应过程使分子链长度增加。

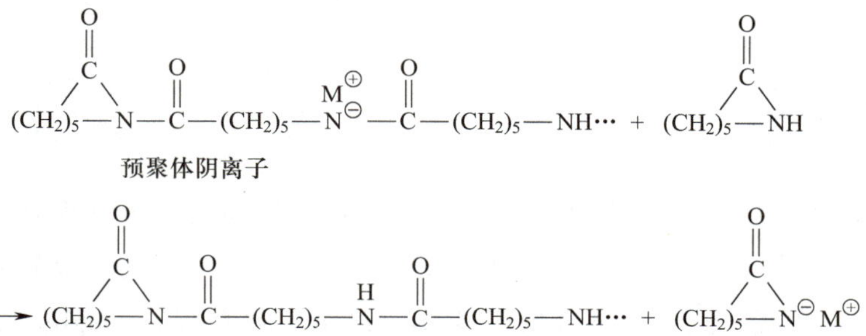

图 5-45 预聚体阴离子与单体反应生成多聚体和单体阴离子

4. 聚硅氧烷

聚硅氧烷属于元素有机高分子,具有耐高温和耐化学品的特点,主要产品有硅油、硅橡胶和硅树脂。原料是氯硅烷,如二甲基二氯硅烷等。

5-5 聚硅氧烷

氯硅烷水解速率很快,生成中间产物的硅醇很难分离。碱性条件下水解时有利于形成分子量较高的线型聚合物;酸性条件下水解有利于形成环状或低分子量线型聚合物(图 5-46)。酸性条件下水解形成的环状硅氧烷一般为八元环四聚体(八甲基环四硅氧烷)或六元环三聚体(六甲基环三硅氧烷),再经过阳离子或阴离子开环聚合,可得到高分子量的聚硅氧烷。

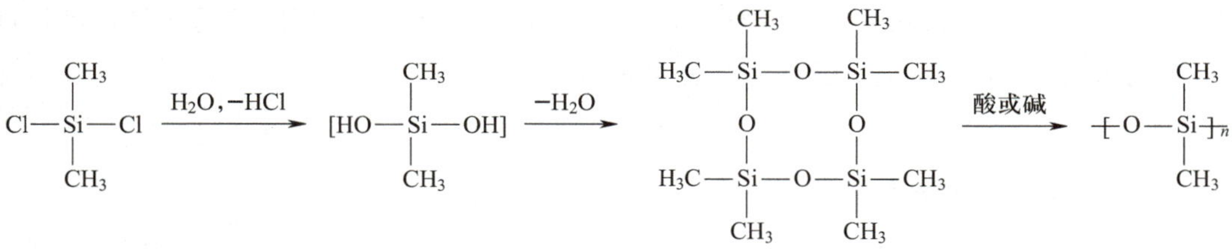

图 5-46 二甲基二氯硅烷的水解和开环聚合反应

碱金属的氢氧化物或烷氧化物是环状硅氧烷的常用阴离子引发剂,能使硅氧键断裂,形成硅氧阴离子活性种,环状单体插入 $O^{\ominus}M^{\oplus}$ 离子键中增长(图 5-47)。强质子酸或 Lewis 酸也可使硅氧烷开环聚合,活性种是硅阳离子,环状单体插入增长。酸引发时,聚硅氧烷分子量较低,常用于硅油的合成。

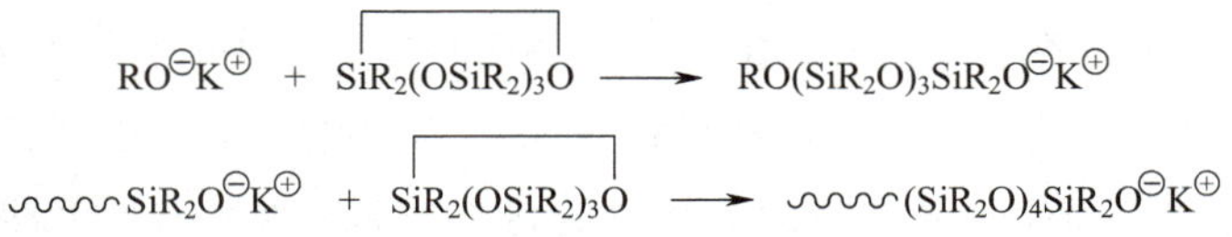

$$RO^{\ominus}K^{\oplus} + SiR_2(OSiR_2)_3O \longrightarrow RO(SiR_2O)_3SiR_2O^{\ominus}K^{\oplus}$$

$$\sim\!\!\sim\!\!SiR_2O^{\ominus}K^{\oplus} + SiR_2(OSiR_2)_3O \longrightarrow \sim\!\!\sim\!\!(SiR_2O)_4SiR_2O^{\ominus}K^{\oplus}$$

图 5-47 碱金属的烷氧化物引发环状硅氧烷阴离子聚合

5.4 配 位 聚 合

5.4.1 配位聚合简介

根据前面的介绍,从热力学角度判断乙烯单体可以通过自由基聚合,丙烯单体可以通过阳离子聚合得到相应的聚合物。然而,相当长的一段时间内,人们很难得到高分子量的聚乙烯和聚丙烯。这一难题直到德国 Max Planck 研究所的 Ziegler 与意大利科学家 Natta 发现配位聚合反应后,才得以解决。

著名的乙烯聚合反应是 Ziegler 在研究所工作初期探索乙基锂试验时发现的。1953 年,Ziegler 以 $TiCl_4$-Al(C_2H_5)$_3$ 为引发剂在常温常压聚合得到少支链、高结晶度、高熔点的高密度聚乙烯(HDPE)。1955 年,Natta 将 Ziegler 引发剂进一步改为 $TiCl_3$-Al(C_2H_5)$_3$ 体系,实现了丙烯的定向聚合,合成了等规聚丙烯。此后,又用配位聚合方法合成了高顺式的顺丁橡胶以及乙丙橡胶。

配位聚合的发现,使许多过去无法聚合的单体也能聚合成为性能优异的高分子新材料,并因此发明了有机金属引发体系。由此一系列新型的高分子材料得到开发和使用,开拓了高分子合成的新领域,使得合成高分子走入千家万户,成为当代人类社会文明的标志之一。为了肯定 Ziegler 和 Natta 在该方面的突出贡献,两人于 1963 年共同分享了诺贝尔化学奖。时至 2020 年,全球聚乙烯的产量已达到 1 亿吨,聚丙烯的产量也已接近 9 000 万吨,成为需求量最大的两种高分子材料。

5.4.2 聚合物的立体异构

在有机化学中,分子式相同而结构不同的化合物被称为同分异构体。在有机小分子中存在异构现象,同样在高分子中也存在异构现象。例如聚乙醛和聚环氧乙烷是同分异构体(图 5-48),它们的分子式都可以用 $(C_2H_4O)_n$ 来表示,但结构却截然不同。上述同分异构聚合物中,所对应的单体并不相同,分别为乙醛和环氧乙烷。

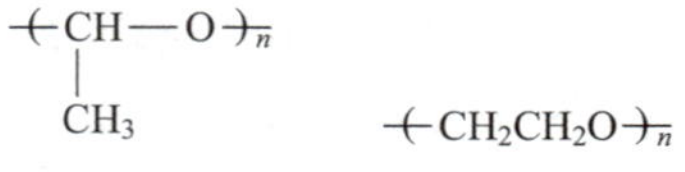

$$+CH-O+_n$$
$$\quad |$$
$$\quad CH_3$$

$$+CH_2CH_2O+_n$$

图 5-48 聚乙醛和聚环氧乙烷的结构式

在高分子的同分异构体中,还存在一种有趣的现象,相同的单体因为聚合方法不同,最终得到的产物互为同分异构体,这种异构现象称为立体异构。造成该现象的原因有 3 个:(1)聚合时,键接顺序不同产生的异构称为键接异构;(2)因为手性中心存在而产生的异构称为旋光异构;(3)因主链中双键的存在而造成的异构称为顺反异构。

1. 键接异构

聚合过程中,因单体的键接顺序不同而产生不同的链式结构称为键接异构。以氯乙烯的聚合为例,通常会有以下 3 种情况(图 5-49)。

(1)头 – 尾键接　如果把结构单元中不连接取代基的 C 原子称为"头",连接 Cl 原子的 C 原子称为"尾",就会发现在这种链式结构中,每一个结构单元的"头"总是和另一个结构单元的"尾"相连。在自由基聚合中,头 – 尾键接是聚氯乙烯的主要产物。

(2)头 – 头(尾 – 尾)键接　这种链式结构中,每一个结构单元的"头"总是和另一个结构单元的"头"相连,每一个结构单元的"尾"总是和另一个结构单元的"尾"相连。

(3)无规键接　顾名思义,在这种链式结构中,"头"和"尾"的连接顺序是没有任何规律的。

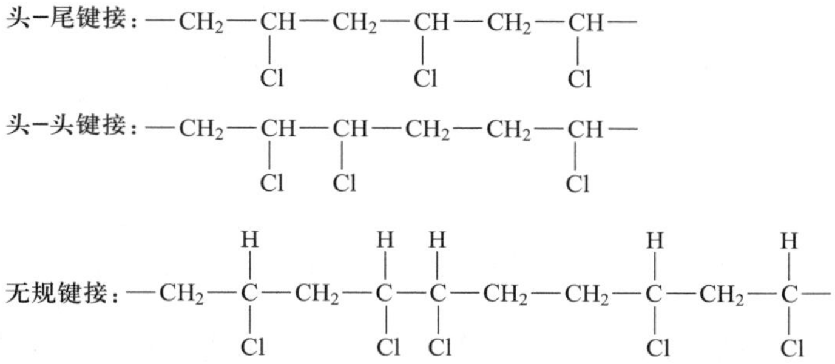

图 5-49　头 – 尾键接、头 – 头键接和无规键接的聚氯乙烯片段

2. 旋光异构

小分子中,不对称 C 原子(或手性 C 原子)的存在会引起异构现象。两个异构体互为镜像对称,各自表现出不同的旋光性,故称为旋光异构体。在高分子的结构单元中,也有手性 C 原子存在。由于高分子是由众多结构单元依次键接而形成的,因此整条分子链可以看成由众多的旋光异构体连接而成。这些旋光异构体的连接方式通常有 3 种。接下来以单取代烯烃为例进行讲解(图 5-50)。

将由手性中心组成的 C—C 主链拉成锯齿形,使之处在一个平面内:

(1)全同立构　倘若取代基全部位于平面的同侧,这种旋光异构称为全同立构。

(2)间同立构　倘若取代基交替分布于平面的两侧,这种旋光异构称为间同立构。

(3)无规立构　倘若取代基无规则地分布于平面的两侧,这种旋光异构称为无规立构。

全同立构和间同立构的高分子有时统称为有规立构高聚物或等规立构高聚物,其特点是分子链排列整齐,很容易结晶。而无规立构高分子由于分子链的有序性差,一般很难结晶。分子结构的差别,导致聚合物在实际应用中表现出性能的巨大差异。如全同和间同立构聚丙烯是重要的塑料材料；而无规立构聚丙烯则是一种橡胶状的弹性体，几乎没有使用价值。通常用等规度或立构规整度来定量描述聚合物分子链的有序程度，它是指全同和间同立构聚合物占聚合物总量的百分数。

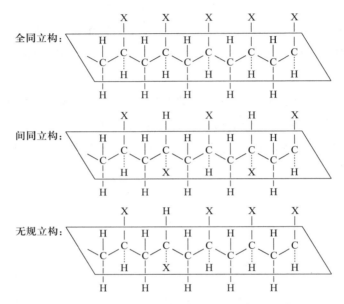

图 5-50　全同立构、间同立构和无规立构的示意图

　　与旋光小分子不同，人工合成的高分子链虽然含有很多手性中心，然而由于内消旋和外消旋作用的存在，即使全同和间同立构的聚合物对外也很难表现出旋光性。这也是高分子旋光异构体和小分子旋光异构体的一个重要的区别。

　　3. 顺反异构

　　共轭二烯烃的单体中含有两个 C＝C，聚合后，在结构单元中可能保留一个 C＝C。此双键上的基团在双键两侧排列的方向不同，从而有顺式构型和反式构型的差别，这种异构被称为顺反异构。

　　以异戊二烯为例，若进行 1，2- 或 3，4- 加聚，将得到一个含有手性中心的结构单元，会产生全同、间同和无规立构三种旋光异构聚合物（图 5-51）。

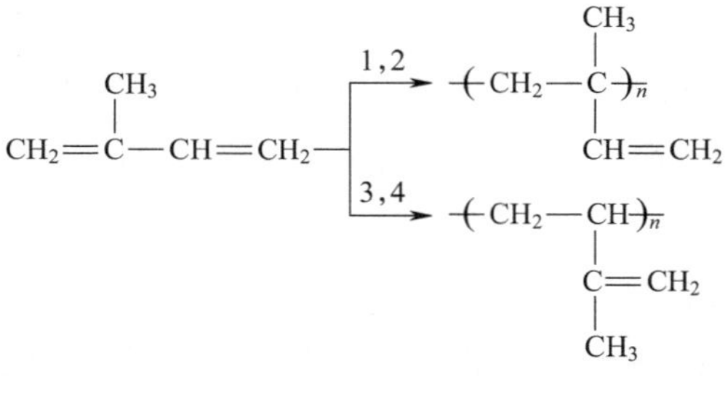

图 5-51　进行 1，2- 和 3，4- 加聚的异戊二烯

以 1,3-丁二烯为例,进行 1,4-加聚,结构单元中将会保留一个 C＝C,从而产生顺反异构(图 5-52)。取代的分子链如果在 C＝C 的同侧,为顺式异构体;在 C＝C 的两侧,为反式异构体。

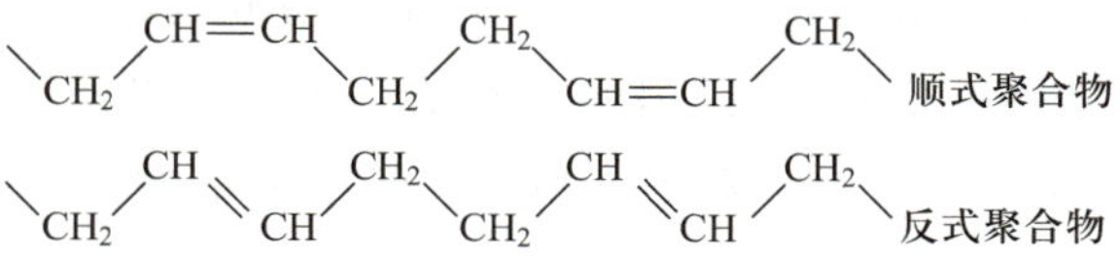

图 5-52　顺式 1,4-聚丁二烯和反式 1,4-聚丁二烯

顺反异构对最终聚合物的性质也有很大影响。顺式 1,4-聚丁二烯,分子链之间的间距较大,不容易结晶,是平时所常见的橡胶;反式 1,4-聚丁二烯,分子链排列紧密,很容易结晶,常温下是一种弹性很差的塑料。

5-6　异构对高分子性能的影响

5.4.3　Ziegler-Natta 引发剂

Ziegler-Natta 引发剂由德国的 Ziegler 和意大利的 Natta 两位科学家研发成功。最早的 Ziegler 引发剂由 $TiCl_4$–$AlEt_3$ 组成,在正庚烷或甲苯中形成暗红色的均相溶液,可用于乙烯的聚合。不同于均相的 Ziegler 引发剂,Natta 引发剂由 $TiCl_3$–$AlEt_3$ 组成,很难溶于烃类溶剂,对 α-烯烃具有非常高的活性和立构选择性。随着研究的深入,科学家们不断在此基础上对两种引发剂进行改进提高,时至今日,Ziegler-Natta 引发剂已成为一个拥有上千种引发剂的庞大家族。

1. Ziegler-Natta 引发剂体系

(1)双组分体系　Ziegler-Natta 引发剂由两部分组成:主引发剂和共引发剂,可以写成 M_tX–MR 的形式。主引发剂为过渡金属卤化物(或氧卤化物、乙酰丙酮基化合物和环戊二烯基化合物等)。金属部分的 M_t 元素比较多样,通常对应周期表中 Ⅳ～Ⅷ 族过渡金属元素,如引发 α-烯烃聚合的 Ti,Cr 和 V;引发二烯烃聚合的 Co,Ni,Rh 和 Ru;引发环烯烃聚合的 Mo 等。共引发剂中的金属 M 部分为 Ⅰ～Ⅲ 主族的金属元素,典型代表为 Li、Mg、Zn 和 Al。R 为 1~11 个碳的烷基或环烷基。共引发剂中,以有机铝化合物应用最多:AlH_nR_{3-n} 和 AlR_nX_{3-n}(n=0~1;X=F、Cl、Br、I)。

(2)三组分体系　在双组分体系的基础上,20 世纪 60 年代,科研人员开发了三组分 Ziegler-Natta 引发剂体系。其中,第三组分通常为含有 O、P、S、N 和 Si 等杂原子的 Lewis 碱。关于第三组分的作用机理目前还存在一定争论,但是其提高立构规整性和聚合活性的作用效果却十分明显。在工业生产中,引发剂的聚合活性通常是指每克(或每摩尔)过渡金属(或金属化合物)所能形成聚合物的质量。20 世纪五六十年代,第一代 α-$TiCl_3$–$AlEt_3$ 引发剂对丙烯的聚合活性为每克 Ti 可以得到 5×10^3 g 丙烯(5×

10^3 gPP/g Ti），等规度约为 90%；当添加六甲基磷酸胺后，丙烯的聚合活性为 5×10^4 g PP/g Ti，且等规度提升至 95%。

（3）载体型引发剂　将引发剂负载在具有高表面积的载体上，有利于引发剂的均匀分散，显露活性位点，从而提高引发活性。选择载体的基本原则是：① 载体的比表面积要尽可能大；② 载体中金属原子的半径与引发剂中金属原子的半径相近，容易形成混晶，从而有利于提高引发活性。如 $MgCl_2$ 和 $Mg(OH)_2$ 可以用作 Ti 系引发剂的载体；SiO_2 和 SiO_2-Al_2O_3 可以用作 Cr 系引发剂的载体。当 $TiCl_4$ 负载在 $MgCl_2$ 表面后可以形成 Mg—Cl—Ti 键，从而削弱 Ti—C 键，配位聚合时有利于单体插入 Ti—C 键当中进行链增长反应（图 5-53）。

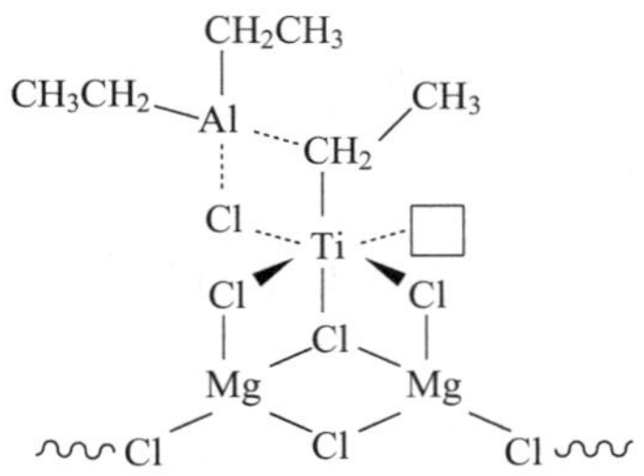

常见载体型引发剂的制备方法有两种：物理研磨法通常是将引发剂和载体共同放入球磨机中，在惰性气氛中进行物理研磨；而化学反应法则是将引发剂通过化学反应负载在载体表面。

图 5-53　$TiCl_4$ 负载在 $MgCl_2$ 表面后可以形成 Mg—Cl—Ti 键

（4）茂金属引发剂　在 Ziegler-Natta 引发剂的基础上，20 世纪 70 年代末，科研人员又开发出了活性更高的茂金属引发剂。该引发剂同样由主引发剂和共引发剂两部分组成。主引发剂以ⅣB族过渡金属（如 Ti、Zr 和 Hf）元素为活性中心，其配体中至少含有一个环戊二烯、茚和芴及其衍生物（图 5-54）；共引发剂通常为烷基铝氧烷（图 5-55）或有机硼化物〔如 $B(C_6F_5)_3$〕。

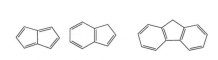

图 5-54　双环戊二烯、茚和芴的结构式

图 5-55　常见共引发剂甲基铝氧烷的结构式

茂金属引发剂的组成多样，可以是两个茂与一个过渡金属配位形成双茂金属引发剂，也可以是单茂与过渡金属配位形成单茂金属引发剂，此外还有阳离子茂金属引发剂和载体茂金属引发剂等多种形式（图 5-56）。

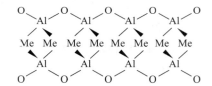

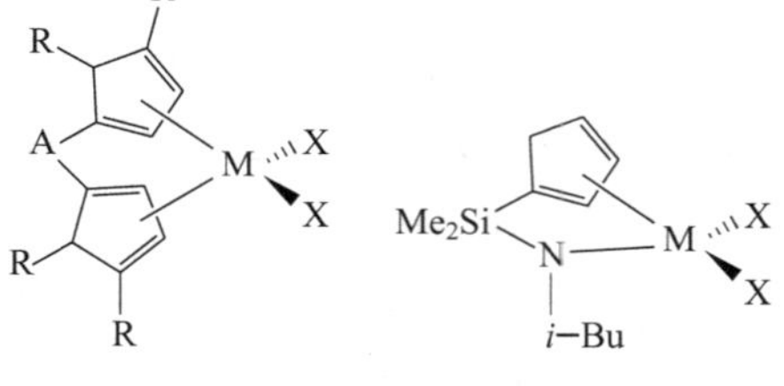

图 5-56　茂金属引发剂的结构式
A 代表桥链基团，通常是 CH_2CH_2、CH_2、$Si(CH_3)_2$ 或 $C(CH_3)_2$

茂金属引发剂的活性中心单一,在引发聚合反应的同时,可以调控分子量和立体异构选择性。相比于传统的 Ziegler–Natta 引发剂,茂金属引发剂通常具有更高的聚合活性(2×10^8 g PP/g Zr)。此外,茂金属引发剂几乎可以引发所有配位聚合反应,其工业应用也已经实现。

2. Ziegler–Natta 引发剂活性

当不同主引发剂和共引发剂组合后,可以得到上千种 Ziegler–Natta 引发剂。这些引发剂对聚合反应活性的影响各不相同,主要体现在反应速率、立构规整度和分子量 3 个方面。由于配位聚合机理尚未完全弄清,所以许多数据难以从理论上解释,引发剂组分的选择至今仍凭经验。以合成聚丙烯为例,一般规律为:

(1)主引发剂对立构规整性有较大的影响

① 主引发剂中心原子类型的影响。立构规整性与主引发剂中过渡金属的类型有密切关系,常见不同活性中心的主引发剂对配位聚合反应的定向能力顺序如下:

$$TiCl_3(\alpha,\gamma,\delta)>VCl_3>ZrCl_3>CrCl_3$$

② 主引发剂价态和晶形的影响。当主引发剂中的过渡金属原子相同时,其价态和晶形会对定向能力产生影响。研究最多的是 Ti,+4、+3 和 +2 等不同价态都可以形成活性中心,但是定向能力却各有差异,其中 $TiCl_3(\alpha,\gamma,\delta)$ 的定向能力最强:

$$TiCl_3(\alpha,\gamma,\delta)>TiCl_2>TiCl_4 \approx \beta-TiCl_3$$

(2)配体类型的影响　过渡金属原子类型、晶形和价态相同,配体不同,对立构规整性影响的一般规律为:

① $TiCl_3(\alpha,\gamma,\delta)>TiBr_3 \approx \beta-TiCl_3>TiI_3$

② $TiCl_3(\alpha,\gamma,\delta)>TiCl_2(OR)>TiCl(OR)_2$

③ $TiCl_4 \approx TiBr_4 \approx TiI_4$

(3)共引发剂对聚合反应速率和立构规整性均有影响

① 主引发剂为 $TiCl_3(\alpha,\gamma,\delta)$ 时,相同配体、不同中心原子对立构规整性的影响规律为:$BeEt_2>MgEt_2>ZnEt_2>NaEt$。

② 主引发剂为 $TiCl_3(\alpha)$ 时,相同中心原子、不同配体对立构规整性的影响规律为:$AlEt_3>Al(n-C_3H_7)_3>Al(n-C_4H_9)_3$。

③ 主引发剂为 $TiCl_3(\alpha)$ 时,单卤代烷基铝中卤素对规整度的影响规律为:$AlEt_2I>AlEt_2Br>AlEt_2Cl \approx AlEt_2F$。

(4)主引发剂与共引发剂比例的影响　丙烯的配位聚合中,当主引发剂选定 $TiCl_3$,从制备、价格和反应速率等方面考虑,多选用 $AlEt_2Cl$ 为共引发剂。此时,Al 和 Ti 的摩尔比成为决定引发剂性能的重要因素,对于许多单体来说,最高立构规整度和最高转化率通常处于相近的 Al 和 Ti 的摩尔比(表 5-12)。大量数据表明,当 Al 和 Ti 的摩尔比在 1.5~2.5,转化率和分子量均可以达到最大值,为最适宜条件。

表 5-12　常见单体在最高转化率和最高规整度时的 Al 和 Ti 的摩尔比

单体	最高转化率时 的 Al 和 Ti 的摩尔比	最高立构规整度时 的 Al 和 Ti 的摩尔比
乙烯	2.5~3	—
丙烯	1.5~2.5	3
1- 丁烯	2	2
3- 甲基 -1- 丁烯	1.2	1
苯乙烯	2.0	3
丁二烯	1.0~1.25	1.0~1.25（反式 1,4- 聚丁二烯）
异戊二烯	1.2	1

（5）杂质的影响　Ziegler-Natta 引发剂由 Lewis 酸和 Lewis 碱组成，如果反应体系中存在 H_2O 和 O_2，那么会面临失活的可能。因此，使用 Ziegler-Natta 引发剂进行配位聚合时，原料和设备要求除尽杂质，通常在无水和 N_2 保护下进行。

5.4.4　配位聚合的机理

关于配位聚合，人们先后提出过自由基、阳离子和阴离子聚合机理进行解释，然而这些机理都或多或少与已知实验现象矛盾。关于配位聚合的机理，至今仍存在争议，其中两种理论获得大多数人的支持。

1. 双金属活性中心机理

研究发现，分别用 ^3H 和 ^{14}C 标记的甲醇终止配位聚合反应时，^3H 会出现在聚合物的末端，而 ^{14}C 并不会出现在聚合物末端（图 5-57）。据此，1959 年 Natta 首先提出，主引发剂和共引发剂的金属活性中心均参与配位聚合。在 Natta 引发剂中，形成缺电子的桥形双金属配合物作为反应的活性中心（图 5-58）。其中，Ti 有空轨道，显正电性；而与之相连的乙基显负电性。当引发丙烯聚合时，富电子的 C＝C 在亲电子的过渡金属 Ti 上配位，生成 π 配合物并插入 Ti 与乙基之间形成六元环过渡态。极化的单体插入 Al—C 键后（过渡态移位），六元环瓦解，重新生成四元环的桥形配合物。这个过程持续进行，最终形成了聚丙烯。

总结双金属活性中心机理的特点如下：

（1）丙烯单体通过与缺电子的金属配位，从而引发配位聚合，这是"Ti 上引发"。

$$M_t\cdots CH_2—CHR\sim\sim\ +\ CH_3O^3H \longrightarrow\ ^3H—CH_2CHR\sim\sim\ +\ CH_3OM_t$$
$$M_t\cdots CH_2—CHR\sim\sim\ +\ ^{14}CH_3OH \longrightarrow\ H—CH_2CHR\sim\sim\ +\ ^{14}CH_3OM_t$$

图 5-57　^3H 和 ^{14}C 标记的甲醇终止配位聚合反应

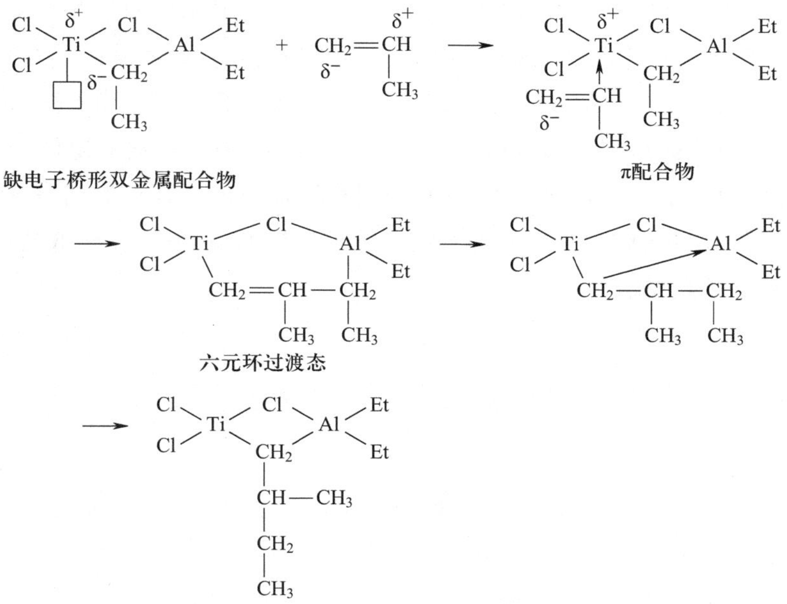

图 5-58 双金属活性中心机理

（2）在链增长的过程中，Al—CH_2CH_3 之间的键断裂，乙基上的碳阴离子连接到单体的碳原子上，这是"Al 上增长"的过程。据此，该机理也被称为配位阴离子聚合机理。

（3）该机理充分考虑了烷基铝共引发剂在链引发和链增长过程中的重要作用。

双金属活性中心机理首先提出了配位和插入等概念，对配位聚合机理的研究具有突破性意义；但是，随着研究的深入，该理论受到了越来越多实验事实的冲击，如无法解释没有共引发剂的条件下，配位聚合为什么依旧可以进行（$TiCl_3$-胺体系引发丙烯聚合，也能得到立构规整的聚丙烯）？虽然考虑了共引发剂在链引发和链增长过程中的作用，但没有解释为什么可以形成立构规整的聚合物。因此，在双金属活性中心机理的基础上，人们又发展了单金属活性中心机理。

2. 单金属活性中心机理

单金属活性中心机理首先是由荷兰物理学家 Cossee 在 1960 年提出的。他认为，活性种应该是以过渡金属原子为中心带有一个空位的五配位正八面体。该理论后经 Arlman 充实，获得了大部分学者的认可。

典型的 $TiCl_3$-AlR_3 非均相引发体系的表面结构主要取决于 $TiCl_3$ 晶体的结构。$TiCl_3$ 晶体有 α、β、γ、δ 四种晶型，其中 α、γ、δ 晶型的结构类似，都是层状结构（两层氯夹一层钛），具有较强的定向性；而 β 晶型为线型结构，虽然活性较大但定向性最差，一般不用于 α-烯烃定向聚合。

Cossee 和 Arlman 首先对 $TiCl_3$ 的晶体结构进行分析（图 5-59），认为 α-$TiCl_3$ 中

Ti 原子处于 Cl 原子组成的正八面体中心,而 Cl 是六方晶系的致密堆积。在这种晶格中,每隔两个 Ti 就有一个 Ti 是空的,即出现一个内空的正八面体晶格。为了保持电中性 (Ti/Cl=1:3),处于 TiCl$_3$ 晶体表面边缘上的一个 Ti 原子仅与五个而不是六个 Cl 原子键合(图 5-60 中虚线标示部分),这就出现了一个未被 Cl 原子占据的空位。五个 Cl 原子中的四个与 Ti 原子形成比较强的 Ti—Cl—Ti 桥键,而第五个则与 Ti 原子形成相对较弱的 Ti—Cl 单键(图 5-61),当 TiCl$_3$ 与 AlR$_3$ 反应时,该 Cl 原子可被 R 取代,形成前面已提及的正八面体单金属活性中心。

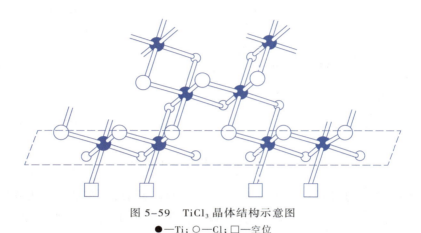

图 5-59　TiCl$_3$ 晶体结构示意图
●—Ti;○—Cl;□—空位

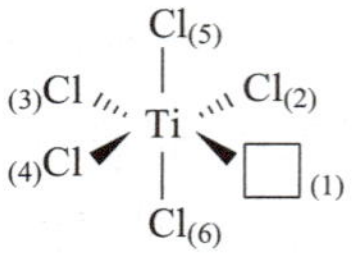

单金属活性中心理论认为,AlR$_3$ 与五配位正八面体结构的 TiCl$_3$ 发生反应时,经历过渡态后,空位从 1 号位转移到 TiCl$_3$ 表面的 5 号位;接着,丙烯单体在 5 号位与 Ti 配位,形成四面体过渡态(图 5-60)。此后,由于单体 π 电子的作用,原来的 Ti—C 键被活化,1 号位上极化的 Ti$^{\delta+}$—C$^{\delta-}$

图 5-60　TiCl$_3$ 晶体表面存在 Cl 空位的可能性分析

键断裂,使单体插入聚合物和过渡金属的中间,此时的空位从 5 号位又回到了 1 号位。考虑到空间位阻效应,此时第二个结构单元与第一个结构单元的异构方式应该相反。由此可以看出,如果丙烯单体在 5 号位和 1 号位交替增长,最终所得到的聚合物应该为间同立构的聚合物。

对于配位聚合反应来说,不仅可以得到规整度非常高的间同立构产物,也可以得到全同立构产物,那么怎样才能获得全同立构产物呢?人们提出了一种假设:当丙烯单体在 1 号位配位并引发后,会"跳位"回到 5 号位;从而使 1 号位依旧空位,继续引发一下单体的聚合。一旦单体总在 5 号位上引发增长的话,聚合物分子链保持原来的构型,最终将得到全同立构聚丙烯(图 5-62)。

单金属活性中心机理的一个明显弱点是空位"跳位"复原的假设。在解释这种可能性时认为,由于立体化学和空间阻碍的原因,配位基的几何位置具有不等价性,单体每插

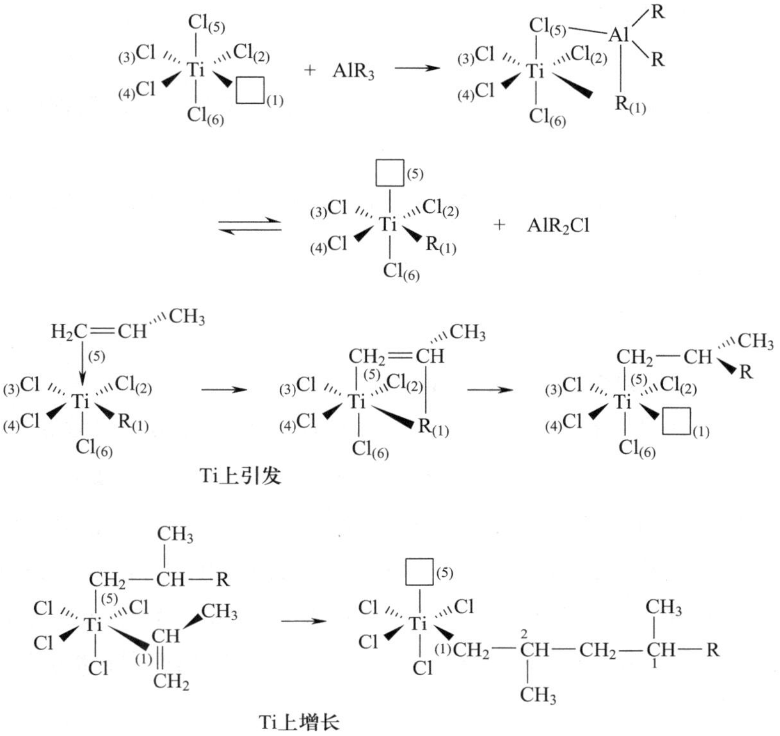

图 5-61 单金属活性中心机理：间同立构聚丙烯

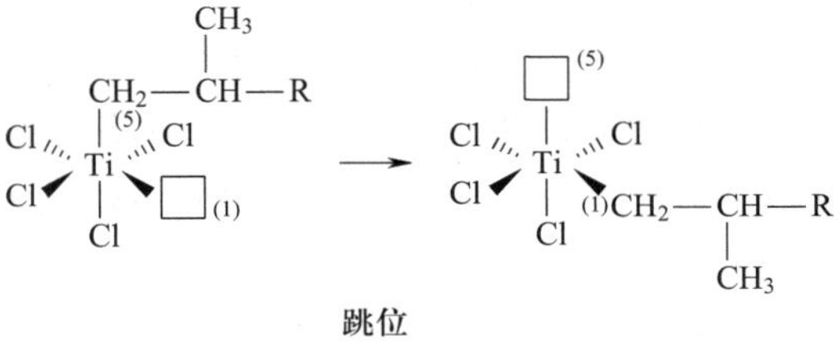

图 5-62 单金属活性中心机理：全同立构聚丙烯

入一次，增长链迁移到另一个位置，与原位置相比，增长链受到更多配体（Cl）的排斥而不稳定，因此它又"跳位"到原位，同时也使空位复原。显然这个解释没有很强的说服力，因此，有关空位复原的热力学和动力学问题仍然是单金属活性中的机理讨论的热点。

虽然理论上存在争论，但是实验中的种种现象却印证了"跳位"的存在。R 基离 α-碳原子的距离约为 1.90 Å，大于形成 C—C 键的平衡距离（1.54 Å）。如果完成"跳位"，需要获得一定能量的供给。按此设想，聚丙烯的全同与间同立构之比应取决于 R 的"跳位"速率与单体配位插入速率之比。如果外界可以提供足够能量，导致"跳位"速率很快，那么最终将得到全同立构聚丙烯；反之，如果外界无法提供足够的能量，单体配位的速率很快，那么最终将得到间同立构的聚丙烯。由此，通过控制聚合反应的温度调控聚丙烯的立构结构成为可能。事实证明，在 −70℃聚合可获得间同立构聚丙烯；而在

50℃,聚丙烯主要为全同立构。

总结单金属活性中心机理的特点:

(1)不同于双金属活性中心的"Ti上引发,Al上增长";单金属活性中心为"Ti上引发,Ti上增长"。

(2)阐述了立构规整性的原因,并对间同和全同立构的链增长方式进行了解释。

5.4.5 配位聚合的应用

5-7 HDPE
和 LDPE

1. 高密度聚乙烯(HDPE)

传统自由基聚合中,链转移反应的存在导致聚乙烯分子主链上接有很多支链(每500个结构单元含有15~30个甲基),破坏了分子链的规整度和结晶性能(结晶度仅为40%~60%),因此通过自由基聚合得到的聚乙烯被称为低密度聚乙烯(LDPE)。配位聚合中,接枝在分子主链的支链数量大大减少(每500个结构单元仅含有0.5~3个甲基),规整度和结晶性能明显改善(70%~90%),进而使熔融温度、拉伸强度和硬度等力学性能提高,被称为高密度聚乙烯。

2. 乙丙橡胶

丙烯的共聚物中,最具代表性的是二元乙丙橡胶(EPM)和三元乙丙橡胶(EPDM)。二元乙丙橡胶是丙烯和乙烯共聚的产物(图5-63),主链上,乙烯和丙烯单体呈无规则排列,破坏了聚乙烯和聚丙烯均聚物结构的规整性,从而成为良好的橡胶材料。在使用过程中,因主链上没有不饱和键,因此硫化交联比较困难,对稳定性及力学性能不利,限制了其应用。目前,二元乙丙橡胶的市场用量约占乙丙橡胶总量的10%。

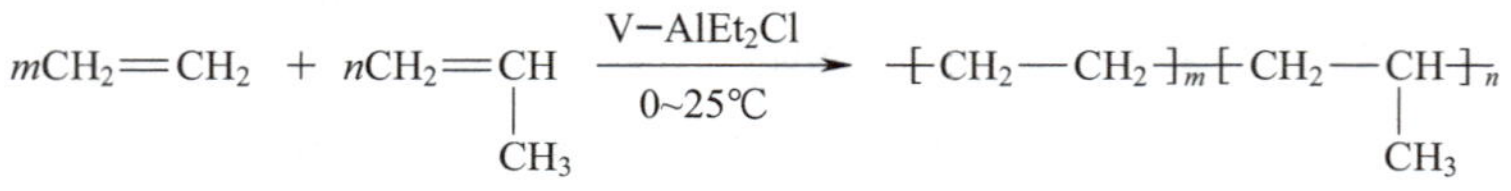

$$m CH_2{=}CH_2 \; + \; n CH_2{=}\underset{\overset{|}{CH_3}}{CH} \quad \xrightarrow[0{\sim}25℃]{V{-}AlEt_2Cl} \quad {+}CH_2{-}CH_2{\xrightarrow{}}_m{+}CH_2{-}\underset{\overset{|}{CH_3}}{CH}{\xrightarrow{}}_n$$

图 5-63 二元乙丙橡胶的合成

为提高稳定性,人们生产乙丙橡胶的时候,加入少量的非共轭双烯(摩尔分数约为4%)作为第三单体进行共聚(如双环戊二烯、1,4-己二烯和乙叉降冰片烯)。二烯烃未参与聚合反应的C=C位于侧链上,这就使三元乙丙橡胶不仅保持了二元乙丙橡胶的各种特性,而且可以硫化交联(图5-64)。因此三元乙丙橡胶有更广阔的用途,用量约占乙丙橡胶总量的90%。三元乙丙橡胶的硫化效果与第三单体的选择密切相关,以双环戊二烯作为第三单体,虽然价格便宜,但硫化速率比使用乙叉降冰片烯为第三单体慢很多。日常生活中,乙丙橡胶凭借优良的弹性、耐臭氧和耐候性,在汽车(密封条、火花塞护套和散热器软管等)、建材(管道密封件和防水卷材等)和电子电器(海底电缆和电子绝缘护垫等)行业中均有广泛应用。

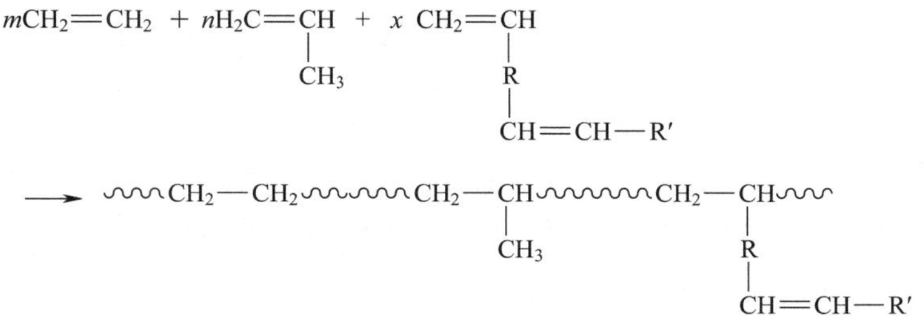

mCH2═CH2 + nH2C═CH + x CH2═CH
CH3
R
CH═CH—R′
CH2—CH2
CH2—CH
CH3
CH2—CH
R
CH═CH—R′

图 5-64　三元乙丙橡胶的合成

3. 二烯烃共聚物

二烯烃中，应用最广泛的是 1，3- 丁二烯和异戊二烯。通过引发剂的选择进行配位聚合，两种单体均能够得到顺式或反式结构的均聚物。如 Co、Ni 和 La 系的引发剂引发 1，3- 丁二烯聚合，会得到高顺式结构；V 系引发体系通常得到反式结构；Mo 和 Cr 系引发剂，一般得到 1，2- 加成的产物，既可以得到间同立构又可以得到全同立构的产物。

对于 Ziegler-Natta 引发剂体系，如果参与反应的二烯烃单体和活性中心以顺式方式进行配位，加成增长的话，最终得到的是顺式结构的聚丁二烯。如果单体和活性中心是以反式进行配位的话，最终产物是反式聚丁二烯。单体如果是以 1，2- 加成方式配位的话，会得到 1，2- 加成的聚丁二烯。从图 5-65 中可以看到，如果丁二烯以两个双键和 M_t 进行顺式配位，1，4- 插入，将得到顺式 1，4- 聚丁二烯；若单体之一的一个双键与金属单齿配位，则单体倾向于反式构型，1，4- 插入得反式 1，4- 结构；1，2- 插入得 1，2- 聚丁二烯。除均聚外，1，3- 丁二烯和异戊二烯还可以与其他单体共聚，得到的产品常被用作橡胶材料使用（图 5-66），如苯乙烯和丁二烯的共聚物被称为丁苯橡胶；异丁烯和异戊二烯的共聚物被称为丁基橡胶；丙烯腈和丁二烯的共聚物被称为丁腈橡胶。

CH2
HC
CH
R
Mt
C4H6
H2C
CH
CH
H2C
1,4−插入
R
C
Mt
顺1,4−聚丁二烯
+L
L
CH2
1,4−插入
反1,4−聚丁二烯
1,2−插入
1,2−聚丁二烯

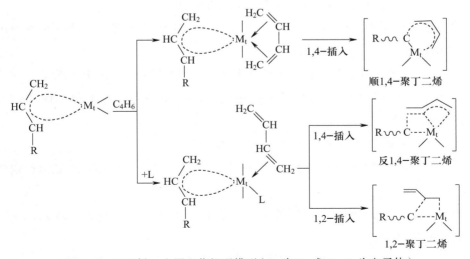

图 5-65　丁二烯 - 金属配位机理模型（M_t 为 Ni 或 Co；L 为电子体）

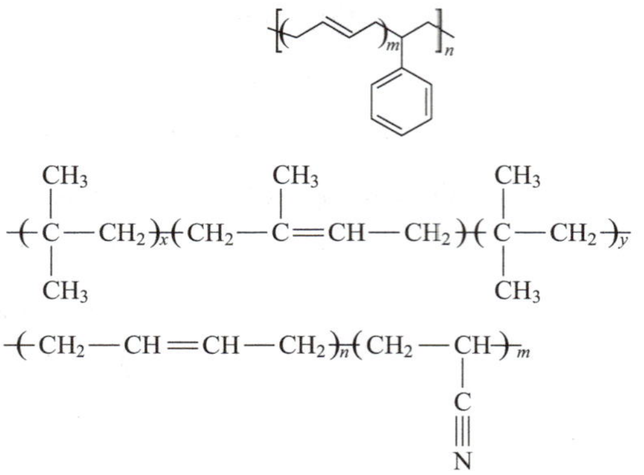

图 5-66　丁苯橡胶、丁基橡胶和丁腈橡胶结构图

5-8　第 5 章课程思政任务单　　　　　　　5-9　第 5 章思维导图

习题

1. 分析下列单体能按哪些机理进行聚合并简要说明原因：

（1）甲基丙烯酸甲酯；（2）乙烯；（3）烷基乙烯基醚；（4）THF；（5）异戊二烯

2. 分别说明自由基聚合、活性阴离子聚合、阳离子聚合的机理特征。

3. 阴离子聚合和阳离子聚合相比，哪种易发生链转移反应？发生链转移反应会造成哪些不利影响？如何抑制链转移反应的发生？

4. 举例说明活性阴离子聚合有哪些重要的应用。

5. 请采用阴离子聚合法合成含有—OH、—COOH 和—NH$_2$ 三种不同端基的聚丁二烯聚合物，试写出反应方程式。

6. 在离子聚合中，活性中心离子和反离子之间的结合可能有几种形式？这些结合方式如何影响聚合速率？试分析萘钠引发甲基丙烯酸甲酯在苯和 THF 中的聚合速率的大小关系。

7. THF 开环聚合的促进剂是什么？机理是什么？

8. 制备聚甲醛时，如何选择单体、引发剂和聚合方法？怎样才能制得稳定的聚甲醛？

9. 常温条件下，环烷烃开环的倾向一般为：三、四元环 > 五、七、八元环 > 六元环，请分析其中的原因。

10. 说明丙烯能否通过阴离子聚合、阳离子聚合、配位聚合制备聚丙烯。

11. 双组分 Ziegler-Natta 引发剂由哪些化合物组成？该引发体系的发现的主要贡献是什么？

12. 请简述丙烯配位聚合时的双金属和单金属机理模型的基本论点。

13. 请画出进行 1, 2- 加聚的异戊二烯全同和间同立构的示意图。

5-10 第 5 章习题参考答案

5-11 拓展知识：庆祝沈家骢＿沈之荃和卓仁禧院士 80 华诞专刊＿杨柏

5-12 拓展知识：王佛松＿为梦想奋斗的化学家＿陈菁霞

第 6 章
逐步聚合

学 习 导 航

知识目标

（1）了解逐步聚合反应的特征、分类

（2）理解线型缩聚反应的机理、副反应及其对产物的影响

（3）掌握线型缩聚反应平衡及其影响因素

（4）掌握体型缩聚反应特点及凝胶点的预测方法

能力目标

（1）能运用线型缩聚反应的基本原理分析线型缩聚反应的工艺条件

（2）能运用体型缩聚反应的特点制定典型体型缩聚产物的制备方案

（3）能对缩聚反应的原料配料、反应程度、聚合度、凝胶点等工艺参数进行必要的计算

（4）熟悉重要线型缩聚物与体型缩聚物的结构及其合成方法

思政目标

（1）通过逐步聚合的学习过程，让学生知道学习是一个渐进的过程，要有坚忍不拔的毅力

（2）通过逐步聚合中的副反应和影响因素，懂得细节决定成败的道理，养成严谨的科学作风

（3）通过逐步聚合的发展过程，鼓励学生勇于探索，不断解决生活中的实际问题

6.1 引　言

在高分子化学和高分子合成工业中，逐步聚合反应占有重要地位。缩聚反应是逐步聚合中最重要的一类反应。绝大多数天然高分子化合物都是缩聚物，如蛋白质是氨基酸通过酶催化缩聚反应生成的；淀粉和纤维素是单糖的缩聚物。作为生命物质基础的核糖核酸 RNA 和脱氧核糖核酸 DNA 也是某些氨基酸分子按照空间特定部位和特殊形态的要求，通过缩合反应而成的。近年来，逐步聚合反应的研究在理论上和实际应用上均取得了新的发展，一些高强度、高模量、耐老化及抗高温等综合性能优异的高分子材料不断问世，如聚碳酸酯、聚砜、聚苯醚、聚芳醚酮等。本章选一些主要的缩聚反应为代表，介绍逐步聚合的共同规律及重要的逐步聚合物。

6.2 逐步聚合反应的单体

6.2.1 单体的官能团及官能度

逐步聚合反应的基本特点是反应发生在参与反应的单体所携带的官能团上。能发生逐步聚合反应的官能团有：—OH、—NH_2、—COOH、—（CO）$_2$O、—COOR、—COCl、—H、—Cl、—SO_3、—SO_2Cl 等。

单体分子中能够参加反应的官能团或反应点的数目称为单体的官能度（f）。一般情况下，官能度等于单体所含有的官能团的数目。如乙二醇含有两个羟基，则 $f=2$；季戊四醇，$f=4$。有时，官能度与官能团的数目不相等，如苯酚与甲醛反应时，苯酚的邻位和对位都是反应点，此时，其 $f=3$，甲醛的 $f=2$；但苯酚与酰氯进行酰化反应时，仅苯酚的羟基可参与反应，此时，其 $f=1$，如图 6-1 所示。

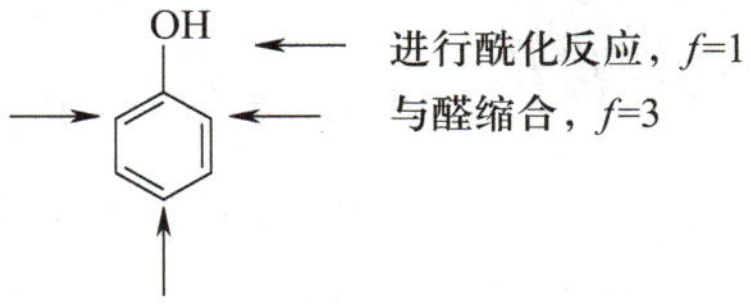

进行酰化反应，$f=1$
与醛缩合，$f=3$

图 6-1　不同反应中苯酚的官能度

反应条件不同时，同一个单体可能表现出不同的官能度。如邻苯二甲酸酐和甘油（丙三醇）反应制备醇酸树脂，当反应程度较低时，由于伯位羟基活性要比仲位羟基高，此时参与聚合反应的只有两个伯位羟基，丙三醇的 $f=2$，得到的是线型高分子链。随着反应的进行，仲位羟基也可参与聚合反应，此时，丙三醇的 $f=3$，得到的是支化甚至交联的聚合物。

6.2.2　单体的类型

可逐步聚合的单体类型很多,但必须都具备同一基本特点:同一单体上必须带有至少两个可进行逐步聚合反应的官能团,即都是官能度为 2 或以上的化合物。依据官能团的反应性质可将单体大致分为以下几类。

1. 单体上能参与反应的官能团数等于 2 的情况

(1) 官能团 a 可相互反应的 a–R–a 型单体　带有同一类型的官能团(a–R–a)且官能团间可以相互反应,这种缩聚反应常称为均缩聚反应。如反应官能团 a 为羟基(—OH),两两相互反应可生成醚键相连的聚合物,如 HOROH。

(2) 官能团 a 与 b 可反应的 a–R–b 型单体　带有不同类型的官能团(a–R–b),a 与 b 两两之间可以进行反应,此种缩聚反应也称为均缩聚反应。如氨基酸即属此类单体,氨基和羧基两两反应生成酰胺基连接的聚合物,如 $H_2NRCOOH$、$HORCOOH$ 等。

(3) 官能团 a 与 b 不能反应的 a–R–b 型单体　虽带有不同的官能团(a–R–b),通常自身的官能团 a 与 b 并不能发生反应,此种单体只能参加与其他单体进行均缩聚或混缩聚反应,如 H_2NROH(氨基醇)。例如下面的两种反应:

$$H_2N—R—OH+NH_2—R'—NH_2+HCOO—R''—COOH$$

$$NH_2R—COOH+NH_2—R'—OH$$

(4) a–R–a+b–R′–b 型单体　带有相同的官能团(a–R–a 或 b–R′–b),本身所带的官能团(a 与 a 之间或 b 与 b 之间)不能相互反应,只有同另一种单体上所带的另一类型的官能团(即 a 与 b 间)进行反应,这种缩聚反应常称为混缩聚,如 a 为氨基(—NH_2),b 为羧基(—COOH),a 和 b 两两之间可反应生成酰胺基连接的聚合物。

2. 单体上能参与反应的官能团数大于 2 的情况

如果单体体系中其中一种单体带有 2 个以上能参与反应的官能团,如甘油带有 3 个能参与反应的官能团,则这种单体与另外的单体组成的体系进行聚合反应,得到支链型或三维网状的大分子。逐步聚合常用的单体见表 6–1(见二维码 6–1)。

6–1　表 6–1
逐步聚合常用
的单体

6.2.3　单体的活性

单体的反应活性对聚合过程和聚合物的聚合度都有影响。单体通过官能团进行反应,故单体的活性直接依赖于官能团的活性。例如,聚酯可通过醇类(含羟基—OH)单体与下列带有不同官能团的单体反应来制取,其活性次序由强到弱排列为:

酰氯 > 酸酐 > 羧酸 > 酯

单体相互反应的速率常数是其反应能力的量度。由于受特定反应条件的影响,速率常数不能反映出一般活性规律,因此通常要借助测定与单体活性有关的物理常数来进行。

6.3 逐步聚合的分类

6.3.1 按照反应机理分类

按聚合机理分类,逐步聚合反应包括如下反应类型。

1. 缩合聚合反应(缩聚反应)

缩合聚合反应(polycondensation reaction)简称缩聚反应。缩聚反应中的基元反应只有一种,即缩合反应。缩聚反应是缩合反应的多次重复。在官能团之间的每一步反应中,都有小分子副产物生成。

缩聚反应包括线型缩聚反应和体型缩聚反应。线型缩聚的必要条件是需要一种或两种双官能度单体。

(1)聚酯合成或制备反应   二元醇与二元羧酸、二元酯、二元酰氯等之间的反应,通式如下:

$$n\ OH—R—OH+n\ HOOC—R'—COOH \longrightarrow H—(ORO—OCR'CO)_n—OH+(2n-1)H_2O$$

若乙二醇与对苯二甲酸反应,产生聚对苯二甲酸乙二醇酯(PET),即涤纶树脂。它是产量最高的合成纤维,也是重要的工程塑料。

(2)聚醚合成或制备反应   二元醇与二元醇反应,通式如下:

$$n\ HO—R—OH+nHO—R'—OH \longrightarrow H—(OR—OR')_n—OH+(2n-1)H_2O$$

(3)聚酰胺合成或制备反应   二元胺与二元羧酸、二元酯、二元酰氯等反应,可以合成聚酰胺。例如:

$$n\ H_2N—R—NH_2+n\ ClOC—R'—COCl \longrightarrow H—(HNRNH—OCR'CO)_n—Cl+(2n-1)HCl$$

尼龙-66是聚酰胺中最重要的品种,是由己二酸和己二胺合成的:

$$nHOOC(CH_2)_4COOH+nH_2N(CH_2)_6NH_2 \longrightarrow$$
$$HO—[(OC(CH_2)_4COHN(CH_2)_6NH]_n—H+(2n-1)H_2O$$

酰胺基团容易形成氢键,所以聚酰胺强度高、耐磨,是重要的合成纤维和工程塑料。

2. 逐步加成聚合

单体分子通过反复加成,使分子间形成共价键,逐步形成高分子量聚合物的过程,称为逐步加成反应或聚加成反应(polyaddition reaction)。

(1)重键加成聚合   含活泼氢官能团的亲核化合物与含亲电不饱和官能团的亲电化

合物间的聚合,属于重键加成聚合。其中,含活泼氢的官能团有: —NH₂, —NH, —OH, —SH, —SO₂H, —COOH, —SiH 等。亲电不饱和官能团主要为连二双键和三键,如: —C=C=O, —N=C=O, —N=C=S, —C≡C—, —C≡N 等。如二异氰酸酯和二元醇加成合成聚氨酯的反应就是典型的聚加成反应。反应式如下:

$$n\ O=C=N-R-N=C=O + n\ HO-R'-OH \longrightarrow$$

$$O=C=N-R-N-\underset{H}{C}\left[\!\!\!\begin{array}{c}OR'O-\underset{\parallel}{C}-N-R-N-\underset{\parallel}{C}\\O\quad H\quad H\quad O\end{array}\!\!\!\right]_n OR'OH$$

(2) Diels–Alder 加成聚合 将某些共轭二烯烃化合物加热,即发生 Diels–Alder 反应,生成环状二聚体,然后继续生成环状三聚体、四聚体,直至多聚体。例如:

与缩聚反应不同,逐步加成聚合反应没有小分子副产物生成。

3. 氧化偶联聚合

氧化偶联聚合分子量是逐步增大的,经过二聚体、三聚体等,直到多聚体、高聚物。但它没有缩聚意义上的官能团,一般通过氧化脱氢产生自由基,再经过偶合使分子长大。这种通过氧化偶联生成聚合物的反应称为氧化偶联聚合(oxidative coupling polymerization)。

氧化偶联反应制备的第一个分子量高的聚合物是聚苯醚(PPO),通过 2,6- 二甲基苯酚的一系列氧化偶联反应而生成:

PPO 的耐热性、耐水性、力学性能都比聚碳酸酯好,可以用作机械部件的结构材料。

导电聚合物聚苯胺、聚噻吩也是采用类似方法制备的。

4. 逐步开环聚合

环状单体的开环聚合,机理上也有属于逐步聚合的情况,如己内酰胺以水作引发剂可开环聚合为聚酰胺,链的增长过程具有逐步性,其商业名称为尼龙 –6,是一大类合成纤维品种。

5. 分解缩聚

在聚合过程中单体自身发生分解,同时分解产物连接在一起形成聚合物,称为分解缩聚(decomposition polycondensation)。如 N- 羧基 -α- 氨基酸酐合成多肽的反应,其历程为单体逐步脱除 CO_2：

$$n R-\overset{\overset{H}{|}N-C=O}{\underset{\underset{O}{||}C-O}{\underset{|}{CH}}} \longrightarrow \left[\overset{\overset{H}{|}}{\underset{|}{C}}-\overset{H}{N}-\overset{\overset{O}{||}}{C}\right]_n + nCO_2$$

逐步聚合的机理相对比较复杂，同一反应从不同角度可以按照多种机理进行分类。如聚苯醚，多数将其归为氧化偶联聚合，但由于氧化结果形成自由基，自由基再进行偶联，因此也称为自由基缩聚；由于反应中有氢气分解产生，因而也称为分解缩聚。

6.3.2　按照生成聚合物的几何形状分类

1. 线型逐步聚合（linear polycondensation）

参与反应的单体只含两个官能团（即双官能团单体），聚合产物分子链只会向两个方向增长，生成线型高分子。

2. 体型逐步聚合（three-dimentional polycondensation）

参与聚合的单体至少有一种含有两个以上官能团，在反应过程中，分子链向多个方向增长，可以生成支化和交联的体型聚合物，如丙三醇和邻苯二甲酸酐的反应。

6.3.3　按照单体类型分类

1. 均缩聚

只有一种单体进行的缩聚反应称为均缩聚（homopolycondensation），其重复单元只有一种结构单元。这种单体本身含有可以发生缩合反应的两种官能团。例如：

$$n H_2NRCOOH \rightleftharpoons H\text{-}\!\!\left(NHRCO\right)_n\!\!OH + (n-1)H_2O$$

2. 混缩聚

两种分别带有相同官能团的单体（a–A–a 和 b–B–b），通过 a 和 b 的相互反应而进行的缩聚反应，称为混缩聚。聚合物的重复单元含有两种结构单元，如己二酸与己二胺合成尼龙 –66 的反应。

3. 共缩聚

在均缩聚中加入第二种单体或在混缩聚中加入第三或第四种单体进行的缩聚反应称为共缩聚（co-condensation polymerization）。共缩聚在制备无规和嵌段共聚物方面有较为广泛的应用。

6.3.4　按照聚合的平衡特性分类

1．平衡缩聚（equilibrium polycondensation）

通常指平衡常数小于 10^3 的聚合反应,如聚酯的合成反应。聚酯在生成的同时,也被反应中伴生的小分子副产物降解,使聚合度减小。

2．不平衡缩聚（nonequilibrium polycondensation）

通常指平衡常数大于 10^3 的聚合反应。其降解过程相对于聚合反应而言可以忽略不计。

6.4　线型逐步聚合机理

涤纶树脂、聚酰胺 –66、聚碳酸酯、聚苯醚、聚氨酯等重要合成纤维和工程塑料都是由线型缩聚等逐步聚合反应合成的。掌握这类反应的共同规律十分重要。

6.4.1　线型缩聚的特征——逐步与平衡

以二元酸和二元醇合成聚酯为例,两者第一步缩合,形成二聚体羟基酸:

$$HOROH+HOOCR'COOH \rightleftharpoons HORO—OCR'COOH+H_2O$$

二聚体羟基酸的端羟基可以与二元酸或二元醇反应,形成三聚体:

$$HORO—OCR'COOH+HOROH \rightleftharpoons HORO—OCR'CO—OROH+H_2O$$

或　　$$HOOCR'COOH+HORO—OCR'COOH \rightleftharpoons HOOCR'CO—ORO—OCR'COOH+H_2O$$

二聚体也可以相互反应,形成四聚体:

$$2\,HORO—OCR'COOH \rightleftharpoons HOOCR'CO—ORO—OCR'CO—OROH+H_2O$$

含羟基的任何聚体和含羧基的任何聚体都可以相互反应,如此逐步缩聚下去,分子量逐渐增加,最后得到高分子量聚酯,通式如下:

$$n – 聚体 + m – 聚体 \rightleftharpoons (m+n) – 聚体 + 水$$

可见,线型缩聚包含了无数个独立的反应,具有逐步特性,通常每一步反应都是可逆反应。

6.4.2　官能团等活性概念

一元酸和一元醇只需一步反应就成酯,某温度下只有一个速率常数。对于二元酸和二元醇的缩聚反应,要使缩聚物符合强度要求,聚合度须在 100~200,逐步聚合须进行

100~200 次。如各步速率常数不相同,动力学将无法处理。

根据理论和实验研究,Flory 提出了官能团等活性概念,即分子的大小和反应体系的黏度一般不影响官能团的活性,除非扩散为反应的控制步骤。据此,假定反应过程中体系体积变化可以忽略不计,且没有其他副反应(如成环)发生,整个缩聚过程可简化为两种官能团之间的反应,这将大大简化缩聚反应的理论研究。

从羧酸同系物与乙醇酯化反应的速率常数可以看出,官能团等活性概念是适用的(表 6-2,见二维码 6-2)。

6-2 表 6-2 列出了羧酸同系物与乙醇酯化反应的速率常数

6.4.3 反应程度概念

反应程度是逐步聚合的一个重要概念。它是指参加反应的官能团数占起始官能团数的分数,用 P 表示。以等物质的量的二元酸和二元醇的缩聚反应为例,体系中起始二元酸和二元醇的分子总数为 N_0,等于起始羧基数或羟基数,因每个聚酯分子上都带有两个端基,平均下来,t 时刻的聚酯分子数 N 等于剩余的羧基数或羟基数。

反应程度 P 的定义是参与反应的官能团数(N_0-N)占起始基团数 N_0 的分数,即

$$P=\frac{已参加反应的官能团数}{起始官能团数}=\frac{N_0-N}{N_0} \tag{6-1}$$

如将大分子的结构单元数定义为聚合度 $\overline{X}_n$,则

$$\overline{X}_n=\frac{结构单元总数}{大分子数}=\frac{N_0}{N} \tag{6-2}$$

由式(6-1)和式(6-2),就可建立聚合度与反应程度之间的关系:

$$\overline{X}_n=\frac{1}{1-P} \tag{6-3}$$

式(6-3)表明聚合度随反应程度的增加而增加,如图 6-2 所示。

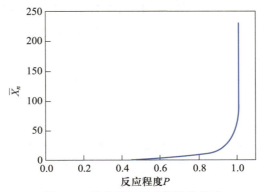

图 6-2 聚合度与反应程度的关系

由式（6-3）可知，反应程度 $P=0.9$，聚合度只有 10。而合成纤维和工程塑料一般要求聚合度在 100~200，这就需要将反应程度提高到 0.99~0.995。

反应程度与转化率有根本不同。转化率是参加反应的单体量占起始单体量的分数，是指已经反应的单体的数目，反应程度则是指已经反应的官能团的数目。如一元缩聚反应，单体间两两反应很快全部变成二聚体，就单体转化率而言，转化率达 100%；而官能团的反应程度仅为 50%。

6.4.4　限制分子链增长的因素

实践证明，缩聚物的分子量都不太高，一般为 10^4 数量级。限制分子链增长的因素，既有热力学平衡的限制，也有官能团失活导致的动力学终止。

1. 热力学平衡的限制

缩聚反应通常是可逆反应。缩聚反应的逆反应是解缩聚。随着反应的进行，正反应速率不断下降，逆反应速率不断上升，直至体系达到热力学平衡。通常可以采取除去小分子副产物的方法促进平衡向正反应方向移动。但到反应后期，体系黏度很高，小分子难以脱除，使得分子链很难继续增长。

2. 动力学终止

动力学终止是由于官能团完全失去活性造成的，有以下几种情况。

（1）单官能团物质封端　反应体系中的单官能团物质起着封闭端基、终止大分子继续增长的作用。例如：

$$a—[AB]_n—b+R'a \longrightarrow a—[AB]_nR'+ab$$

（2）过量官能团封端　大分子链终止增长的另一个原因是缩聚反应中原料（官能团）的非化学计量比。由于原料纯度和反应过程中官能团的变化等原因，在投料时即使准确称量，也不能保证严格的化学计量比。结果是反应体系中一种官能团过量，反应达到一定程度后，大分子端基被过量的官能团占据，缩聚反应被迫终止。

（3）反应官能团的消除　在一定条件下，参加缩聚反应的单体、低聚物等容易发生官能团脱除反应或发生变化，从而导致失去反应能力，如羧基在高温下易分解产生 CO_2，氨基脱除 NH_3 的反应等。

6.4.5　逐步聚合中的副反应

缩聚通常在较高的温度下进行，因此常伴有基团消去、化学降解、链交换等副反应。

1. 基团消去

二元羧酸受热会脱羧，引起原料基团数比的变化，从而影响产物的分子量。故常用比较稳定的羧酸酯来代替羧酸进行缩聚反应,避免羧基的脱除。

$$HOOC(CH_2)_nCOOH \longrightarrow HOOC(CH_2)_nH + CO_2$$

二元胺有可能进行分子内或分子间的脱氨反应,还可能导致支链或交联。

$$H_2N(CH_2)_nNH_2 \longrightarrow (CH_2)_{n-1}\overset{\displaystyle CH_2}{\diagup}NH + NH_3 \qquad ①$$

$$2H_2N(CH_2)_nNH_2 \longrightarrow H_2N(CH_2)_nNH(CH_2)_nNH_2 + NH_3 \quad ②$$

2. 化学降解

聚酯化和聚酰胺化是可逆反应,体系中的水分、酸类、醇类可使聚酯降解;水分、酸类、胺类可使聚酰胺降解。例如,聚酯的水解反应如下:

$$\sim\!\!\!\sim COO-R'-COO-R-OCO\sim\!\!\!\sim + H_2O \rightleftharpoons \sim\!\!\!\sim OOC-R'-COOH + HO-R-OCO\sim\!\!\!\sim$$

又如,胺类可使聚酰胺进行氨解:

$$H \!-\!\!\left[NHRNHOCR'CO \right]_m \!\!\left[NHRNHOCR'CO \right]_p \!\!-\! OH + H \!-\! NHRNH_2 \rightleftharpoons$$

$$H \!-\!\!\left[NHRNHOCR'CO \right]_m \!\!\!-\! NHRNH_2 + H \!-\!\!\left[NHRNHOCR'CO \right]_p \!\!-\! OH$$

化学降解可使废聚合物降解成单体或低聚物,回收利用。例如,废涤纶聚酯与过量乙二醇共热,可以醇解成对苯二甲酸乙二醇酯低聚物;废酚醛树脂与过量苯酚共热,可以分解成低分子酚醇。

3. 链交换

同种线型缩聚物受热时,通过链交换反应,将使分子量分布变窄。两种不同缩聚物(如聚酯与聚酰胺)共热,也可进行链交换反应,形成嵌段共聚物。例如,聚酰胺的链交换反应可表示如下:

$$H \!-\!\!\left(NH-R-CO \right)_m \!\!OH + H \!-\!\!\left(NH-R-CO \right)_n \!\!OH \rightleftharpoons$$

$$H \!-\!\!\left(NH-R-CO \right)_x \!\!OH + H \!-\!\!\left(NH-R-CO \right)_y \!\!OH$$

6.5　逐步聚合动力学

许多缩聚反应具有可逆平衡特性,具体实施时,需要创造不可逆的条件,使反应向形成缩聚物的方向移动。不可逆和可逆平衡条件下的逐步聚合动力学并不相同。

6.5.1　不可逆条件下的线型逐步聚合动力学

以聚酯反应为例,酸是酯化和聚酯化的催化剂,羧酸首先质子化,而后质子化产物再与醇反应形成酯:

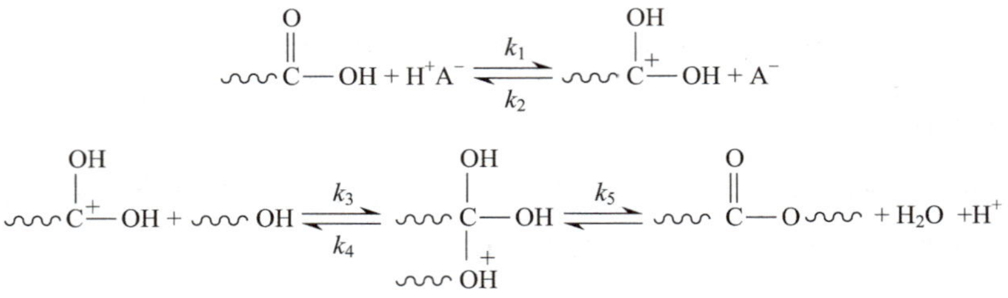

在及时脱水的条件下,上式中的逆反应可以忽略,即 $k_4 = 0$;加上 k_1、k_2、k_5 都比 k_3 大,因此,聚酯化速率由第三步反应来控制:

$$R_P = -\frac{d[COOH]}{dt} = k_3[C^+(OH)_2][OH] \tag{6-4}$$

式(6-4)中质子化产物的浓度 $[C^+(OH)_2]$ 难以测定,可引入平衡常数 K' 的关系式加以消去。

$$K' = \frac{k_1}{k_2} = \frac{[C^+(OH)_2][A^-]}{[COOH][HA]} \tag{6-5}$$

将式(6-5)代入式(6-4),得

$$-\frac{d[COOH]}{dt} = \frac{k_1 k_3[COOH][OH][HA]}{k_2[A^-]} \tag{6-6}$$

考虑到酸 HA 的解离平衡 $HA \rightleftharpoons H^+ + A^-$,HA 的解离平衡常数 K_{HA} 为

$$K_{HA} = \frac{[H^+][A^-]}{[HA]} \tag{6-7}$$

将式(6-7)代入式(6-6),得到酸催化的酯化速率方程:

$$-\frac{d[COOH]}{dt} = \frac{k_1 k_3[COOH][OH][H^+]}{k_2 K_{HA}} \tag{6-8}$$

酯化反应是慢反应,一般由外加无机酸来提供 H^+,催化加速酯化反应,这与无外加酸的条件下聚酯化动力学结果不同。

1. 外加酸催化聚酯化反应的动力学

强无机酸常用作酯化的催化剂,可大大提高聚酯化反应的速率。聚合速率由酸催化和自催化两部分组成。在缩聚过程中,外加酸或氢离子浓度几乎不变,而且远远大于低分子羧酸自催化的影响,因此可以忽略自催化的速率。将式(6-8)中的 $[H^+]$($=[HA]$)与 k_1、

k_2、k_3、K_{HA}合并而成k'。如果原料中羧基数和羟基数相等，即$[COOH]=[OH]=c$，则式（6-8）可简化成

$$-\frac{dc}{dt}=k'c^2 \tag{6-9}$$

式（6-9）表明为二级反应，经积分，得

$$\frac{1}{c}-\frac{1}{c_0}=k't \tag{6-10}$$

引入反应程度P，并将式（6-1）中的羧基数N_0、N以羧基浓度c_0、c来代替，则得

$$c=c_0(1-P) \tag{6-11}$$

将式（6-11）代入式（6-10），得

$$\frac{1}{1-P}=k'c_0t+1 \tag{6-12}$$

即

$$\overline{X}_n=k'c_0t+1 \tag{6-13}$$

以上两式表明$1/(1-P)$或$\overline{X}_n$与t呈线性关系。以对甲苯磺酸为催化剂，己二酸与癸二醇、一缩二乙二醇的缩聚动力学曲线如图6-3所示。可见，在相当大的区域内，都有着良好的线性关系，说明官能团等活性概念基本合理。

由图6-3中直线部分的斜率可求得速率常数k'，见表6-3。从表中数据可看出，即使在较低温度下，外加酸催化聚酯化的速率常数也比较大，因此工业上聚酯化总要外加酸作催化剂。

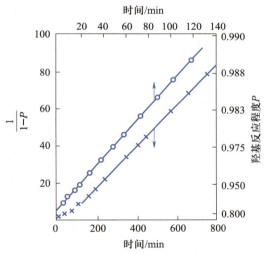

○—癸二醇，161℃；×—一缩二乙二醇，109℃

图6-3　对甲苯磺酸催化己二酸酯化动力学曲线

表6-3　外加酸催化聚酯化和聚酰胺化的速率常数

单体	催化剂	$T/℃$	$k'/(kg\cdot mol^{-1}\cdot min^{-1})$	$A/(kg\cdot mol^{-1}\cdot min^{-1})$	$E/(kJ\cdot mol^{-1})$
$HOOC(CH_2)_4COOH+$ $HO(CH_2)_2O(CH_2)_2OH$	0.4% 对甲苯磺酸	109	0.013		
$HOOC(CH_2)_4COOH+$ $HO(CH_2)_{10}OH$	0.4% 对甲苯磺酸	161	0.096		
$H_2N(CH_2)_6COOH$	间甲酚（溶剂）	165	0.012	1.6×10^{12}	121.4
$H_2N(CH_2)_{10}COOH$	间甲酚（溶剂）	166	0.011	1.4×10^{13}	130

2. 自催化聚酯化动力学

在无外加酸的情况下,聚酯化仍能缓慢地进行,主要依靠羧酸本身来催化,称为自催化聚合反应。有机羧酸的解离度较低,即使是乙酸,解离度也只有 1.34%;硬脂酸不溶于水,难以解离。可以预计,在二元酸和二元醇的聚酯化过程中,随着聚合度的提高,体系将从少量解离逐步趋向不解离,催化作用减弱,现分两种情况进行分析。

(1)羧酸不解离 缩聚物增长到较低的聚合度,就不溶于水,末端羧基就难解离出氢离子,但聚酯化反应还可能缓慢进行,推测羧酸经双分子配位如下式,起到质子化和催化作用。

$$\begin{bmatrix} R-\overset{|}{\underset{HO}{C}}-OH \end{bmatrix}^{\oplus\ominus}OOCR$$

在这种情况下,2 分子羧酸同时与 1 分子羟基缩聚,成为三级反应,速率方程为:

$$-\frac{dc}{dt}=kc^3 \tag{6-14}$$

将上式变量分离,经积分,得

$$\frac{1}{c^2}-\frac{1}{c_0^2}=2kt \tag{6-15}$$

将式(6-11)代入式(6-15),得

$$\frac{1}{(1-P)^2}=2c_0^2kt+1 \tag{6-16}$$

将式(6-3)代入式(6-16),得聚合度随时间变化的关系式为:

$$\overline{X}_n^2=2kc_0^2t+1 \tag{6-17}$$

式(6-16)和式(6-17)表明,如果 $1/(1-P)^2$ 或 $\overline{X}_n^2$ 与 t 呈线性关系,聚酯化动力学行为应该属于三级反应。

(2)羧酸部分解离 聚合度很低的初期缩聚物,难免有小部分羧酸可能解离出氢离子,参与质子化。由式(6-6),解得 $[H^+]=[A^-]=K_{HA}^{1/2}[HA]^{1/2}$,加上 $[COOH]=[OH]=[HA]=c$,代入式(6-8),将各速率常数和平衡常数合并成综合速率常数 k,则成下式:

$$-\frac{dc}{dt}=kc^{5/2} \tag{6-18}$$

式(6-18)表明聚酯化为二级半反应。同理,作类似处理,得

$$\overline{X}_n^{3/2}=\frac{3}{2}kc_0^{3/2}t+1 \tag{6-19}$$

式(6-19)表明,如果 $\overline{X}_n^{3/2}$ 与 t 呈线性关系,则可判断属于二级半反应。

无外加酸时,聚酯化究竟属于二级半反应还是三级反应,曾经成为长期争议的问题。

图 6-4 是己二酸与多种二元醇自催化聚酯化的动力学曲线。当 $P<0.8$ 或 $\overline{X}_n<5$ 时，$1/(1-P)^2$ 与 t 不呈线性关系，这是酯化反应的普遍现象。随着缩聚反应的进行和羧酸浓度的降低，介质的极性、酸-醇的缔合度、活度、体积等都将发生相应变化，最终导致速率常数 k 的降低和对三级动力学行为的偏离。

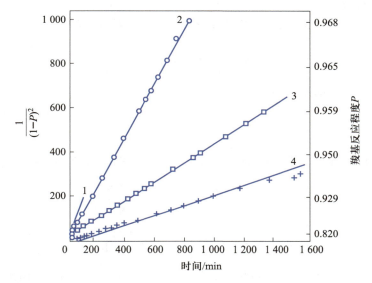

1—癸二醇，202℃；2—癸二醇，191℃；3—癸二醇，161℃；4——缩二乙二醇，166℃

图 6-4　己二酸自催化聚酯化动力学曲线

当 $P>0.8$ 后，介质性质基本不变，速率常数趋向恒定，才遵循式（6-16）的线性关系。图 6-4 中曲线 1~3 代表己二酸和癸二醇的聚酯化反应在很宽的范围内都符合三级反应动力学行为；但己二酸与一缩二乙二醇的聚酯化反应（曲线 4），只在 $P=0.80\sim0.93$ 时才呈线性关系。

后期动力学行为的偏离可能是反应物的损失和逆反应的结果。为提高反应速率并及时排除副产物水，聚酯化常在加热和减压条件下进行，可能造成醇的脱水、酸的脱羧以及挥发损失。缩聚初期，反应物的少量损失并不重要，但 $P=0.93$ 时，0.3% 反应物的损失，就可能引起 5% 浓度的误差。缩聚后期，黏度变大，水分排除困难，逆反应也不容忽视。

6.5.2 平衡逐步聚合动力学

若聚酯化反应在密闭系统中进行或水的排除不及时，则逆反应的影响不能忽略。设羧基数和羟基数相等，令其起始浓度 $c_0=1$，时间 t 时的浓度为 c，则酯的浓度为 $1-c$。水全未排除时，水的浓度也是 $1-c$。对于通过抽真空排水的体系，由于反应后期，总有部分水

难以完全排出,设残留水浓度为 n_w,则

$$—COOH+HO— \rightleftharpoons —OCO—+H_2O$$

起始	1	1	0	0
t 时,水未排除	c	c	$1-c$	$1-c$
t 时,水被部分排除	c	c	$1-c$	n_w

聚酯反应的总速率是正、逆反应速率之差。水未排除时,速率为

$$R=-\frac{dc}{dt}=k_1 c^2 - k_{-1}(1-c)^2 \tag{6-20}$$

水被部分排除时的总速率为

$$-\frac{dc}{dt}=k_1 c^2 - k_{-1}(1-c)n_w \tag{6-21}$$

将式(6-1)和平衡常数 $K=k_1/k_{-1}$ 代入式(6-20)和式(6-21),得

$$-\frac{dc}{dt}=\frac{dP}{dt}=k_1\left[(1-P)^2-\frac{P^2}{K}\right] \tag{6-22}$$

$$-\frac{dc}{dt}=\frac{dP}{dt}=k_1\left[(1-P)^2-\frac{Pn_w}{K}\right] \tag{6-23}$$

式(6-23)表明,总反应速率与反应程度、低分子副产物含量、平衡常数有关。当 K 值很大和 / 或 n_w 很小时,式(6-23)右边第二项可以忽略,与外加酸催化的不可逆聚酯动力学相同。

6.6　线型逐步聚合中聚合度的控制

6.6.1　反应程度和平衡常数对聚合度的影响

两种基团数相等的线型缩聚反应,缩聚物的聚合度随反应程度的增大而提高,其定量关系为 $X_n=1/(1-P)$,但这并不意味着可以通过控制反应程度来控制聚合度。因为缩聚反应多为可逆平衡反应,正逆反应将构成平衡,总速率等于零,反应程度将受到限制,也难以控制聚合度。

如果将副产物小分子及时排除,使平衡向正反应方向移动,可以提高反应程度及聚合度。封闭体系中平衡常数对反应程度及聚合度的影响结果见表 6-4(二维码 6-3)。

对于平衡常数很小($K=4$)的聚酯化反应,欲获得 $X_n \approx 100$ 的聚酯,必须要在高度减压(<60 Pa)条件下,充分脱除残留水分($<4 \times 10^{-4}$ mol/L)。

6-3　表 6-4 封闭体系中平衡常数对反应程度及聚合度的影响

聚合后期,体系黏度很大,水的扩散困难,要求设备操作表面更新,创造较大的扩散界面。

对于聚酰胺化反应,$K=400$,欲达到相同的聚合度,则可以在稍低的减压下,允许稍高的残留水分(<0.04 mol/L)。对于 K 值很大($>1\ 000$)而对聚合度要求不高(几到几十)的体系,如可溶性酚醛树脂(预聚物),可以在水介质中缩聚。

6.6.2 利用端基封锁法控制聚合度

加入适量可以参与缩聚反应的单官能团化合物,可以使缩聚物分子的末端官能团被封锁,失去继续聚合反应能力,达到控制聚合度的目的。以两种单体参加的混缩聚为例:

$$N_a a—R—a + N_b b—R'—b + N_s b—R'' == a{\left[RR'\right]} R''$$

假定 $N_a = N_b$,即两种双官能团单体为等物质的量配比。单官能团化合物含有与其中一种单体相同的官能团 b,这样,另一种单体的官能团 a 的物质的量一定少于官能团 b 的总物质的量。再假定达到 t 时刻时,物质的量少的官能团 a 的反应程度为 P_a,则:

反应前,官能团 a 的物质的量为 $2N_a$,官能团 b 的物质的量为 $2N_b+N_s$,单体总物质的量为 $N_a+N_b+N_s=2N_a+N_s$(将单官能团化合物视为第三单体);

t 时刻时,已反应的官能团 a 的物质的量为 $2P_aN_a$,未反应的官能团 a 的物质的量为 $2N_a(1-P_a)$,已反应的官能团 b 的物质的量为 $2P_aN_a$,未反应的官能团 b 的物质的量为 $2N_a+N_s-2P_aN_a$,即 $2N_a(1-P_a)+N_s$,缩聚同系物的总物质的量为 $N_a(1-P_a)+N_a(1-P_a)+N_s=2N_a(1-P_a)+N_s$。

$$聚合物的平均聚合度 = \frac{起始单体物质的量}{同系物物质的量} = \frac{2N_a+N_s}{2N_a(1-P_a)+N_s} \tag{6-24}$$

式(6-24)即为体系在有单官能团化合物存在时线型缩聚物的平均聚合度公式,其大小取决于单官能团化合物的含量及反应程度。该式在反应程度 $P \to 1$,即物质的量少的官能团反应完毕时,可简化为:

$$\overline{X}_n = \frac{2N_a+N_s}{N_s} = \frac{1}{q} \tag{6-25}$$

此时,$q = N_s/(2N_a+N_s)$ 为单官能团化合物在单体中的摩尔分数,即此时的聚合度等于单官能团化合物摩尔分数的倒数。

上述分析表明,线型缩聚物的聚合度与两基团数比或过量分数密切相关。任何原料都很难做到两种基团数相等,微量杂质(尤其单官能团物质)的存在、分析误差、称量不准、聚合过程中的挥发损失和分解损失等都是造成基团数不相等的原因,应尽可能避免。

6.7   线型逐步聚合中的分子量分布

聚合产物是分子量不等的许多大分子的混合物。由于聚合物的各种性能与其分子量及分布密切相关,研究聚合物的分子量分布具有重要意义。

Flory 应用统计方法,根据官能团等活性理论,推导出线型缩聚物聚合度分布的函数式,对于 A–B 型单体和等量的 A–A 和 B–B 型单体的聚合反应体系都适用。

含有 x 个结构单元 A 的聚合物分子的生成概率等于带有 $x-1$ 个已反应的 A 官能团和一个未反应的 A 官能团的聚合物的生成概率。在反应时间 t 内,因为 A 官能团的反应概率为反应程度 P,则 $x-1$ 个已反应的 A 官能团的概率为 P^{x-1}。因为未反应的官能团的概率是 $1-P$,故含有 x 个结构单元的分子的生成概率为 $P^{x-1}(1-P)$。又

$$P^{x-1}(1-P)=N_x/N \tag{6-26}$$

因为 N_x 与聚合物混合物中 x 聚体的摩尔分数具有相同的含义,因此

$$N_x=NP^{x-1}(1-P) \tag{6-27}$$

式(6-27)中,N 是聚合物的分子总数。N_x 是 x 聚体的数目。如果起始结构单元的总数是 N_0,那么 $N=N_0(1-P)$。于是,式(6-27)可变为:

$$N_x=N_0P^{x-1}(1-P)^2 \tag{6-28}$$

若端基的质量忽略不计,那么 x 聚体的质量分数 $w_x=xN_x/N_0$,故式(6-28)可变为:

$$w_x=xP^{x-1}(1-P)^2 \tag{6-29}$$

式(6-28)和式(6-29)分别代表线型缩聚反应在反应程度 P 时的数量分布函数和质量分布函数,称作最可几分布函数或 Flory 分布函数或 Flory–Schulz 分布函数。其图像分别如图 6-5 和图 6-6 所示。

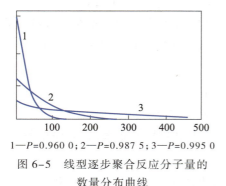

1—P=0.960 0;2—P=0.987 5;3—P=0.995 0

图 6-5   线型逐步聚合反应分子量的
数量分布曲线

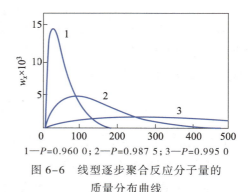

1—P=0.960 0;2—P=0.987 5;3—P=0.995 0

图 6-6   线型逐步聚合反应分子量的
质量分布曲线

从图 6-5 可以看出,以数量为基准时,不论反应程度如何,单体分子比任何一种聚合物都要多,这是数量分布的特征。而质量分布函数的情况则不相同,以质量为基准,低分子所占的质量分数很小。

6.8 逐步聚合实施方法

逐步聚合的实施方法有熔融缩聚、溶液缩聚、界面缩聚、固相缩聚等,其中熔融缩聚和溶液缩聚最为常用。

6.8.1 熔融缩聚

熔融缩聚是一种简单有效的缩聚反应方法。反应物料只有单体和少量催化剂,故产物纯净,分离简单,且反应器利用效率较高。聚合在单体和聚合物的熔点以上进行,故称为熔融缩聚。

熔融缩聚的反应器要求配备加热、换热、温度控制装置、减压和通入惰性气体装置、无级可调速搅拌装置等。单体配料要求计量准确。对于平衡常数较小的聚合反应,若要得到尽可能高聚合度的产物,要求单体高度纯净,同时严格控制物料比,并加入适量能够充分溶解或分散于单体的催化剂。

熔融缩聚法应用很广,如合成涤纶聚酯、聚碳酸酯、聚酰胺等。

6.8.2 溶液缩聚

单体加入适当的催化剂后在惰性溶剂中进行的缩聚反应称为溶液缩聚。受溶剂沸点的限制,溶液缩聚的温度较低,副反应也较少,但要求单体具有较高的反应活性。与熔融缩聚相比,溶液缩聚产物的分子量较低,聚合物中残余溶剂的脱除也比较困难,且需要回收溶剂,生产成本相对较高。

聚砜合成采用溶液缩聚法;尼龙 –66 的合成前期相当于水浆液缩聚,后期转为熔融缩聚。

6.8.3 界面缩聚

在两种互不相溶、分别溶解有两种单体的溶液的界面附近进行的缩聚反应称为界面缩聚。界面缩聚限用活性高的单体,室温下就能聚合。要求加以适当搅拌,以消除扩散影响。同时要求两种溶剂互不相溶,其相对密度有一定差异,以保证界面的相对稳定。界面缩聚的优点是反应温度较低、不要求两种单体的高纯度和严格的等基团数比,就可以获得分子量较高的聚合物。

界面缩聚的典型例子是二元胺和二元酰氯合成尼龙：

$$n\text{H}_2\text{N}(\text{CH}_2)_6\text{NH}_2 + n\text{ClOC}(\text{CH}_2)_4\text{COCl} \longrightarrow$$

$$\text{H}\text{—}\!\!\left[\text{NH}(\text{CH}_2)_6\text{NHOC}(\text{CH}_2)_4\text{CO}\right]_{\!n}\!\!\text{—ONa} + \text{NaCl}$$

其中，二元胺溶于 NaOH 水溶液中，二元酰氯溶于氯仿中。将两种单体溶液加入烧杯，缩聚反应立即发生，在两相界面附近产生薄薄的一层聚合物膜。如果用玻璃棒将聚合物膜挑出液面，能看到聚合物薄膜不断地生成。

6.8.4　固相缩聚

固相缩聚是在聚合物玻璃化温度以上、熔点以下的固态所进行的缩聚反应。该法通常不能单独用来进行以单体为原料的缩聚反应，而是作为进一步提高熔融缩聚物分子量的一种辅助手段。例如纤维用的涤纶聚酯（T_g=69℃，T_m=265℃）用作塑料时，分子量偏低，强度不够，可在 220℃继续固相缩聚，进一步提高分子量。聚酰胺 -6 也可以进行固相缩聚来提高分子量。固相缩聚大多是上述三种方法的补充。

6.9　重要的线型逐步聚合产品

线型逐步聚合产品种类繁多，用途也极为广泛。现就近年来发展较为迅猛、最具代表性的涤纶、聚酰胺和聚碳酸酯的合成方法、性质和主要用途做一介绍。

6.9.1　涤纶

涤纶是聚对苯二甲酸乙二醇酯（PET）的商品名，是聚酯类缩聚物最重要的代表。与脂肪族二元酸与二元酸合成的聚酯（熔点仅 50~60℃）相比，涤纶主链中含有苯环，其刚性、强度和熔点（265℃）均有很大提高。而亚乙基的存在则赋予其柔性，综合两方面性能，使得涤纶成为质优的合成纤维和工程塑料。

涤纶由对苯二甲酸与乙二醇缩聚而成，遵循线型缩聚的普遍规律。若原料单体纯度很高，可直接进行缩聚。但由于对苯二甲酸熔点很高，300℃开始升华同时发生脱羧反应，且在溶剂中溶解度很小，难以通过精馏、重结晶等方法来提纯。另一方面，该反应平衡常数小，需在高温、高度减压条件下排除低分子副产物，同时严格控制单体官能团的等物质的量比，才有利于反应正向进行，获得高分子量的聚酯。实际生产中，做到以上几点并不容易，故该法很少被采用。

目前生产涤纶的方法主要有两种：酯交换法（间接酯化法）和直接酯化法。

涤纶是合成纤维的第一大品种,其熔点高、强度大、耐溶剂、耐腐蚀、手感好,在合成纺织纤维中始终占有最为重要的地位。此外,在感光胶片、磁盘基片、精密仪器等领域均有广泛应用。

6-4　酯交换法(间接酯化法)的合成工艺

6.9.2　聚酰胺——尼龙

聚酰胺(PA)是另一大类重要的缩聚物,其合成方法有三种:二元酸与二元胺的混缩聚,氨基酸的均缩聚和内酰胺的开环聚合。聚酰胺主链中含有强极性的酰胺基(—NHCO—),包括脂肪族和芳香族两大类。

1. 脂肪族聚酰胺

(1)尼龙-66　尼龙-66由己二胺和己二酸缩聚反应而制得。工业生产中,为控制原料单体官能团等物质的量配比,通常先将己二胺和己二酸制成内盐,即尼龙-66盐,再进行缩聚:

$$\left[HOOC(CH_2)_4COOH + H_2N(CH_2)_6NH_2 \rightleftharpoons \begin{array}{c} ^-OOC(CH_2)_4COO^- \\ \vdots \\ ^+NH_3(CH_2)_6NH_3^+ \end{array} \right]$$

采用连续法,将尼龙-66盐水溶液和分子量调节剂加入混合器混合后,进入蒸发反应器,于230℃、1.8 Mpa下保压反应3 h,再进入管式反应器,升温至285℃,并逐步减压至0.28 Mpa,继续反应3 h后,将物料送入缩聚反应器。缩聚产品经铸带切粒、干燥、包装。

(2)尼龙-1010　尼龙-1010是由单体癸二酸和癸二胺缩聚反应合成的。原料单体都是以蓖麻油为原料经催化裂解等而合成。缩聚过程和条件与尼龙-66类似,也是先制成尼龙-1010盐再进行缩合。不同之处是尼龙-1010盐不溶于水,属于熔融缩聚。由于尼龙-1010熔点较低(194℃),故缩聚反应可在较低温度(240~250℃)下进行。

(3)尼龙-6　尼龙-6是产量仅次于尼龙-66的第二大聚酰胺品种,商品名为锦纶。工业上由己内酰胺开环聚合而成。该反应的机理因反应条件不同而不同。以水或酸催化时属于逐步开环聚合;以碱催化时属于阴离子开环聚合。

以水或酸催化的逐步聚合反应,其主要条件是:己内酰胺加水(5%~10%),于250~270℃下反应12~24 h。具体历程为:

$$H_2O + O = C\underset{(CH_2)_5}{\overset{\overset{\displaystyle H}{\underset{\displaystyle N}{\diagup\diagdown}}}{\underbrace{}}} \longrightarrow NH_2(CH_2)_5COOH$$

$$—COOH + H_2N— \rightleftharpoons —CONH— + H_2O$$

$$—NH_2 + O = \overset{\overset{\displaystyle H}{\underset{\displaystyle N}{|}}}{C} + (CH_2)_5 \longrightarrow —NHCO(CH_2)_5NH_2$$

由于开环聚合的速率常数比水解缩聚反应的速率常数至少要大 1 个数量级,所以后者只占很小的比例。尼龙 -6 的最终聚合度与达到平衡时的水含量有关,所以聚合反应后期必须脱水。即便如此,聚合物中仍含有 8%~9% 的单体和 3% 的低聚物。聚合结束后,采用热水浸取或真空蒸馏的方法,除去残留的单体和低聚物,然后在 100~120℃、130 Pa 下真空干燥,将水分含量降至 0.1% 以下,以达到熔融纺丝的要求。

尼龙作为一类高强度和高弹性的高分子材料,已被广泛用于纺织纤维。近年来,利用尼龙良好的耐摩擦、耐磨损和易加工性能,制作精密机械零部件,即所谓"铸塑尼龙",可部分代替铜、铝等金属。

2. 芳香族聚酰胺

芳香族聚酰胺由于分子中含有酰胺键和苯环,熔点和强度更高,具有耐高温、高模量、吸水性小、尺寸稳定等优点,成为特种纤维和特种塑料。缺点是加工性能不如脂肪族聚酰胺。芳香族聚酰胺可由二元酸和二元胺缩聚,也可由氨基酸自缩聚而成。有代表性的芳香族聚酰胺有以下几种。

(1)聚己二酰间苯二甲胺(尼龙 MXD6) 其合成方法有两种:一种是直接缩聚,即己二酸与间苯二甲胺直接熔融缩聚;另一种是将两种单体制成盐,在加热加压条件下进行缩聚。反应式如下:

$$n\,H_2NH_2C—\langle \rangle—CH_2NH_2 + n\,HOOC(CH_2)_4COOH \longrightarrow$$

$$\left[HNH_2C—\langle \rangle—CH_2NH—\overset{\overset{\displaystyle O}{\|}}{C} + (CH_2)_4 \overset{\overset{\displaystyle O}{\|}}{C} \right]_n + 2n\,H_2O$$

(2)聚对苯二甲酰对苯二胺(PPD-T) 由对苯二甲酰氯与对苯二胺缩聚而成,其重复单元中含有刚性的苯环和强极性的酰胺键,因此具有高强度、高模量、耐高温性能,广泛用于航天、军事、体育用品等领域。美国 DuPont 公司将其商品名命名为 Kevlar。由于对苯二甲酰氯的反应活性和反应热都很高,故通常在 0~10℃ 的低温条件下采取溶液缩聚法进行合成。反应式如下:

$$n\,ClOC—\langle \rangle—COCl + n\,NH_2—\langle \rangle—NH_2 \longrightarrow Cl\left[\overset{\overset{\displaystyle O}{\|}}{C}—\langle \rangle—\overset{\overset{\displaystyle O}{\|}}{C}—\overset{\displaystyle H}{N}—\langle \rangle—\overset{\displaystyle H}{N} \right]_n H + (2n-1)HCl$$

(3)聚间苯二甲酰间苯二胺(MPIA) 由间苯二甲酰氯和间苯二胺缩聚而成,可以纺成纤维,用于航空航天工业。DuPont 公司将其商品名命名为 Nomex。MPIA 的合成也要采用低温溶液缩聚法,即用二甲基乙酰胺为溶剂,低温下进行缩聚,以 Ca(OH)_2 中和生成的 HCl,得到的聚合原液可直接纺丝。反应式如下:

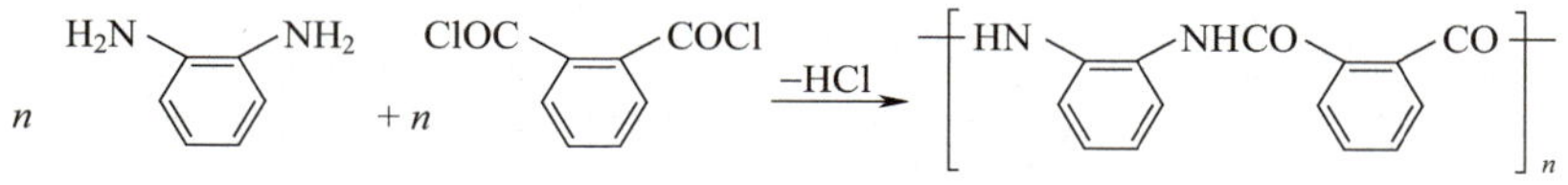

6.9.3 聚碳酸酯

聚碳酸酯（PC）是碳酸的聚酯类，是一种综合性能优良的热塑性工程塑料。目前，商业上应用最广的品种是双酚 A 型聚碳酸酯，在机械制造、汽车、精密仪器等领域应用广泛。由于双酚 A 型聚碳酸酯无毒、透明、耐化学腐蚀，在日常生活中也有广泛应用。其基本结构如下：

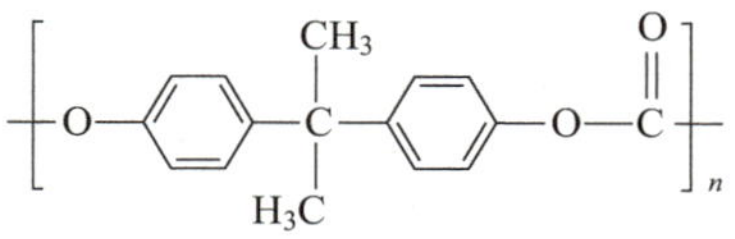

双酚 A 型聚碳酸酯的合成路线有两种：光气法和酯交换法。

1. 光气法

光气属于酰氯，活性高，可以与羟基化合物直接酯化。室温下，以有机胺为催化剂，采用双酚 A 钠盐水溶液与光气的二氯乙烷溶液进行界面聚合，即可生成双酚 A 型聚碳酸酯。反应器内的搅拌应保证有机相中的光气及时地扩散至界面，以供反应。界面缩聚是不可逆反应，并不严格要求两基团数相等，一般光气稍过量，以弥补水解损失。反应方程式如下：

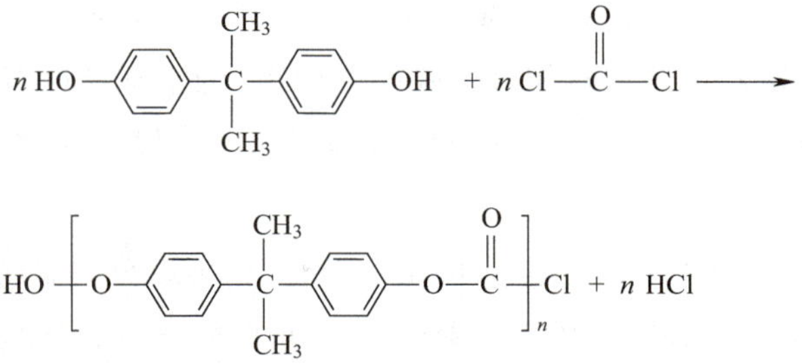

该方法优点是不必控制严格的物质的量配比，加入少量单官能团苯酚进行端基封锁，即可控制产物的分子量。缺点是光气毒性较高，对操作人员身体健康有较大危害。

2. 酯交换法

双酚 A 与碳酸二苯酯熔融缩聚，进行酯交换，反应原理与生产涤纶聚酯的酯交换法相似。聚合反应分两个阶段进行：第一阶段，温度 180~200 ℃，压力 2 700~4 000 Pa，反应 1~3 h，转化率为 80%~90%。第二阶段，290~300 ℃，压力 130 Pa 以下。起始碳酸二苯酯应该过量，经酯交换反应，不断排除苯酚，以提高反应程度和分子量。反应方程式如下：

苯酚沸点高,不容易从高黏熔体当中脱除。与涤纶相比,聚碳酸酯的熔体黏度要高得多,如分子量 3×10^4、300℃时的黏度达 600 Pa·s,对反应设备的搅拌混合和传热有着更高的要求。因此,酯交换法聚碳酸酯的分子量受到了限制,大多不超过 3×10^4。

6.9.4 其他线型逐步聚合反应产物

1. 聚苯醚

聚苯醚(PPO)又称聚苯撑氧,其生成多采用溶液法,以 2,6-二甲基苯酚为单体,以卤化亚铜与二正丁胺的配合物为催化剂,在有机溶剂甲苯中,经氧化偶合反应而成。反应具有逐步聚合特性,分子量随转化率而增加。

将 2,6-二甲基苯酚与甲苯混合,混合物再与溴化亚铜、二正丁胺的甲苯溶液一起加入反应器中,同时通入氧气。于 25℃下反应 2 h,再升温至 230℃,以乙酸酐对羟基聚合物进行封端,得聚苯醚。

聚苯醚是耐高温塑料,可在 190℃下长期使用,其耐热性、耐水解性、力学性能、耐蠕变性都比聚甲醛、聚酰胺、聚碳酸酯、聚砜等工程塑料好,可用来制作耐热机械零部件。聚苯醚与(抗冲)聚苯乙烯是一对相容性好的聚合物;为了降低成本和改善加工性能,两者往往共混(1:1~1:2)使用,也可添加 5% 磷酸三苯酯,提高阻燃性能。

2. 聚砜

聚砜是主链上含有砜基(—SO₂—)的杂链聚合物,可以分为脂肪族和芳香族两类。

脂肪族聚砜可由烯烃和二氧化硫共聚而成。其 T_g 低,热稳定性差,模塑困难,故应用受到一定限制。相对而言,芳香族聚砜,也称作聚芳醚砜或聚芳砜,更为常用。

商业上最常用的聚砜由双酚 A 钠盐和 4,4'-二氯二苯砜经亲核取代反应而成。

苯环的引入可以提高聚合物的刚性、强度和玻璃化温度；处于高氧化态的砜基耐氧，与苯环共振而使砜基热稳定；醚氧键则赋予大分子链以柔性；异亚丙基对柔性也有一定贡献，改善了加工性能。上述诸多结构的综合，才使双酚 A 型聚砜成为高性能的工程塑料。

其制备过程如下：将双酚 A 和氢氧化钠浓溶液配成双酚 A 钠盐，所产生的水分于 160℃ 经二甲苯蒸馏带走。除净水分，防止水解，是获得高分子量聚砜的关键。以二甲基亚砜为溶剂，用惰性气体保护，使双酚 A 钠盐与二氯二苯砜进行亲核取代反应，即成聚砜。

双酚 A 型聚砜为非晶态线型聚合物，玻璃化温度为 195℃，能在 -180~150℃ 下长期使用。耐热性能和力学性能都比聚碳酸酯和聚甲醛好，并有良好的耐氧化性能。

3. 聚芳醚酮

主链由苯环、醚氧和羰基组成的聚芳醚酮也是性能良好的工程塑料。主要包括单醚键的聚醚酮（PEK）和双醚键的聚醚酮（PEEK）。由于聚芳醚酮分子同时具有刚性的苯环和柔性的醚键，因此具有优良的耐高温性能，可在 240~280℃ 下连续使用，在水和有机溶剂中，仍能保持良好性能，并且可以用热塑性工程材料的加工方法进行成型加工。

6.10 体型逐步聚合

体型逐步聚合是指能够形成具有交联网络结构的体型聚合物的逐步聚合。通常，2-2 官能度体系（A—A+B—B）进行缩聚，将形成线型缩聚物；如有 3 或 3 以上官能度单体参与，则将成为体型缩聚物，如合成酚醛树脂的 2-3 体系、合成脲醛树脂的 2-4 体系。

但是，A—B 型 2 官能度单体加少量多官能度（$f>2$）单体进行缩聚，只能形成支链结构，各支链末端均被基团 A 封锁，无法交联。如另加有 B 型单体，就有可能将上述支链大分子交联起来，形成不溶、不熔且有网络结构的交联聚合物，称为热固性聚合物。以 B 型 2 官能度单体和 A 型 3 官能度单体反应为例，反应过程如下：

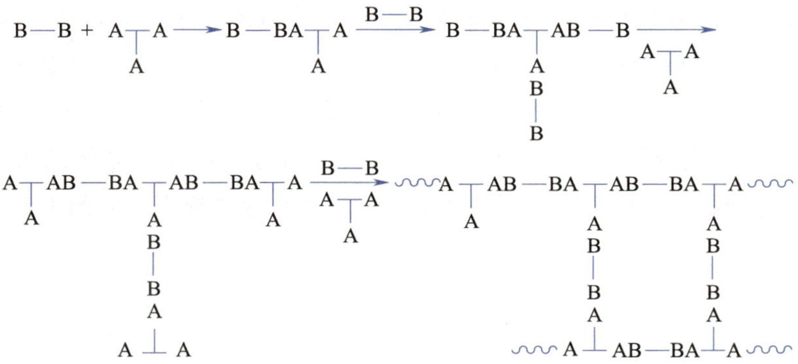

体型逐步聚合进行到一定程度后，体系黏度突增，气泡也难以上升，体系失去流动性，出现了凝胶化现象，这时的反应程度称作凝胶点。凝胶点的定义为开始出现凝胶瞬

间的临界反应程度,以 P_c 表示。

　　凝胶不溶于任何溶剂中,相当于许多线型大分子交联成一整体,其分子量可以看作无穷大。出现凝胶时,交联网络中有许多溶胶,溶胶还可以进一步交联成凝胶。因此在凝胶点以后,交联反应仍在进行,溶胶量不断减少,凝胶量相应增加。凝胶化过程中体系的物理性能发生了显著变化,如凝胶点处黏度突变;充分交联后,刚性增加、尺寸稳定等。

　　热固性聚合物制品则具有更好的力学性能、耐溶剂性能、耐热性和尺寸性能,在许多领域得到广泛应用。其生产过程多分为预聚物制备和成型固化两个阶段。

6.10.1　预聚物的类型

1. 结构预聚物

　　结构预聚物是由 2-2 官能度单体或 2 官能度单体反应制得的,具有确定的活性端基或侧基。预聚物的化学结构比较清楚,多为线型低聚物,加热一般不会进一步聚合或交联,需要外加催化剂或固化剂,采用与预聚阶段不同的化学反应来完成固化。因此,结构预聚物的制备阶段不需要控制凝胶点,但需控制体系的黏度。常见的结构预聚物有聚氨酯、环氧树脂、不饱和聚酯等。

2. 无规预聚物

　　2 官能度单体和多官能度单体进行反应时,达到 P_c 之前通过冷却使聚合停止下来,这样形成的预聚物称为无规预聚物。这类聚合物中的官能团无规分布在分子链上。若反应条件恢复(如再次加热),聚合可继续进行。超过凝胶点后,可转化成交联结构。常见的无规预聚物包括酚醛树脂、脲醛树脂、醇酸树脂等。

　　无规预聚物在制备阶段和交联固化阶段,凝胶点的预测和控制都很重要。如果反应程度超过凝胶点,预聚物将固化在反应釜中而报废。因此,固化阶段需要控制达到凝胶点时间,而控制凝胶点则需要建立反应程度与凝胶点之间的关系。

　　根据反应程度不同,将不同阶段形成的聚合物分别称为 A 阶聚合物($P<P_c$)、B 阶树脂($P \to P_c$)和 C 阶树脂($P>P_c$)。预聚反应需将反应程度控制在 A 阶或 B 阶,固化时,再提高到 C 阶。实际中,常将聚合体系中气泡不能上升时的反应程度记为凝胶点,在凝胶点之前需将反应停下来,但这样不易控制。若能通过原料配比提前预测凝胶点,将有助于凝胶点的控制。可见,凝胶点的预测和计算是体型逐步聚合研究的重点。

6.10.2　凝胶点的预测

1. Carothers 方程预测凝胶点

Carothers 对体型缩聚反应线型阶段做如下两点合理假定:① 在线型阶段每进行一步

反应都必然等量消耗两个不同的官能团,同时伴随着一个同系物分子的消失,即反应的官能团数为减少的同系物分子数的两倍。② 达到凝胶化过程发生的那一刻,聚合物的分子量急速增大直至发生交联,此时将聚合度定义为无穷大。下面分两种情况进行讨论。

（1）反应物官能团等物质的量　这种情况下,Carothers 推导出凝胶点与单体的平均官能度 $\bar{f}$ 之间的关系式。

单体混合物的平均官能度定义为平均每一分子所带的官能团数,则 $\bar{f}$ 可表示为

$$\bar{f}=\frac{\sum N_i f_i}{\sum N_i} \tag{6-30}$$

式中,对于第 i 种单体,其官能度为 f_i,物质的量为 N_i。

设体系中混合单体的起始分子数为 N_0,则起始官能团总数为 $N_0\bar{f}$。假定 t 时刻反应程度为 P,残留单体分子数为 N,由于每一步反应都要消耗两个官能团,同时减少一个分子,故凝胶点以前反应的官能团总数为 $2(N_0-N)$。则反应程度 P 为官能团参与反应部分的分数,可由 t 时刻前参与反应的官能团总数除以起始官能团总数来求得:

$$P=\frac{2(N_0-N)}{N_0\bar{f}} \tag{6-31}$$

将数均聚合度 $\overline{X_n}=N_0/N$ 代入式（6-31）,可得

$$P=\frac{2}{\bar{f}}-\frac{2}{\bar{f}\,\overline{X_n}} \tag{6-32}$$

式（6-32）即 Carothers 方程。凝胶点时,体系的数均聚合度趋近无穷大,则凝胶点的临界反应程度为:

$$P_c=\frac{2}{\bar{f}} \quad (\overline{X_n}\to\infty) \tag{6-33}$$

例如,2 mol 甘油（$f=3$）与 3 mol 邻苯二甲酸酐（$f=2$）的缩聚反应,体系共有 5 mol 单体和 12 mol 官能团,故 $\bar{f}=2.4$,$P_c=2/2.4=0.833$。即当 $P_c=0.833$ 时,就产生凝胶。

在实际实验中测得的 P_c 要小于 0.833,这是因为分子量并不需要无限大就可以产生凝胶化作用,并且凝胶点时还有很多溶胶存在,使得实际测量中的凝胶点往往比 Carother 方程计算的低。

（2）反应物官能团非等物质的量　如果聚合单体的两种官能团的物质的量不相等,则用式（6-30）计算平均官能度不合适。如 1 mol 丙三醇与 5 mol 对苯二甲酸酐进行缩聚,利用上式计算的 $\bar{f}=13/6=2.17$,计算得到的凝胶点 $P_c=2/2.17=0.992$,似乎能产生凝胶。但实际上并不能产生凝胶。原因是苯酐过量太多,如果单体全部反应后,端基都被羧基全部封锁住,不能再反应了。

这种情况下,由于过量的官能团不参加反应,平均官能度需以非过量部分官能团数的 2 倍除以分子总数来求取,再将所得数值代入式（6-33）即可求出 P_c。如 2 mol 苯酐

与 0.6 mol 丙三醇和 1 mol 1，2-丙二醇进行缩聚反应，因总的羧基数（4 mol）多于总羟基数（3.8 mol），能够参加反应的总官能团数为（2×3.8）mol=7.6 mol，总分子数为 3.6 mol，故 $\bar{f}$=7.6/3.6=2.111，P_c=2/2.111=0.947。

平均官能度不仅取决于单体的官能度，与两种单体的相对用量也有关。根据式（6-33）可知，反应存在凝胶点的条件是平均官能度大于 2。若平均官能度小于 2，则 P_c>1，说明即使反应完全，也不会出现凝胶点。

2. Flory 统计法预测凝胶点

Flory 统计法计算凝胶点的基本观念认为，聚合物要产生凝胶，在单体聚合过程中必须有多官能团的支化单元，是否出现凝胶要计算由一个支化单元的一个臂开始，产生另一个支化单元的概率大小。当反应程度接近凝胶点时，则每个连上去的支化单元应至少有一个臂再连接上另一个支化单元，如此下去才能形成分子量无限大的分子。

因此，需要引入支化系数 α 的概念，即大分子链末端支化单元上某一基团产生另一支化单元的概率。

（1）简单情况分析　以三官能团单体 A_f（f=3）为基础，与其他多官能团单体反应。对于 3-3 体系，A 和 B 反应一次，消耗一个基团 B，产生 2 个新的生长点 B，继续反应，就会支化。每一点的临界支化概率 α_c 或凝胶点的临界反应程度 P_c 为 1/2。

$$\text{A}\overline{}\underset{\text{A}}{\big|}\overline{}\text{A} + \text{B}\overline{}\underset{\text{B}}{\big|}\overline{}\text{B} \longrightarrow \text{A}\overline{}\underset{\text{A}}{\big|}\cdot\overline{}\underset{\text{B}}{\big|}\overline{}\text{B}$$

对于 4-4 体系，反应一次，即产生 3 个新的生长点，于是 α_c=P_c=1/3。

对于 A、B 基团数相等的体系，产生凝胶的临界支化系数 α_c 普遍关系为

$$\alpha_c = \frac{1}{f-1} \tag{6-34}$$

对于 3-2 体系，反应一次，消去一个基团 B，只产生 1 个生长点，还不能支化。需要再与 A 反应一次，才能支化。2 次反应的概率为 $P_c^2=\alpha_c$=1/2，因此 $P_c=\alpha_c^{1/2}$=0.707。

$$\text{A}\overline{}\underset{\text{A}}{\big|}\overline{}\text{A}+\text{B}\overline{}\text{B} \longrightarrow \text{A}\overline{}\underset{\text{A}}{\big|}\cdot\overline{}\text{B} \longrightarrow \text{A}\overline{}\underset{\text{A}}{\big|}\cdot\overline{}\cdot\overline{}\underset{\text{A}}{\overset{\text{A}\overline{}\big|}{\big|}}\overline{}\text{A}$$

（2）普遍情况分析　体型缩聚通常采用两种 2 官能度单体（A-A、B-B），另加多官能度单体 A_f（f>2）。基团 A 来自 A-A 和 A_f。这一体系的反应式如下：

$$\text{A-A}+\text{B-B}+A_f \longrightarrow A_{f-1}\text{-A}\cdot[\text{B-B}\cdot\text{A-A}]_n\cdot\text{B-B}\cdot\text{A-}A_{f-1}$$

上式的形成过程如下：端基 A_f 与 B-B 缩合；端基 B 与 A-A 缩合，端基 A 与 B-B 缩合，如此反复 n 次；最后端基 B 与 A_f 缩聚。形成上式的总概率等于各步反应概率的乘积，计算方法如下：

设 P_A 和 P_B 分别为基团 A 和 B 的反应程度，ρ 为支化单元 A_f 中 A 基团数占混合物

中 A 总数的分数,$1-\rho$ 为 A—A 中的 A 基团数占混合物中 A 总数的分数,则基团 B 和支化单元 A_f 反应的概率为 $P_B\rho$,基团 B 与非支化单元 A—A 反应的概率为 $P_B(1-\rho)$。因此形成上述两支化点间的链段总概率为各步反应概率的乘积:$P_A[P_B(1-\rho)P_A]^n P_B\rho$。

对所有 n 值($0\sim+\infty$)进行加和,得

$$\alpha=\sum_{n=0}^{\infty}[P_A P_B(1-\rho)]^n P_A P_B\rho=\frac{P_A P_B\rho}{1-P_A P_B(1-\rho)} \tag{6-35}$$

将两基团数比 $r=P_A/P_B$ 代入式(6-35),得

$$\alpha=\frac{rP_A^2\rho}{1-rP_A^2(1-\rho)}=\frac{P_B\rho}{r-P_B(1-\rho)} \tag{6-36}$$

式(6-36)即为体型缩聚反应支化系数的通式。联立式(6-36)和式(6-33),得

$$P_c=\frac{1}{r^{1/2}[1+\rho(f-2)]^{1/2}} \tag{6-37}$$

式(6-37)即计算体型缩聚凝胶点的通式。下面分情况进行讨论:

当两官能团数相等,即 $r=1$,且 $P_A=P_B=P$,则

$$\alpha=\frac{P^2\rho}{1-P^2(1-\rho)} \tag{6-38}$$

$$P_c=\frac{1}{[1+\rho(f-2)]^{1/2}} \tag{6-39}$$

无 A—A 分子($\rho=1$),但 $r<1$,则

$$\alpha=rP_A^2=\frac{P_B^2}{r} \tag{6-40}$$

$$P_c=\frac{1}{[r+r(f-2)]^{1/2}} \tag{6-41}$$

对于 $2-A_f$ 体系,即无 A—A 分子($\rho=1$),且 $r=1$,则

$$\alpha=P^2 \tag{6-42}$$

$$P_c=\frac{1}{(f-1)^{1/2}} \tag{6-43}$$

如等当量的丙三醇与邻苯二甲酸酐进行缩聚反应($2-A_f$ 体系),根据式(6-43),可得 $P_c=1/(3-1)^{1/2}=0.707$。

通常,Flory 统计法预测的凝胶点比实际凝胶点低,在该凝胶点处停止反应,体型缩聚不会产生凝胶,因此便于控制。而 Carothers 方程计算的凝胶点比实际值高,说明在该凝胶点已经发生了凝胶化,这是实际工业生产所不希望的。因此,预聚物固化时,应控制反应程度超过 Carothers 方程计算的凝胶点,以形成热固性树脂。

6.10.3 凝胶点的测定

多官能团体系缩聚至某一反应程度,黏度急增,难以流动,气泡也无法上升,这时的临界反应程度就定为凝胶点。

一缩二乙二醇和丁二酸与 1,2,3- 己三酸(f=3)缩聚时,数均聚合度($\overline{X}_n$)、反应程度 P 和体系黏度(η)随反应时间的变化曲线,见图 6-7。

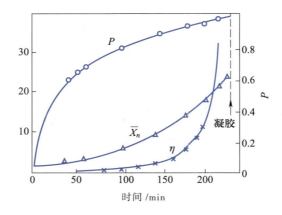

图 6-7　一缩二乙二醇、丁二酸、己三酸缩聚时反应程度、体系黏度及数均聚合度随时间的变化关系

由图 6-7 可见,随着反应程度的增大,数均聚合度和黏度都在不断增大。达到凝胶点时,数均聚合度和黏度均快速提高,且黏度增大更快。因此,体系黏度的快速增加是判断凝胶点的一个标准。

6.11　重要的体型逐步聚合产品

6.11.1 聚氨酯

聚氨酯(PU)是主链带有—NH—COO—特征基团的杂链聚合物,全名为聚氨基甲酸酯,是氨基甲酸(NH_2COOH)的酯类或碳酸酯 – 酰胺衍生物。

聚氨酯可以是线型或体型,其制品隔热、耐油,应用广泛。可制备胶黏剂、涂料、纤维、弹性体、软硬泡沫塑料、人造革、防水材料等,其产量在逐步聚合物中已上升为首位。已商品化的多异氰酸酯有 2,4- 甲苯二异氰酸酯(2,4-TDI)或 2,6- 甲苯二异氰酸酯(2,6-TDI)、甲苯二异氰酸酯(TDI)、六亚甲基二异氰酸酯(MDI)等。

合成聚氨酯最常用的方法是由多异氰酸酯和多元醇经逐步加成聚合反应而制得,无副产物。异氰酸酯为芳香型或脂肪型二异氰酸酯,构成聚氨酯的硬段;二元醇是端羟基聚酯或聚醚低聚物,构成聚氨酯的软段。通过不同类型二元醇与二异氰酸酯反应,可以得到不同软硬段结构的聚氨酯,具体方法见**二维码 6–5**。

聚氨酯弹性体分子中无双键,热稳定性好,耐老化,并具有强度高、电绝缘、难燃、耐磨的优点,但不耐碱。

聚氨酯纤维是在惰性气体保护下,将二异氰酸酯加入乙二醇中缓慢升温至 200℃ 反应而成。该反应是放热反应,必须及时排出反应放出的热量。商品化的聚氨酯纤维因具有可膨胀性而成为独一无二的弹性材料。

聚氨酯可用来制备泡沫塑料。软泡沫塑料通常先由聚醚二醇或聚酯二醇与二异氰酸酯反应生成异氰酸封端的预聚物,加水,形成脲基团并使分子量增加,同时释放 CO_2,发泡。硬泡沫塑料则由多羟基预聚物制成。侧羟基与二异氰酸酯反应,发生交联变硬。侧基越多,交联密度越大,泡沫越硬。

6–5 合成聚氨酯最常用的方法

6.11.2 酚醛树脂

酚醛树脂是苯酚和甲醛加成缩聚而成的聚合物,是世界上最早研制成功并商品化的合成树脂,目前在热固性聚合物中仍占有一定地位,主要用作模制品、层压板、胶黏剂和涂料。

根据催化剂的不同,将酚醛树脂的合成分为两种类型:一是碱催化且醛过量,形成酚醇无规预聚物,即 resoles,继续加热可直接交联固化得热固性酚醛树脂;二是酸催化且酚过量,得到线型或支化结构热塑性酚醛树脂,即 novolacs,其本身难以固化,需另加固化剂交联。

1. 碱催化酚醛预聚物(resoles)

当氨、碳酸钠、氢氧化钠、氢氧化钡、六次甲基四胺等碱性物质存在时,苯酚处于共振稳定的阴离子状态。其邻、对位阴离子与过量甲醛进行多次亲核加成,生成一元和多元羟甲基酚:

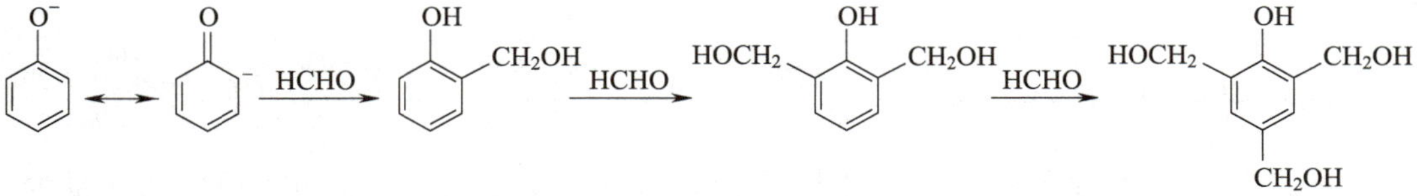

各种碱性催化剂中,氢氧化钠效果最好,用量可小于 1%,但反应结束后需用酸中和,生成的盐会影响树脂的电性能。氨水性质温和,可通过树脂脱水去除,树脂电性能较好。而有机胺催化制得树脂的分子量较小。

反应中甲醛过量,甲醛与苯酚物质的量之比为(1.2~3.0):1。

将苯酚、40% 甲醛水溶液、氢氧化钠或氨（苯酚量的 1%）等混合，于 80~95 ℃回流 3 h，即可得到预聚物。延长时间，将交联固化。为防止凝胶化，反应进行到一定程度时，中和成微酸性，使聚合暂停，并减压脱水，冷却，得酚醛预聚物。

碱催化酚醛树脂，常分成三个阶段。第一阶段预聚物可溶、可熔且流动性能良好，反应程度 P 小于凝胶点 P_c。进一步缩聚成第二阶段，黏度有所提高，分子量为 500~5 000，溶解性略差，但仍能熔融塑化加工。此阶段预聚物继续受热，则交联固化，即成第三阶段 $P>P_c$。交联固化后，就不再溶解和熔融。

在碱性和较高温度下交联时，在两苯环之间形成亚甲基桥结构。在中性、酸性和较低温度条件下，形成二苄基醚键。交联和预聚物合成的化学反应相同，苯环间通过亚甲基桥或醚桥形成网状结构。

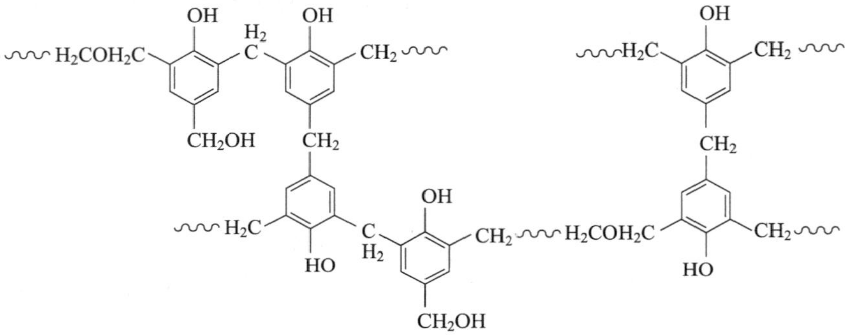

碱性酚醛预聚物溶液多在工厂内使用，如与木粉混匀，铺在饰面板上，经压机热压制合成板。也可将浸有树脂溶液的纸张热压成层压板。热压时，交联固化的同时，还要蒸出水分。

2. 酸催化酚醛预聚物（novolacs）

在强酸如盐酸、硫酸、磷酸、草酸等催化下，苯酚和甲醛缩聚反应生成线型酚醛树脂预聚物。草酸腐蚀性较小，优先选用。与碱催化条件不同，酸催化通常在苯酚过量的条件下（甲醛和苯酚摩尔比（0.75~0.85）∶1），回流 2~4 h，即可生成线型热塑性的结构预聚物。反应机理为芳环的亲电取代反应：

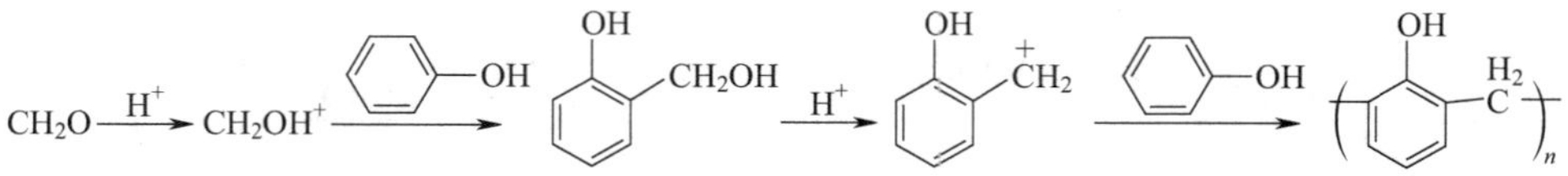

酸催化的酚醛树脂与碱催化相比，聚合物链含醚桥结构较少。由于甲醛加入量少，预聚物分子量较低，230~1 000。树脂结构中无羟甲基，即使再加热，也不会发生交联固化，因此可称为热塑性酚醛树脂。若需交联固化，必须外加固化剂，如多聚甲醛或六亚甲基四胺（乌洛托品），加热、加压条件下分解释放出甲醛才可以。

novolacs 的生产过程大致如下：将熔融状态的苯酚（如 65 ℃）加入反应釜内，加热到

95℃,先后加入草酸(苯酚的 1%~2%)和甲醛水溶液,回流 2~4 h,甲醛即可耗尽。酚醛树脂从水中沉析出来,先常压、后减压蒸出水分和未反应的苯酚。测定产物熔点或黏度,以确定反应终点。然后冷却,粉碎,即成酚醛树脂粉末。

酚醛树脂粉末再与木粉填料、六亚甲基四胺交联固化剂、其他助剂等混合,即成模塑粉。模塑粉受热成型时,六亚甲基四胺分解,提供交联所需的亚甲基,其作用与甲醛相当。同时产生的氨,部分可能与酚醛树脂结合,形成苄胺桥连接的网络结构。

6-6 酚醛树脂简介

6.11.3 环氧树脂

环氧树脂是分子中含有两个或两个以上环氧基并在适当条件下能够形成交联网络结构的聚合物。常用的环氧树脂由双酚 A 和环氧氯丙烷在 50~90℃下碱催化反应合成。

环氧树脂的合成过程如下:

HO—⬡—C(CH₃)(H₃C)—⬡—OH + H₂C(O)CH—C(H₂)—Cl —开环→
双酚A   环氧氯丙烷

HO—⬡—C(CH₃)(H₃C)—⬡—O—CH₂CH(OH)CH₂Cl —闭环→

HO—⬡—C(CH₃)(H₃C)—⬡—O—C(H₂)—CH—C(H₂)(O) —双酚A→ ……

H₂C(O)CH—C(H₂)—O—⬡—C(CH₃)(H₃C)—⬡—O—C(H₂)—CH(OH)—C(H₂)—[O—⬡—C(CH₃)(H₃C)—⬡—O—C(H₂)—CH(HO)—C(H₂)]ₙ—O—⬡—C(CH₃)(H₃C)—⬡—O—C(H₂)—CH—CH₂(O)

聚合反应的每一步都依次交替进行开环和闭环两个过程。开环反应的实质是苯酚羟基氢原子转移到环氧基氧原子上,而闭环反应的实质是在碱性条件下,羟基活泼氢原子与氯原子生成氯化氢而后被消去的过程。其分子量可由环氧氯丙烷的量来调节。

常以环氧值来表示环氧树脂分子量的大小。所谓环氧值是指 100 g 树脂中含有环氧基的量。

环氧树脂结构比较明确,属于结构预聚物。黏接力强,耐腐蚀、耐溶剂、耐热、电性能好,广泛用于胶黏剂、涂料、复合材料等,应用时,需经交联和固化。环氧树脂分子中的环氢端基和侧羟基都可以成为交联的基团,胺类和酸酐是常用的交联剂或催化剂。

1. 多元胺类

乙二胺、二亚乙基三胺、三亚乙基四胺、4,4′-二氨基二苯甲烷和多元胺的酰胺,均可作为环氧树脂固化剂。伯胺比仲胺活性高。多元胺的氨基含有活泼氢,可使环氧基直接开环交联,属于室温固化催化剂。伯胺的—NH_2 中有 2 个活性氢,可按化学计量来估算其用量。

$$H_2C-\overset{H}{\underset{O}{C}}-\overset{H_2}{C}\sim + H_2NRNH_2 \longrightarrow \sim\left[CH_2\underset{HO}{CH}CH_2\right]_2 NRN\left[CH_2\underset{HO}{CH}CH_2\right]_2\sim$$

2. 叔胺类

叔胺虽无活性氢,但对环氧基的开环却有催化作用,因此也可用作环氧树脂固化的催化剂,但其用量无法定量计算,固化温度也稍高,通常在 60~80℃。

3. 酸酐类

酸酐(如邻苯二甲酸酐和马来酸酐)也可作为环氧树脂的交联剂。其固化机理有两种:一是酸酐与侧羟基直接酯化而交联;二是酸酐与羟基先形成半酯,半酯上的羧酸再使环氧基开环。酸酐作交联剂时,也可定量计算。但活性较低,需在较高温度,如 150~160℃下固化。常用的酸酐有邻苯二甲酸酐、马来酸酐、四氢或六氢邻苯二甲酸酐等。

6.11.4 不饱和聚酯

不饱和聚酯是由二元醇与二元酸或酸酐缩聚而成的线型聚酯。常见的二元醇有乙二醇、丙二醇、一缩二乙二醇、一缩二丙二醇等;二元酸有饱和二元酸如己二酸、间苯二酸等,不饱和二元酸如顺丁烯二酸(酐)和反丁烯二酸、丙烯酸、甲基丙烯酸等。

不饱和聚酯主要有三种类型:(1)通用型邻苯二甲酸树脂,由邻苯二甲酸酐、马来酸酐和二元醇反应得到;(2)间苯二甲酸树脂,由间苯二甲酸、马来酸酐和二元醇反应得到;(3)双环戊二烯树脂,即以双环戊二烯封端的树脂。

工业上不饱和聚酯的合成通常在反应釜中进行,常用的聚合方法是熔融聚合法。也可采用一些改进的聚合方法,如溶剂共沸脱水法、减压法等。

不饱和聚酯经纤维增强后可作为结构材料,具有良好的抗高温软化和形变性,抗腐蚀性、耐强度性、耐候性及优良的电性能,在船舶、车辆、建筑等领域均有广泛应用。

6.11.5　聚硅氧烷

聚硅氧烷俗称有机硅,是以硅氧键为主链的一类聚合物。合成聚硅氧烷的原料主要是氯硅烷,包括三甲基氯硅烷、二甲基二氯硅烷、甲基三氯硅烷及四氯化硅。氯硅烷分子中的甲基可被乙基、苯基、氯苯基、三氟丙基、乙烯基等取代,用以制备不同官能团的聚硅氧烷。

氯硅烷分子中 Si—Cl 键不稳定,易水解为羟基硅烷,羟基硅烷继续缩聚形成聚硅氧烷:

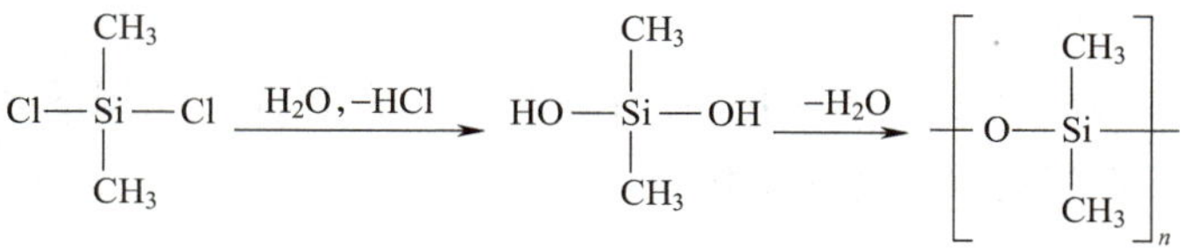

由该反应制得的聚硅氧烷分子量较低,而碱性条件下水解可制得分子量较高的线型聚硅氧烷。

酸性条件下水解易形成分子量较低的线型聚硅氧烷或环状低聚物,如八元环的八甲基环四硅氧烷和六元环的六甲基环三硅氧烷。环状低聚物经分离提纯后,通过开环聚合,可制得超高分子量的聚硅氧烷,分子量可达 2×10^6,进一步交联可制得硅橡胶。

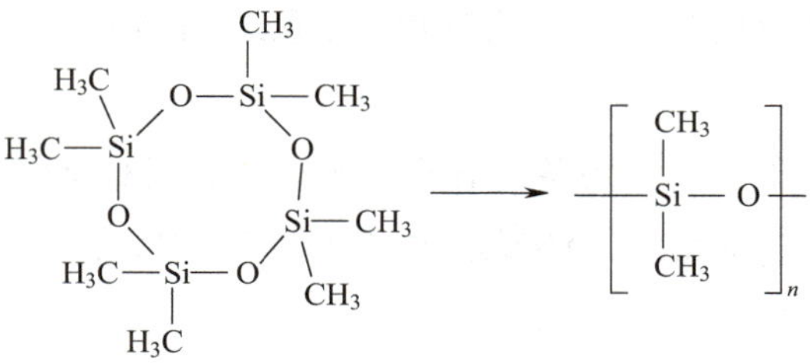

由于 Si—O 键键能较高(约 450 kJ/mol),且可以内旋转,故聚硅氧烷是最柔顺的一种高分子链,可在很宽温度范围内保持柔性和高弹性。另外,其分子对称,极性相互抵消,故材料具有很低的表面张力。聚硅氧烷还具有良好的透明性、耐热性、耐低温、耐候性、疏水性等。其工业产品主要有硅油、硅树脂和硅橡胶等。

6.12　高度支化聚合物

逐步聚合反应体系单体组成是 $AB + A_f (f \geqslant 3)$, AB_f 或 $AB_f + AB (f \geqslant 2)$ 时,不论反应程度如何,都只能得到支化聚合物。

1. $AB + A_f (f \geqslant 3)$

该体系聚合产物末端均为 A 官能团,不能再与 A_f 单体反应,只能与 AB 单体反应,故每个大分子只含有一个 A_f 结构单元,其所有链末端都为 A 官能团,不能进一步反应得到交联结构的聚合物,分别得到三臂和四臂星型聚合物:

AB〜〜〜AB—A—┬—A—BA〜〜〜BA
　　　　　　　│
　　　　　　　A
　　　　　　　│
　　　　　　BA〜〜〜BA
　　　　AB + A₃

　　　　　　　BA〜〜〜BA
　　　　　　　│
　　　　　　　A
　　　　　　　│
AB〜〜〜AB—A—┼—A—BA〜〜〜BA
　　　　　　　│
　　　　　　BA〜〜〜BA
　　　　AB + A₄

2. AB_f 或 AB_f+AB ($f\geqslant 2$)

AB_f 型单体聚合后生成高度支化、含有多个末端带有 B 官能团的超支化聚合物,如 AB_2 型单体聚合后得到的聚合物的结构为:

AB_f+AB 与 AB_f 形成的聚合物结构类似,只是在 AB_f 结构单元之间插入一些 AB 结构单元。

以上单体类型得到的聚合物通常具有不规则结构。当超支化聚合物分子中所有支化点官能度都相同,且所有支化点的链段长度都相同时,称为树状大分子。树状大分子和超支化聚合物都属于高度支化聚合物。

6.12.1 树状大分子

树状大分子具有中空外紧的球形结构,分子外层含有多个表面官能团,具有高度对称的结构,如图 6-8 所示。

树状大分子结构单元每重复增长一次,得到产物的代数(G 值)就增加 1。通常 G 值在 1~10,分子链可达数千至数百万。其合成方法主要有发散法和收敛法。

1. 发散法

发散法是从树状大分子的中心点出发向外扩展的合成方法。首先将含有 3 个以上官能团

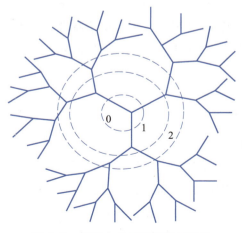

图 6-8　树状大分子的结构示意图

的中心核分子与含有 3 个以上官能团的单体反应。该单体的其中一个官能团是反应基，其他官能团都被保护。得到的分子脱去保护基变成多官能团的分子。然后，再与单体反应，反复进行，直至得到所需大小的树状大分子。如丙烯酸酯与氨（和乙二胺）的反应，首先发生 Michael 加成，然后过量的乙二胺与酯进行交换得到酰胺。不断交替进行 Michael 加成和酰胺化反应，即可得到聚酰胺 - 胺树状大分子。

2. 收敛法

收敛法与发散法合成的顺序相反，是从所需合成的树状大分子的最外层结构部分开始逐步向内合成。首先，用含有两个以上的反应官能团 B 和一个被保护基团 W 的单体，与小分子 R–A 反应，得到的分子脱去保护基，使被保护基团变成反应基团 A；再与单体反应得到第一代分子。不断重复，可得到所需大小的树状大分子。

6.12.2 超支化聚合物

超支化聚合物在分子结构及宏观性能（溶解性、流动性等）方面与树状大分子相似，而合成方法上不需要追求完美的结构，不需要经过多步合成及纯化，因而可以极大地降低成本，具有大规模工业化前景。

超支化聚合物与线型聚合物相比，黏度较低，难以结晶，也无链缠绕，因此溶解性较高；端基对聚合物的热性能和溶解性影响较大，端基的反应活性高于线型聚合物的端基。超支化聚合物可用作低 VOC 涂料、多官能度交联剂、功能载体材料、流变改性剂等。

6-7　第 6 章课程思政任务单　　　　6-8　第 6 章思维导图

思考题

1. 简述逐步聚合和缩聚、缩合和缩聚、线型缩聚和体型缩聚、自缩聚和共缩聚的关系和区别。

2. 己二酸与乙醇、乙二醇、甘油、苯胺、己二胺这几种化合物反应，哪些能形成聚合物？

3. 简述线型缩聚的逐步机理，以及转化率和反应程度的关系。

4. 简单评述官能团的等活性概念（分子大小对反应活性的影响）的适用性和局限性。

5．在平衡缩聚条件下，聚合度与平衡常数、副产物残留量之间有何关系？

6．影响线型缩聚物聚合度的因素有哪些？两单体非等化学计量，如何控制聚合度？

6-9　第6章
思考题参考
答案

7．能够进行体型缩聚的基本条件是什么？体型缩聚的平均官能度如何计算？

8．聚酯化和聚酰胺化的平衡常数有何差别，对缩聚条件有何要求？

9．简述聚芳砜的合成原理。

习题

1．在高分子化学中有多处用到了"等活性"理论，请举出三处并给予简要说明。

2．名词解释

（1）反应程度与转化率

（2）平衡逐步聚合与不平衡逐步聚合

（3）线型逐步聚合与体型逐步聚合

（4）均缩聚、混缩聚与共缩聚

（5）官能团与官能度

（6）当量系数与过量分数

（7）热塑性树脂与热固性树脂

（8）结构预聚物与无规预聚物

（9）无规预聚物与无规立构聚合物

（10）凝胶点与凝胶效应

3．用"结构特征命名法"命名大分子链中含有下列特征基团的聚合物，并各写出一例聚合反应式。

（1）—O—　　　　　　　　　　（2）—OCO—

（3）—NH—CO—　　　　　　　（4）—NH—O—CO—

（5）—NH—CO—NH—

4．为什么在缩聚反应中不用转化率而用反应程度描述反应过程？

5．讨论下列物质缩聚反应成环的可能性（$m=3\sim8$），哪些因素决定环化或线型聚合是主要反应？若反应以线型聚合为主，影响聚合物分子量的因素有哪些？

（1）HN—（CH$_2$）$_m$—COOH

（2）HO—（CH$_2$）$_7$—OH+ HOOC—（CH$_2$）$_m$—COOH

6. 166℃下乙二醇与己二酸缩聚，测得不同时间下的羧基反应程度如下所示。

时间/min	12	37	88	170	270	398	596	900	1 371
羧基反应程度	0.247 0	0.497 5	0.686 5	0.789 4	0.850 0	0.883 7	0.908 4	0.927 3	0.940 6

（1）求对羧基浓度的反应级数，判断属于自催化还是酸催化。

（2）已知 [OH]$_0$ = [COOH]$_0$，[COOH] 浓度以（mol·kg^{-1} 反应物）计，求出速率常数。

7. 合成下列无规或嵌段共聚物：

（1）

（2）

8. 等摩尔二元酸与二元胺缩聚，平衡常数为 1 000，在封闭体系中反应，问反应程度和聚合度能达到多少？ 如果羧基起始浓度为 4 mol/L，要使聚合度达到 200，需将 [H$_2$O] 降低到什么程度？

9. 由己二胺和己二酸合成数均分子量为 15 000 的聚酰胺，反应程度为 0.995，计算两单体的原料比。产物的端基是什么，各占多少？ 如需合成数均分子量为 19 000 的聚合物，其单体原料比和端基比又是多少？

10. 1 mol 二元酸与 1 mol 二元醇缩聚，另加 0.015 mol 乙酸调节分子量。P 为 0.995 和 0.999 时，聚酯的聚合度各为多少？ 若加入的是 0.01 mol 乙酸，其结果如何？ 若加入的是 0.015 mol 均苯三酸，结果又会如何？

11. 等物质的量的乙二醇和对苯二甲酸在 280℃下封管内进行缩聚，平衡常数 K=4，求最终聚合度。另在排除副产物水的条件下缩聚欲得聚合度为 100 的产物，问体系中残留水分有多少？

12. 影响线型缩聚物聚合度的因素有哪些？ 其关系如何？

13. 分别按 Carothers 法和统计法计算下列聚合体系的凝胶点：

（1）邻苯二甲酸酐:甘油 =3.0:2.0（摩尔比）

（2）邻苯二甲酸酐:甘油 =1.50:0.98（摩尔比）

（3）邻苯二甲酸酐:甘油 =4.0:1.0（摩尔比）

（4）邻苯二甲酸酐:甘油:乙二醇 =1.50:0.99:0.002（摩尔比）

6-10   第 6 章
习题参考答案

14. 邻苯二甲酸酐与季戊四醇官能团等物质的量进行缩聚，试求：

（1）平均官能度

（2）按 Carothers 法求凝胶点

（3）按统计法求凝胶点

6-11   拓展知识：直接熔融缩聚
法改性聚乳酸研究进展   林建云

6-12   拓展知识：逐步增长聚合的
研究进展   熊金锋

第 7 章
聚合方法

学 习 导 航

知识目标

（1）掌握本体聚合、溶液聚合、悬浮聚合、乳液聚合的体系组成、特点及应用

（2）掌握经典乳液聚合的机理，了解其动力学

能力目标

（1）掌握课程学习的基本方法，培养学生独立、自主的学习能力

（2）通过教学调动学生积极性、主动性，培养其利用课堂教学中的理论解决实际问题的能力，培养其探求知识的思维能力和思维习惯，培养其善于分析、归纳总结、迁移及知识应用的能力

（3）提高学生的认知能力，培养学生的创新能力

思政目标

（1）通过聚合方法的理论学习与聚合物生产实际的典型案例相结合的方式，启发学生根据理论（聚合过程）联系实际（生产工艺），由此引导学生对理论与实践相互结合的重视，使学生把学过的马克思主义基本原理用于生产实践中，提升对复杂工程问题的处理能力，形成学习和工作中行之有效的分析方法

（2）以我国在聚合物工业领域所取得的突破为榜样，获得对我国民族工业的认同感，并以此为基础树立推动民族工业发展的信心。我国聚合工业所取得的前沿技术的突破，如我国在单体原料生产以及聚丙烯、顺丁橡胶、丁苯橡胶等聚合物工业产品生产中所取得的自主生产技术，既凝聚民族情怀，又能树立自信心，使学生做到"知行合一"，将知识转化为自身的社会责任，形成创新驱动发展的正能量

7.1 引　　言

聚合反应需要通过一定的过程（聚合方法）来实施。从聚合物的合成看，第一步是化学合成路线的研究，主要是聚合反应机理、反应条件（如引发剂、溶剂、温度、压力、反应时间等）的研究；第二步是聚合工艺条件的研究，主要是聚合方法、原料精制、产物分离及后处理等研究。聚合反应的实施方法的选择与聚合反应工程密切相关，与聚合反应机理亦有很大联系。聚合反应的实施方法是为完成聚合反应而确定的，聚合机理不同所采用的实施方法也不同。相同的反应机理在不同的实施方法中也有不同的表现，因此单体和聚合反应机理相同但采用不同实施方法所得产物的分子结构、分子量及其分布等往往会有很大差别。为满足不同的制品性能要求，工业上一种单体采用多种聚合方法十分常见。如同样是苯乙烯的自由基聚合，用挤塑或注塑成型的通用型聚苯乙烯（GPS）多采用本体聚合，可发型聚苯乙烯（EPS）主要采用悬浮聚合，而高抗冲聚苯乙烯（HIPS）则是溶液聚合 – 本体聚合的联用。

传统自由基聚合可采用本体聚合、溶液聚合、悬浮聚合和乳液聚合方法。逐步聚合多采用熔融聚合、溶液聚合和界面聚合。离子聚合则由于活性中心对杂质的敏感而多采用溶液聚合、淤浆聚合和气相聚合。

本体聚合是单体加有（或不加）少量引发剂的聚合，可以包括熔融聚合和气相聚合。溶液聚合则是单体和引发剂溶于适当溶剂中的聚合，可以包括淤浆聚合，溶剂可以是有机溶剂或水。悬浮聚合一般是单体以液滴状悬浮在水中的聚合，体系主要由单体、水、油溶性引发剂、分散剂四部分组成，反应机理与本体聚合相同。乳液聚合则是单体在水中分散成乳液状的聚合，一般体系由单体、水、水溶性引发剂、水溶性乳化剂组成，机理独特。

应该关注聚合体系的初始状态和聚合过程中的相态变化。初始状态，本体聚合和溶液聚合多属于均相体系，而悬浮聚合和乳液聚合则属于非均相体系。聚苯乙烯、聚甲基丙烯酸甲酯与其单体完全互溶，因此在本体聚合全过程中始终保持均相，悬浮聚合中单体液滴转变成透明的聚合物珠粒，仍保持为均相。而聚氯乙烯、聚丙烯腈却不溶于其单体，在本体聚合、悬浮聚合过程中都将从单体中沉淀析出，呈不透明粉状，成为沉淀聚合。溶液聚合中的溶剂一般都能溶解单体，如不溶解聚合物，也成为沉淀聚合。气相聚合与沉淀聚合有点类似。乳液聚合在微小的胶束或胶粒内进行，根据胶粒中聚合物 – 单体的相溶性，虽也有均相和沉淀的情况，但实际上并不再细分。非均相聚合的反应本身和传递特性都要复杂得多。

7.2 本 体 聚 合

7-1 本体
聚合

7.2.1 体系组成

本体聚合（bulk polymerization；mass polymerization）是体系仅由单体和少量引发剂组成、产物纯净、后处理简单的聚合反应。液态、气态、固态单体都可以进行本体聚合。本体聚合分为均相聚合与非均相聚合两类。生成的聚合物能溶于各自的单体中，为均相聚合，如苯乙烯、甲基丙烯酸甲酯等；生成的聚合物不溶于它们的单体，在聚合过程中不断析出，为非均相聚合，又叫沉淀聚合，如乙烯、氯乙烯等。本体聚合的引发剂多为油溶性引发剂，油溶性引发剂主要有偶氮引发剂和过氧类引发剂，偶氮类引发剂有偶氮二异丁腈、偶氮二异庚腈、偶氮二异戊腈、偶氮二环己基甲腈、偶氮二异丁酸二甲酯引发剂等。相对于过氧类引发剂，偶氮引发剂反应更加稳定。

7.2.2 特点

本体聚合的优点是产物纯净，后处理简单，是比较经济的聚合方法。产品纯度高，有利于制备透明和电性能好的产品，可直接进行浇铸成型或挤出造粒。不需要产物与介质分离及介质回收等后续处理工艺操作。反应器有效反应容积大，利用率高，操作简单，生产能力大，易于连续化，生产成本低。

工业上本体聚合可采用间歇法和连续法，关键问题是聚合热的排除。烯类单体的聚合热为 55~95 kJ/mol，由于体系黏度随着聚合不断增加，混合和传热困难，有时还会出现聚合速率自动加速现象，如果控制不当，将引起爆聚；产物分子量分布宽，未反应的单体难以除尽，制品机械性能变差等。这一缺点曾一度使本体聚合的发展受到限制，可通过以下方法进行改进：① 为了改进产品性能或成型加工的需要而加入有特定功能的添加剂，如增塑剂、抗氧剂、内润滑剂、紫外线吸收剂及颜料等；② 为了调节反应速率，适当降低反应温度而加入一定量的专用引发剂；为了降低体系黏度改善流动性，加入少量内润滑剂或溶剂；③ 采用较低的反应温度，较低的引发剂浓度进行聚合，使放热缓和；④ 在反应进行到一定转化率而此时反应黏度还不算太高时，就分离出聚合物；⑤ 分段聚合，将聚合过程分为几个阶段，控制转化率，自动加速效应，使反应热分成几个阶段放出；⑥ 改进反应器内的流体输送方法，完善搅拌器和传热系统，以利于聚合设备的传热，研究开发专用特型设备等；⑦ 采用气相本体聚合方法，研制出专用高效催化剂，大大降低了操作压力，并且解决了相关的工程设备问题，使得这一技术得到广泛使用；⑧ 采用"冷凝法"进料及"超冷凝法"进料,利用液化了的原料在较低温度下进入反应器,直接同反应器内的热物料换热。

7.2.3　应用

　　本体聚合更适用于实验室研究,如单体聚合能力的初步评价、少量聚合物的试制、动力学研究、竞聚率测定等,所用的仪器有简单的试管、封管、膨胀计、特制模板等。

　　本体聚合法常用于聚甲基丙烯酸甲酯(俗称有机玻璃)、聚苯乙烯、低密度聚乙烯、聚丙烯、聚酯和聚酰胺等树脂的生产。本体聚合流程针对本体聚合法聚合热难以散发的问题,工业生产上多采用两段聚合工艺。第一阶段为预聚合,可在较低温度下进行,转化率控制在 10%~30%,一般在自加速以前,这时体系黏度较低,散热容易,聚合可以在较大的釜内进行。第二阶段继续进行聚合,在薄层或板状反应器中进行或者采用分段聚合,逐步升温,提高转化率。本体聚合的后处理主要是排除残存在聚合物中的单体。常采用的方法是将熔融的聚合物在真空中脱除单体和易挥发物,所用设备为螺杆或真空脱气机。也有用泡沫脱气法,将聚合物在压力下加热使之熔融,然后突然减压使聚合物呈泡沫状,有利于单体的逸出。

　　例如,用 BPO(benzoyl peroxide,过氧化苯甲酰)或 AIBN(2,2-azodiisobutyronitrile,偶氮二异丁腈)引发甲基丙烯酸甲酯本体聚合反应,第一段预聚,转化率 10% 左右的黏稠浆液,浇模、升温聚合,高温后处理,脱模成材,制备的聚甲基丙烯酸甲酯光学性能优于无机玻璃,可用作航空玻璃、光导纤维、标牌等。采用 Ziegler-Natta 催化剂催化丙烯本体聚合,转化率 40% 出料,投资成本要比淤浆聚合法降低 40%~50%。用 BPO 或热引发引发苯乙烯本体聚合,制备的聚苯乙烯电绝缘性好、透明、易染色、易加工。用过氧化乙酰基磺酸引发氯乙烯本体聚合,制备的聚氯乙烯具有悬浮树脂的疏松特性,且无皮膜、较纯净。在微量氧存在下,高压、高温条件下引发乙烯气相本体聚合,制备的聚乙烯具有支链多、密度低和结晶度低的特点。

7-2　溶液聚合

7.3　溶 液 聚 合

7.3.1　体系组成

　　溶液聚合(solution polymerization)是指将单体溶于适当溶剂中并加入引发剂(或催化剂)在溶液状态下进行的聚合反应。溶剂一般为有机溶剂,也可以是水,视单体、引发剂(或催化剂)和生成聚合物的性质而定。如果形成的聚合物溶于溶剂,则聚合反应为均相反应,这是典型的溶液聚合;如果形成的聚合物不溶于溶剂,则聚合反应为非均相反应,称为沉淀聚合或淤浆聚合。

体系主要由单体、溶剂和引发剂或催化剂组成。油溶性引发剂主要有偶氮类引发剂和过氧类引发剂,偶氮类引发剂有偶氮二异丁腈、偶氮二异庚腈、偶氮二异戊腈、偶氮二环己基甲腈、偶氮二异丁酸二甲酯引发剂等,水溶性引发剂主要有过硫酸盐、氧化还原引发体系、偶氮二异丁脒盐酸盐(V-50引发剂)、偶氮二异丁咪唑啉盐酸盐(VA-044引发剂)、偶氮二异丁咪唑啉(VA061引发剂)、偶氮二氰基戊酸引发剂等。

7.3.2　特点

溶液聚合的优点是:① 与本体聚合相比,溶剂可作为传热介质使体系传热较易,温度容易控制;② 体系黏度较低,减少凝胶效应,可以避免局部过热;③ 易于调节产品的分子量和分子量分布。

溶液聚合的缺点是:① 单体浓度较低,聚合速率较慢,设备生产能力和利用率较低;② 单体浓度低和向溶剂链转移的结果,使聚合物分子量较低;③ 使用有机溶剂时增加成本、污染环境;④ 溶剂分离回收费用较高,除尽聚合物中残留溶剂困难。

7.3.3　应用

溶液聚合是高分子合成过程中一种重要的合成方法,在工业上只有采用其他聚合方法有困难或直接使用聚合物溶液时才采用溶液聚合。在工业上直接使用聚合物溶液的场合见表7-1,如涂料、胶黏剂、合成纤维纺丝液等。

表7-1　溶液聚合的工业应用

聚合物	溶剂	体系特征和产品用途
聚醋酸乙烯酯	甲醇	产物醇解后得聚乙烯醇,做纤维或胶黏剂
丙烯腈共聚物	N,N-二甲基甲酰胺或硫氰化钠水溶液	均相黏液、纺丝液,做腈纶纤维
聚丙烯酰胺	水	均相溶液,做涂料、钻井泥浆、胶黏剂
聚丙烯酸酯类	乙酸乙酯或芳烃	均相溶液,做涂料、胶黏剂
聚丙烯	己烷等	淤浆聚合,分离出聚合物,做塑料、纤维
顺丁橡胶	烷烃或芳烃	均相或非均相溶液聚合,经凝聚分离聚合物,得生胶
乙丙橡胶	己烷等	均相或非均相溶液聚合,经凝聚、干燥得生胶
聚酰胺	水	前期为水溶液聚合,后期为熔融聚合,做塑料、纤维
聚砜	二甲基亚砜	均相溶液聚合,做工程塑料

工业上溶液聚合可采用连续法和间歇法,大规模生产常用连续法(图 7-1)。聚合反应器一般是搅拌釜,有的釜顶装有冷凝器供溶剂回流冷凝;釜内通常不装内冷管等换热器以防粘壁。

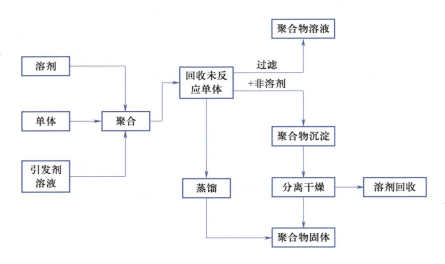

图 7-1 溶液聚合流程简图

接下来介绍聚丙烯酰胺聚合。聚丙烯酰胺是由丙烯酰胺(AM)单体经自由基引发聚合而成的水溶性线型高分子,具有良好的絮凝性,可以降低液体之间的摩擦阻力,是水溶性高分子中应用最广泛的品种之一。在石油开采、水处理、纺织、造纸、选矿、医药、农业等行业中具有广泛的应用,有"百业助剂"之称。国内目前用量最大的是采油领域,用量增长最快的是水处理领域和造纸领域。

聚丙烯酰胺生产是以丙烯酰胺水溶液为原料,在引发剂的作用下进行的聚合反应。在反应完成后生成的聚丙烯酰胺胶块,经切割、造粒、干燥、粉碎,最终制得聚丙烯酰胺产品。聚合反应处理过程中要注意机械降温、热降解和交联,从而保证聚丙烯酰胺的分子量和水溶解性。

我国聚丙烯酰胺生产技术大概也经历了 3 个阶段:第一阶段,最早采用盘式聚合,即将混合好的聚合反应液放在不锈钢盘中,再将这些不锈钢盘推至保温烘房中,聚合数小时后,从烘房中推出,用铡刀把聚丙烯酰胺切成条状,进绞肉机造粒,在烘房干燥,粉碎制得成品。这种工艺完全是手工作坊式。第二阶段,采用捏合机,将混合好的聚合反应液放在捏合机中加热,聚合开始后,开启捏合机,一边聚合一边捏合,聚合完后,造粒也基本完成,倒出物料经干燥、粉碎得成品。第三阶段,20 世纪 80 年代后期,开发了锥形反应釜聚合工艺,由核工业部第五研究设计院在江苏江都化工厂试车成功。锥形反应釜下部带有造料旋转刀,聚合物在压出的同时,即成粒状,经转鼓干燥机干燥,粉碎得产品。

7.4 悬 浮 聚 合

7-3 悬浮聚合

7.4.1 体系组成

悬浮聚合是通过强力搅拌并在分散剂的作用下,把单体分散成无数的小液滴悬浮于水中,由油溶性引发剂引发而进行的聚合反应。单体中溶有引发剂,一个小液滴就相当于一个小本体聚合单元。从单体液滴转变为聚合物固体粒子,中间经过聚合物–单体黏性粒子阶段,为了防止粒子黏并,需加分散剂,在粒子表面形成保护层。因此,悬浮聚合体系一般由单体、油溶性引发剂、水、(双亲性)分散剂四个基本组分组成,实际配方则要复杂一些。油溶性引发剂主要有偶氮类引发剂和过氧类引发剂,偶氮类引发剂有偶氮二异丁腈、偶氮二异庚腈、偶氮二异戊腈、偶氮二环己基甲腈、偶氮二异丁酸二甲酯等,过氧化物主要是过氧化二苯甲酰一类物质。分散剂主要有两大类,一类为水溶性有机高分子物质,主要包括质量稳定的合成高分子,如部分水解的 PVA、PAA 和聚甲基丙烯酸的盐类、马来酸酐–苯乙烯共聚物等,甲基纤维素、羧甲基纤维素、羟丙基纤维素等纤维素衍生物,明胶、蛋白质、淀粉、海藻酸钠等天然高分子。另一类为不溶于水的无机粉末,如 $MgCO_3$、$CaCO_3$、$BaCO_3$、$CaSO_4$、$Ca_3(PO_4)_2$、滑石粉、高岭土、白垩等。

7.4.2 特点

悬浮聚合具有下列优点:① 体系黏度低,聚合热容易导出,散热和温度控制比本体聚合、溶液聚合容易;② 产品分子量及分布比较稳定,聚合速率及分子量比溶液聚合要高一些,杂质含量比乳液聚合的低;③ 后处理比溶液聚合和乳液聚合简单,生产成本较低,三废较少;④ 粒料树脂可直接用于加工。

主要缺点包括:① 存在自动加速作用;② 必须使用分散剂,且在聚合完成后,很难从聚合产物中除去,会影响聚合产物的性能(如外观、老化性能等);③ 聚合产物颗粒会包藏少量单体,不易彻底清除,影响聚合物性能。由于悬浮聚合在液珠黏性增大后易凝聚成块而导致反应失败,因此该反应不适于制备黏性较大的高分子,如橡胶等。

7.4.3 成粒机理——聚合过程

在悬浮聚合体系中,单体和引发剂为一相,分散介质水为一相。在搅拌剪切力作用下,单体和引发剂以小液滴的形式分散于水中,形成单体液滴。当到达反应温度后,引发剂分解,聚合开始。这时对于每一个单体小液滴来说,相当于一个小的本体聚合体系,保持本体聚合的基本优点。由于单体小液滴外部是大量的水,因此液滴内的反应热可以迅速地导出,进而克服了本体聚合反应热不易排出的缺点。

在悬浮聚合过程中不溶于水的单体依靠强力搅拌的剪切力作用形成小液滴分散于水中,单体液滴和水之间的界面张力使液滴呈圆珠状,但它们相互碰撞又可以重新凝聚,即分散和凝聚是一个可逆过程,如图 7-2 所示。单体-水间的界面张力越小,越易分散,形成的液体也越小。小液滴会聚并成大液滴。液-液分散和液滴凝聚构成动态平衡,最终达到一定的平均粒度。但聚合釜内各处的搅拌强度不一,因此产物的粒度有一定的分布。无分散剂时,搅拌停止后,液滴将凝聚变大,最后仍与水分层。为了防止单体液珠在碰撞时再凝聚,必须加入分散剂,分散剂在单体液珠的周围形成一层保护膜或吸附在单体液珠表面,在单体液珠碰撞时起隔离作用,从而阻止或延缓单体液珠的凝聚。搅拌和分散剂是影响和控制粒度的两个重要因素,此外水-单体比、温度、转化率也有一定的影响。

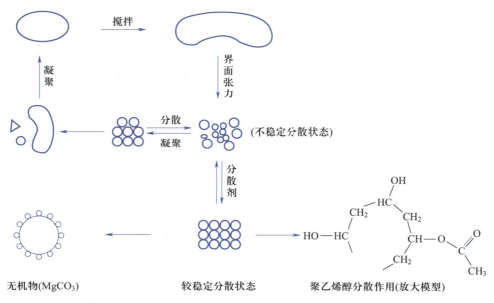

图 7-2　悬浮体系分散、凝聚示意图

7.4.4　工艺及应用

悬浮聚合在工业上应用得比较广泛,80% 聚氯乙烯、全部苯乙烯型离子交换树脂和可发性聚苯乙烯、部分聚苯乙烯和聚甲基丙烯酸甲酯用悬浮聚合法生产。悬浮聚合多采用间歇法,连续法尚在研究之中。

悬浮聚合法的典型生产工艺过程是将单体、水、引发剂、分散剂等加入反应釜中,加热,并采取适当的手段使之保持在一定温度下进行聚合反应,反应结束后回收未反应单体,离心脱水、干燥得产品,如图 7-3 所示。悬浮聚合在工业上应用很广。如聚氯乙烯的生产 80% 采用悬浮聚合过程,聚合反应釜也逐渐大型化;聚苯乙烯及苯乙烯共聚物主要也采用悬浮聚合法生产;其他还有聚醋酸乙烯、聚丙烯酸酯类、氟树脂等。聚合在带有夹套的搪瓷反应釜或不锈钢反应釜内进行,间歇操作。大型反应釜除依靠夹套传热外,还配有内冷管或(和)反应釜顶冷凝器,并设法提高传热系数。悬浮聚合体系黏度不高,搅拌一般采用小尺寸、高转数的透平式、桨式、三叶后掠式搅拌桨。悬浮聚合所使用的单体或单体混合物应为液体,要求单体纯度 >99.98%。

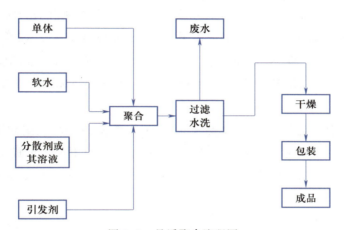

图 7-3　悬浮聚合流程图

在工业生产中,引发剂、分子量调节剂分别加入反应釜中。引发剂用量为单体量的 0.1%~1%。去离子水、分散剂、助分散剂、pH 调节剂等组成水相。水相与单体之比一般在 75∶25~50∶50 范围内。由于悬浮聚合过程中存在分散 - 凝聚的动态平衡,随着反应的进行,一般当单体转化率达 25% 时,由于液珠的黏性开始显著增加,使液珠相互黏结凝聚的倾向增强,易凝聚成块,在工业上常称这一时期为"危险期",这时要特别注意保持良好搅拌。

悬浮聚合物的粒径为 0.05~2 mm(或者 0.01~5 mm),主要受搅拌和分散剂控制。聚合结束后,回收未聚合的单体,聚合物经分离、洗涤、干燥,即得粒状或粉状树脂产品。

7.5　乳 液 聚 合

7.5.1　体系组成

乳液聚合是单体借助乳化剂和机械搅拌,使单体分散在水中形成乳液,再加入引发剂引发单体聚合。乳液聚合的基本配方由单体、水、引发剂

7-4　乳液
聚合

和乳化剂四组分构成。

引发剂主要有油溶性或水溶性引发剂。油溶性引发剂主要有偶氮类引发剂和过氧类引发剂，偶氮类引发剂有偶氮二异丁腈、偶氮二异庚腈、偶氮二异戊腈、偶氮二环己基甲腈、偶氮二异丁酸二甲酯引发剂等。水溶性引发剂主要有过硫酸盐、氧化还原引发体系、偶氮二异丁脒盐酸盐（V-50 引发剂）、偶氮二异丁咪唑啉盐酸盐（VA-044 引发剂）、偶氮二异丁咪唑啉（VA-061 引发剂）、偶氮二氰基戊酸引发剂等。

乳化剂是可使互不相溶的油与水转变成难以分层的乳液的一类物质。乳化剂通常是一些亲水的极性基团和疏水（亲油）的非极性基团两者性质兼有的表面活性剂。种类有离子型、两性型（氨基酸，甜菜碱）和非离子型（聚乙烯醇，聚环氧乙烷等），离子型又分为阴离子型（亲水基团一般为—COONa，—SO$_4$Na，—SO$_3$Na 等，亲油基团一般是 C$_{11}$~C$_{17}$ 的直链烷基或是 C$_3$~C$_6$ 烷基与苯基或萘基结合在一起的疏水基）和阳离子型（通常是一些铵盐和季铵盐）。

在用乳液聚合方法生产合成橡胶时，除了加入单体、水、乳化剂和引发剂四种主要成分外，还经常加入缓冲剂（用于保持体系 pH 不变）、活化剂（形成氧化还原循环系统）、调节剂（调节分子量、抑制凝胶形成）和防老剂（防止生胶及硫化胶的老化）等助剂。

7.5.2　特点及应用方向

乳液聚合具有许多优点：① 以水作分散介质，廉价安全，乳液的黏度低，利于搅拌混合、传热、管道输送，便于连续生产；② 聚合速率快，产物分子量高，可以在较低温度下聚合；③ 胶乳可以直接使用，如水乳漆、黏合剂、纸张、皮革、织物处理剂以及乳液泡沫橡胶。但乳液聚合也有以下缺点：① 需要固体聚合物时，乳液需经凝聚（破乳）、洗涤、脱水、干燥等程序，生产成本较悬浮聚合高；② 产品中留有乳化剂，难以完全除尽，有损电性能等。

乳液聚合最早由德国开发。第二次世界大战期间，美国用此技术生产丁苯橡胶，以后又相继生产了丁腈橡胶和氯丁橡胶、聚丙烯酸酯乳漆、聚醋酸乙烯酯胶乳（俗称白胶）和聚氯乙烯等。乳液聚合的应用主要有下列三个方面：① 聚合后分离成胶状或粉状固体产品，如丁苯、丁腈、氯丁等合成橡胶，ABS（丙烯腈 - 丁二烯 - 苯乙烯共聚物，acrylonitrile butadiene styrene copolymer）、MBS（甲基丙烯甲酯 - 丁二烯 - 苯乙烯共聚物，methyl methacrylate-butadiene-styrene copolymer）等工程塑料和抗冲改性剂，糊状聚氯乙烯树脂、聚四氟乙烯等特种塑料；② 聚合后胶乳直接用作涂料和胶黏剂，如丁苯胶乳、聚醋酸乙烯酯胶乳、丙烯酸酯类胶乳等，可用作内外墙涂料、纸张涂层、地毯和无纺布黏结剂、木材黏合剂等。此外，偏氯乙烯共聚物胶乳可用作阻透涂料。丙烯酰胺胶乳可用作造纸、采油、污水处理等场合的絮凝剂；③ 微粒用作颜料、粒径测定标样、免疫试剂的载体等。

7.5.3 乳化剂和乳化作用

传统乳液聚合中常用的乳化剂属于阴离子型，如油酸钾（$C_{17}H_{33}COOK$），其作用是降低表面张力，使单体乳化成小液滴（1~10 μm），同时形成胶束、增溶胶束，提供引发和聚合的场所。

当乳化剂的浓度很低时，乳化剂以分子状态真溶于水中，在水 – 空气界面处，亲水基伸向水层，疏水基伸向空气层，使水的表面张力急剧下降，有利于单体分散成细小的液滴。当乳化剂浓度到达一定值时，表面张力的下降趋向平缓，溶液的其他物理性质也有类似变化，如图 7–4 所示。乳化剂的浓度超过真正分子状态的溶解度后，往往由多个乳化剂分子聚集在一起，形成胶束（或胶团）。乳化剂开始形成胶束的浓度称作临界胶束浓度（critical micelle concentration，CMC），可由溶液表面张力（或其他物理性质）随乳化剂浓度变化曲线中的转折点来确定。

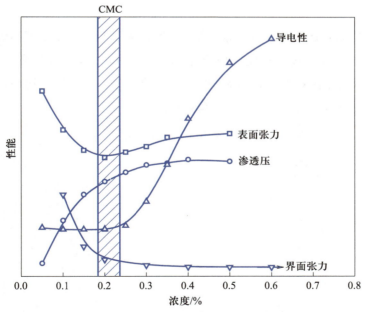

图 7–4   十二烷基硫酸钠水溶液的性能与浓度的关系

乳化剂分子由非极性基团和极性基团两部分组成。1949 年，Griffin 提出用亲水亲油平衡值（HLB）来表示亲水性的大小，HLB 值越大则越亲水。按 HLB 值来选择用途，见表 7–2。常规乳液聚合的乳化剂一般属于水包油型（O/W），其 HLB 值在 8~18 范围内。阴离子乳化剂有一个三相平衡点。三相平衡点是乳化剂处于分子溶解、胶束、凝胶三相平衡时的温度。高于该温度,溶解度突增,凝胶消失,乳化剂只以分子溶解和胶束两种状态存在,起到乳化作用。如温度降到三相平衡点以下,将有凝胶析出,乳化能力减弱。非离子型乳化剂水溶液随温度升高而分相的温度称作浊点。在浊点以上,非离子型表面活性剂将沉析出来,因此选用非离子型乳化剂时其浊点需在聚合温度以上。

表 7-2　表面活性剂的 HLB 范围及应用

HLB 范围	应用
3~6	油包水（W/O）型乳化剂
7~9	润湿剂
8~18	水包油（O/W）型乳化剂
13~15	洗涤剂
15~18	增溶剂

7.5.4　乳液聚合机理

乳液聚合遵循自由基聚合的一般规律,但聚合速率和聚合度却可同时增加,可见存在着独特的反应机理和成粒机理。20 世纪 40 年代,Harkins 对经典乳液聚合的机理提出了定性物理模型,后来 Smith-Ewart 进行了定量处理。乳液聚合初期,单体和乳化剂分别处在水溶液、胶束、液滴三相,如图 7-5 所示。

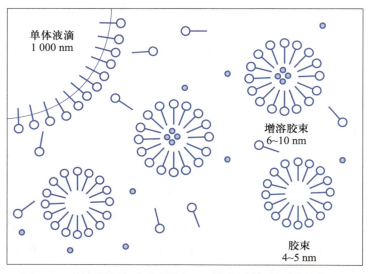

单体液滴
1 000 nm

增溶胶束
6~10 nm

胶束
4~5 nm

图 7-5　乳液聚合体系示意图（○——乳化剂分子;●单体分子）

① 微量单体和乳化剂以分子分散状态溶解于水中,构成水溶液连续相。② 大部分乳化剂形成胶束,每个胶束由 50~150 个乳化剂分子聚集而成,直径为 4~5 nm,胶束数为 10^{17}~10^{18} cm^{-3}。单体增溶在胶束内,使直径增大至 6~10 nm,构成了增溶胶束相。③ 大部分单体分散成小液滴,直径为 1~10 μm,比胶束直径大百倍。液滴数为 10^{10}~10^{12} cm^{-3},比胶束数小 6~7 个数量级。液滴表面吸附有乳化剂,促使乳液稳定,构成液相。

1. 成核机理和聚合场所

单体的水溶性、乳化剂浓度、引发剂的溶解性能等是影响成核机理的重要因素,有胶束成核、水相(均相)成核、液滴成核三种可能。

(1) 胶束成核　苯乙烯一类难溶于水的单体所进行的经典乳液聚合,以胶束成核为主。经典乳液聚合体系选用水溶性引发剂,在水中分解成初始自由基,引发溶于水中的微量单体在水相中增长成短链自由基。其与初始自由基一起,被增溶胶束所捕捉,引发其中的单体聚合而成核,即所谓胶束成核。胶束成核后继续聚合,转变成单体 – 聚合物胶粒,链增长就在胶粒内进行。胶粒内单体浓度降低后,就由液滴内的单体通过水相扩散来补充,保持胶粒内单体浓度恒定,构成动态平衡。液滴只是储存单体的仓库,并非引发聚合的场所。只有很小一部分(0.1%~0.01%)胶束才能成核,未成核的大部分胶束只是乳化剂的临时仓库。

初期的单体 – 聚合物胶粒较小,只能容纳 1 个自由基。由于胶粒表面乳化剂的保护作用,包埋在胶粒内的自由基寿命较长(10~100 s),允许较长时间的链增长,等水相中的第 2 个自由基扩散入胶粒内,才双基终止,胶粒内自由基数变为零。第 3 个自由基进入胶粒后,又引发聚合;第 4 个自由基进入,再终止;如此反复进行,胶粒中的自由基数在 0 和 1 之间变化。总体来说,体系中一半胶粒含有 1 个自由基,另一半则无自由基,胶粒内平均自由基数 $\bar{n}=0.5$。聚合中后期,当胶粒发育到足够大时,也可能容纳几个自由基,同时引发链增长。乳液聚合的特征就是链引发、链增长、链终止的基元反应在"被隔离"的增溶胶束或胶粒内进行。就是这种"隔离作用"才使乳液聚合兼有高速率和高分子量的特点。

(2) 水相(均相)成核　有相当多水溶性的单体进行乳液聚合时,以水相成核为主。溶于水中的单体经引发聚合成的短链自由基亲水性也较大,聚合度上百后才能从水中沉析出来。水相中多条这样较长的短链自由基相互聚集在一起,凝聚成核(原始微粒)。以此为核心,单体不断扩散入内,聚合成胶粒。胶粒形成以后,更有利于吸收水相中的初级自由基和短链自由基,而后在胶粒中引发增长。这就成为水相成核的机理。

(3) 液滴成核　液滴粒径较小和 / 或采用油溶性引发剂时,有利于液滴成核。有两种情况可导致液滴成核。一是液滴小而多,表面积与增溶胶束相当,可参与吸附水中形成的自由基,引发成核,而后发育成胶粒。二是用油溶性引发剂,溶于单体液滴内,就地引发聚合,类似于液滴内的本体聚合。微悬浮聚合具备此双重条件,因此是液滴成核。

2. 乳液聚合过程中的三个阶段

根据胶粒发育情况和相应速率变化,可将经典乳液聚合过程分成三个阶段,如图 7-6 所示。

（1）第一阶段:成核期或增速期　水相中自由基不断进入增溶胶束中,引发其中的单体而成核,继续增长聚合,转变成单体－聚合物胶粒。这一阶段,胶束不断减少,胶粒不断增多,速率相应增加;单体液滴数不变,只是体积不断缩小。达到一定转化率,未成核的胶束消失,表示成核期结束,胶粒数趋向恒定($10^{13} \sim 10^{15}$ cm^{-3}),聚合速率也因而恒定,这是第一阶段结束和第二阶段开始的宏观标志。

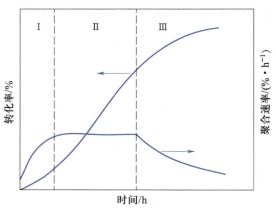

图 7-6　乳液聚合动力学曲线示意图

（2）第二阶段:胶粒数恒定期或恒速期　这一阶段是从增溶胶束消失开始,体系中只有胶粒和液滴两种粒子。单体从液滴经水相不断扩散入胶粒内,保持胶粒内的单体浓度恒定,因此聚合速率也恒定。胶粒不断长大,单体液滴的消失或聚合速率开始下降是这一阶段结束的标志。

（3）第三阶段:降速期　这个阶段体系中已无单体液滴,只剩下胶粒一种粒子,胶粒数不变。依靠胶粒内的残余单体继续聚合,聚合速率递降。这个阶段粒径变化不大,最终形成 100~200 nm 的聚合物粒子,这种粒子要比增溶胶束直径（6~10 nm）大一个数量级,却比原始液滴（>1 000 nm）要小一个数量级。

7.5.5　乳液聚合动力学

1. 聚合速率

乳液聚合过程可分为增速、恒速、降速三个阶段,动力学研究多着重恒速阶段。在自由基聚合中,聚合速率方程可表示为

$$R_p = k_p [M][M\cdot]$$

[M]代表胶粒中的单体浓度（mol/L）,[M·]代表乳胶粒中的自由基浓度（mol/L）,[M·]$= \dfrac{\bar{n}N}{N_A}$,将其代入聚合速率方程,则得乳液聚合第二阶段恒速期的速率表达式:

$$R_p = \frac{k_p [M] \bar{n} N}{N_A}$$

该式表明聚合速率与胶粒数 N 成正比。第二阶段,胶束消失,胶粒数 N 恒定,单体液滴的存在又保证了胶粒内单体浓度 $[M]$ 恒定,因此速率也恒定。

一般乳液聚合体系中胶粒数 $N=10^{14}$ cm^{-3},$\bar{n}=0.5$,因而 $[M\cdot]$ 可达 10^{-7} mol/L,比一般自由基聚合($[M\cdot]=10^{-8}$ mol/L)要大 10 倍。同时,多数聚合物和单体达溶胀平衡时,单体的体积分数为 0.5~0.85,胶粒内单体浓度可达 5 mol/L,因此乳液聚合速率比较快。

2. 聚合度

自由基聚合物的动力学链长或聚合度可由链增长速率或链终止(或引发)速率的比值求得,但需考虑 1 个胶粒内的增长速率 r_p 或引发速率 r_i。

$$r_p=k_p[M], \quad r_i=\frac{R_i}{\bar{n}N}$$

聚合物的平均聚合度为

$$\bar{X}_n=\frac{r_p}{r_i}=\frac{k_p[M]\bar{n}N}{R_i}$$

聚合度与总引发速率 R_i 成反比。但聚合度与胶粒数 N 成正比,而胶粒数却与总引发速率有正比关系。结果是,增加胶粒数,可同时提高聚合速率和聚合度。

3. 胶粒数

乳液聚合中的胶粒数 N 是决定聚合速率和聚合度的关键因素。其与体系中的乳化剂总表面积 a_sS,自由基生成速率 a_sS(相当于总引发速率 R_i),胶粒体积增加速率有关,定量关系为

$$N=k\left(\frac{\rho}{\mu}\right)^{\frac{2}{5}}(a_sS)^{\frac{3}{5}}$$

其中 a_s 是一个乳化剂分子所具有的表面积;S 是体系中乳化剂的总浓度;k 为常数,处于 0.37~0.53 之间,取决于胶束和胶粒捕获自由基的相对效率以及胶粒的几何参数,如半径、表面积或体积等。

4. 乳胶粒中平均自由基数 $\bar{n}$

经典乳液聚合的理想状况下胶粒中平均自由基数 $\bar{n}=0.5$。实际上 $\bar{n}$ 与单体水溶性、引发剂浓度、胶粒数、粒径、自由基进入胶粒的效率因子 f 和逸出胶粒速率、终止速率等因素有关,基本上可以分成下列 3 种情况:

(1)$\bar{n}=0.5$ 单体难溶于水的理想体系,胶粒小,只容纳 1 个自由基,忽略自由基的逸出;第 2 个自由基进入时,双基终止,自由基数为零。每个胶粒的平均自由基数为 0.5。

(2)$\bar{n}<0.5$ 单体水溶性较大而又容易链转移时(如醋酸乙烯酯、氯乙烯),短链自由基容易解吸,即自由基逸出速率 > 进入速率,最后在水相中终止,就可能有 $\bar{n}=0.1$ 的情况。

(3)$\bar{n}>0.5$ 当胶粒体积增大时,可容纳多个自由基同时增长,胶粒中的终止速率小于自由基进入速率,自由基解吸忽略,则 $\bar{n}>0.5$。

5. 温度对乳液聚合的影响

在一般自由基聚合中,升高温度,将使聚合速率增加,使聚合度降低。但温度对乳液聚合的影响却比较复杂。升高温度除了使聚合速率增加、聚合度降低外,还可能引起许多副作用,如乳液凝聚和破乳,产生支链和交联(凝胶),并对聚合物微结构和分子量分布产生影响。

7.5.6　乳液聚合新技术

随着高分子合成技术的不断发展,乳液聚合也诞生出了多种合成新技术。包括种子(或多步)乳液聚合(multi-step emulsion polymerization)或称核/壳乳液聚合(core/shell emulsion polymerization),反相乳液聚合(inverse emulsion polymerization),无皂乳液聚合(soap-free emulsion polymerization),细乳液聚合(mini-emulsion polymerization),微乳液聚合又称超微乳液聚合(micro-emulsion polymerization),超浓乳液聚合(concentrated emulsion polymerization),分散(乳液)聚合(dispersion polymerization),悬浮乳液聚合(suspension emulsion polymerization),可聚合乳化剂乳液聚合(polymerisable surfactant polymerization)又称聚合物表面活性剂乳液聚合(polymeric surfactant emulsion polymerization),阳离子乳液聚合(cationic emulsion polymerization)等。上述乳液聚合新技术,可以合成所需各种粒径大小、不同形态及含有功能基的聚合物乳胶粒子。另外还有一些乳液聚合的方法,如辐射乳液聚合、乳液定向聚合、原子转移乳液聚合、等离子乳液聚合等,是不同的引发聚合反应机理在乳液聚合方法中的应用,而聚合过程中体系的相态变化基本上与传统乳液聚合大同小异。

7-5　第 7 章课程　　　　7-6　第 7 章思维导图　　　7-7　第 7 章内容小结
思政任务单

思考题

1. 聚合方法中有许多名称,如本体聚合、溶液聚合和悬浮聚合,均相聚合和非均相聚合,沉淀聚合和淤浆聚合,试说明它们相互间的区别和关系。

2. 本体法制备有机玻璃板和通用级聚苯乙烯,比较过程特征,说明如何解决传热问题、保证产品品质。

3. 溶液聚合多用于离子聚合和配位聚合,而较少用于自由基聚合,为什么?

4. 悬浮聚合和微悬浮聚合在分散剂选用、产品颗粒特性上有何不同?

5. 苯乙烯和氯乙烯悬浮聚合在过程特征、分散剂选用、产品颗粒特性上有何不同?

6. 比较氯乙烯本体聚合和悬浮聚合的过程特征、产品品质有何异同。

7. 简述传统乳液聚合中单体、乳化剂和引发剂的所在场所,链引发、链增长和链终止的场所和特征,胶束、胶粒、单体液滴和速率的变化规律。

8. 简述胶束成核、液滴成核、水相成核的机理和区别。

9. 简述种子乳液聚合和核壳乳液聚合的区别和关系。

10. 无皂乳液聚合有几种方法?

11. 比较微悬浮聚合、乳液聚合、微乳液聚合的产物粒径和稳定用的分散剂。

12. 举例说明反相乳液聚合的特征。

13. 说明分散聚合和沉淀聚合的关系。举例说明分散聚合配方中的溶剂和稳定剂以及稳定机理。

计算题

1. 用氧化还原体系引发 20%(质量分数)丙烯酰胺溶液绝热聚合,起始温度 30℃,聚合热 -74 kJ/mol,假定反应器和内容物的热容为 4 J/(g·K),最终温度是多少? 最高浓度多少才无失控危险?

2. 计算苯乙烯乳液聚合速率和聚合度。60℃时,k_p=176 L/(mol·s),[M]=5.0 mol/L,N=3.2 × 10^{14} m/L,ρ=1.1 × 10^{13} mL/s。

3. 比较苯乙烯在 60℃下本体与乳液聚合速率和聚合度。乳胶粒数 =1.0 × 10^5 mL^{-1},[M]=5.0 mol/L,ρ=5.0 × 10^{12} mL/s。两体系速率常数相同:k_p=176 L/(mol·s),k_t=3.6 × 10^7 L/(mol·s)。

4. 经典乳液聚合配方:苯乙烯 100 g,水 200 g,过硫酸钾 0.3 g,硬脂酸钠 5 g。试计算:

(1)溶于水中的苯乙烯分子数(mL^{-1})(20℃溶解度 =0.02g/(100 g 水),阿伏伽德罗常数 N_A=6.023 × 10^{23} mol^{-1});

(2)单体液滴数(mL^{-1})(液滴直径 1 000 nm,苯乙烯溶解和增容量共 2 g,苯乙烯密度为 0.9 g/cm^3);

(3)溶于水中的钠皂分子数(mL^{-1})(硬脂酸钠的 CMC 为 0.13 g/L,分子量为 306.5);

(4)水中胶束数(mL^{-1})(每胶束由 100 个肥皂分子组成);

(5)水中过硫酸钾分子数(mL^{-1})(分子量为 270);

(6)初级自由基形成速率[分子/(mol·s)](50℃,k_d=9.5 × 10^{-7} s^{-1});

（7）胶粒数（mL^{-1}）（粒径 100 nm，无单体液滴，苯乙烯密度 0.9 g/cm^3，聚苯乙烯密度 1.05 g/cm^3，转化率 50%）。

5. 60℃下乳液聚合制备聚丙烯酸酯类胶乳，配方如下所示，聚合时间 8 h，转化率 100%。下列各组分变动时，第二阶段的聚合速率有何变化？

丙烯酸乙酯 + 共单体	100	丙烯酸乙酯 + 共单体	100
水	133	十二烷基硫酸钠	3
过硫酸钾	1	焦磷酸钾（pH 缓冲剂）	0.7

（1）用 6 份十二烷基硫酸钠；

（2）用 2 份过硫酸钾；

（3）用 6 份十二烷基硫酸钠和 2 份过硫酸钾；

（4）添加 0.1 份十二硫醇（链转移剂）。

6. 按下列乳液聚合配方，计算每升水相的聚合速率（与通常情况相差太大）。

组分	质量份	密度 g·cm^{-3}		
苯乙烯	100	0.9	每一表面活性剂分子的表面积	50×10^{-6} cm^2
水	180	1	第二阶段 PS 粒子体积增长速率	5×10^{-20} cm^3/s
过硫酸钾	0.85		乳胶粒中苯乙烯浓度	5 mol/L
十二烷基磺酸钠	3.5		过硫酸钾 k_d（60℃）	6×10^{-6} s^{-1}
			苯乙烯 k_p（60℃）	200 mol/（L·s）

7-8　第 7 章思考题及计算题
参考答案

7-9　第 7 章拓展作业
及答案

第8章
聚合物的化学反应

学习导航

知识目标

（1）掌握聚合物化学反应的影响因素

（2）掌握聚合物化学反应的主要类型，以及反应机理

（3）了解聚合物化学反应在实际应用中所起的作用，并能知道如何有效利用与采取防止措施

能力目标

（1）能对聚合物的化学反应做出可行性判断与类型的选择

（2）能运用所学知识初步解决聚合物材料在使用过程中因发生化学反应所带来的部分问题

（3）能应用聚合物的化学反应原理，设计合成功能高分子材料

（4）能运用所学知识初步探索由废弃塑料制品所导致的"白色污染"及其"回收再利用"等方面的解决方案

思政目标

（1）知道我国老一辈科学家在高分子材料领域做出的巨大贡献，以及他们为解决国家"卡脖子"问题所表现出的奉献精神和工匠精神

（2）知道传统塑料制品给地球环境带来污染的原因，设计合成生物降解塑料，并采用有效方法使废弃塑料制品得以回收再利用。实践"绿水青山就是金山银山"，为绿色家园、绿色国家而努力

8.1　引　　言

前面几章的内容着重介绍了低分子单体的聚合反应,本章重点讨论聚合物的化学反应。聚合物的化学反应主要是指聚合物分子与化学试剂或外界环境之间或者是聚合物分子内或分子间所发生的化学反应。如果之前学的有机化学反应讲述的是小蚂蚁的排列组合,那么聚合物的化学反应就犹如大象的活动轨迹。小蚂蚁的行动千变万化、多姿多彩,而大象的活动就笨重得多,没有那么容易。

那么,为什么还要研究聚合物的化学反应呢? 在理论上,开展聚合物化学反应的研究对于研究和验证高分子的结构,研究影响老化的因素和性能变化之间的关系,研究高分子的降解等方面都具有重要的理论指导意义。在实用方面,通过聚合物的化学反应(即对聚合物进行化学改性)可以扩大高分子的品种和应用范围,尤其是在功能高分子材料的制备领域具有举足轻重的地位。在聚合物改性方面,天然聚合物如橡胶的硫化、纤维素的硝化,合成聚合物的改性如聚乙烯的氯化和氯磺化,都有利于提高其性能,从而扩大其应用领域。在合成新物质方面,因单体乙烯醇不稳定,难以通过其直接聚合来制备聚乙烯醇,工业上通过聚醋酸乙烯酯的水解反应制得了聚乙烯醇;又如聚对磺酸苯乙烯,是一种重要的强酸性阳离子交换树脂,因其单体聚合困难,所以工业上常采用对聚苯乙烯进行磺化来制得。同时,还可通过聚合物的交联反应制备如环氧树脂、聚氨酯等体型高聚物。

对于聚合物化学反应的研究,一方面,如聚合物的降解反应,有利于对废弃聚合物材料进行回收与处理,尤其在改善目前由废弃塑料导致的"白色污染"问题具有重要的应用价值;另一方面,如聚合物的降解或交联反应,即聚合物发生老化,导致聚合物的原有性能降低,有助于采取有效的措施防止聚合物老化,从而延长其使用寿命。可见,研究聚合物的化学反应在聚合物的理论研究和应用领域均具有重要的意义。

目前,聚合物的化学反应虽然与带有相同官能团小分子的反应类似,但其不能完全像小分子化合物或单体分子的化学反应那样按照机理进行分类。根据反应前后聚合物的聚合度和基团的变化,对其进行归类更加合适,聚合物的化学反应大致可分为基团反应、接枝、嵌段、扩链、交联、降解等几大类。其中,基团反应时聚合物的聚合度和总体结构变化较小,因此也可称为"相似转变";降解和老化,一般是指使聚合度或分子量变小,故称为"聚合度变小的转变";接枝、嵌段、扩链和交联,则使聚合度增大,也称"聚合度变大的转变"。

8.2 聚合物化学反应的特点及影响因素

聚合物具有与含有相同官能团或基团小分子化合物类似的化学反应活性,如氢化、氧化、氯化、硝化、磺化、醚化、酯化、水解、醇解、加成等;但同时聚合物具有较高的分子量,使其化学反应具有独特性和复杂性,如前述的降解、老化、接枝、嵌段、扩链等。

8.2.1 聚合物化学反应的特点

为了更好地理解聚合物化学反应的特点,先回顾下前面所学过的聚合物主要特征:① 聚合物具有较高的分子量,一般大于 10 000;② 因聚合物是由具有不同分子量的高分子化合物同系物组成的混合物,故其分子结构具有多分散性、多层次性;③ 聚集态结构及溶液行为与小分子化合物差异很大。上述特征使得聚合物的化学反应区别于类似小分子的化学反应。

聚合物和低分子同系物可以进行相同的化学反应。例如,纤维素中羟基的乙酰化和乙醇的乙酰化相同,聚乙烯的氯化和己烷的氯化类似。一般假定聚合物和低分子中基团的活性相同,在处理聚合动力学时,早已使用了官能团等活性假设,这一点 Flory 在 "Principle of Polymer Chemistry" 中描述聚合物的反应时也有提到。但由于聚合物与小分子具有不同的结构特性,因而其化学反应也区别于小分子的反应特性。

在低分子化学反应中,副反应仅使主产物产率降低。而在聚合物化学反应中,副反应和主反应可在同一大分子链上发生,且并非所有官能团都能参与反应,因此反应产物分子链上既带有起始官能团,又带有新形成的官能团,并且每一条聚合物链上的官能团数目各不相同,不能将起始官能团和反应后官能团分离开来,因此很难像小分子化学反应那样可分离得到含单一官能团的反应产物。主产物和副产物无法分离,形成类似共聚物的产物,因此反应不能用小分子的 "产率" 一词来表示,而采用基团转化率表示。所谓的基团转化率是指起始基团生成各种基团的百分数。聚合物化学反应的基团转化率不能达到 100%,主要是由聚合物反应的不均匀性和复杂性造成的。例如,丙酸甲酯水解后,可得到 80% 纯丙酸,残留 20% 丙烯酸甲酯尚未转化,水解转化率为 80%(摩尔分数);而聚丙烯酸甲酯也可以进行类似的水解反应,可转变成含 80% 丙烯酸单元和 20% 丙烯酸甲酯单元的无规共聚物(见图 8-1),两种单元无法分离,因此以 "基团" 的转化程度(80%)来描述反应进行的程度更合适。

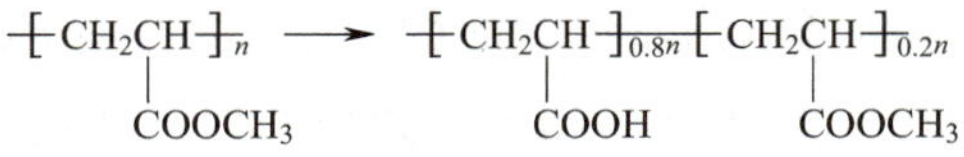

$$\text{+CH}_2\text{CH+}_n \longrightarrow \text{+CH}_2\text{CH+}_{0.8n} \text{+CH}_2\text{CH+}_{0.2n}$$
$$\quad\ \ \text{COOCH}_3 \qquad\qquad \text{COOH} \qquad \text{COOCH}_3$$

图 8-1 聚丙烯酸甲酯的水解反应示意图

因此,要想通过聚合物化学反应制得含有

同一官能团的单纯的聚合物产物是相当困难的。

8.2.2　聚合物化学反应的影响因素

　　尽管从单个官能团比较,聚合物的反应活性与同类低分子化合物相同,但由于聚合物形态、邻近基团效应等物理、化学因素影响,聚合物的反应速率、最高转化程度与低分子有所区别。

1. 物理因素

　　影响聚合物化学反应的物理因素主要包括反应物的扩散速率、聚合物的溶解性、聚合物的结晶度等因素。

　　(1)反应物的扩散速率　聚合物的基团反应与小分子的反应一样,只有当相互作用的基团彼此接近并发生有效碰撞时才能发生反应。因此,反应物的扩散速率对反应具有重要的影响。聚合物大分子链的扩散速率取决于聚合物链段的活动能力,链段的活动能力直接受反应介质的黏度所控制。反应介质黏度越大,链段的运动受到限制,从而使得聚合物的反应活性降低。通常聚合物分子量较大,大分子链扩散慢,故反应基团的彼此接近,通常依靠小分子的扩散。反应介质的黏度越低,小分子反应试剂越易于向大分子链上或大分子链内进行扩散,从而有利于聚合物反应的发生。

　　(2)聚合物溶解度的变化　针对非固相反应而言,聚合物的溶解性随化学反应的进行可能不断发生变化。一般聚合物溶解性好的体系对反应有利,溶解性变差的反应,使得聚合物的反应活性降低;但假若沉淀的聚合物对反应试剂有吸附作用,使得聚合物上的反应试剂浓度增大,反而使反应速率增大。

　　(3)聚合物的结晶度　聚合物的凝聚态可粗分为非晶态(即无定形态)和晶态两大类。大多数聚合物处于非晶态,有部分聚合物处于晶态,但结晶度很少达到100%。对于处于晶态的聚合物而言,其结构中存在着结晶区域(即晶区)和非结晶区域(非晶区)。在晶区,分子链排列规整,分子链间相互作用强,链与链之间结合紧密,小分子不易扩散进入晶区,因此反应通常只能发生在非晶区。而对于非晶态聚合物(即无定形聚合物)而言,分子链所处的状态对其化学反应具有明显的影响。处于玻璃态,其链段被冻结,难以运动,故难以发生化学反应;聚合物处于高弹态,其链段活动增大,反应速率加快;聚合物处于黏流态,除了链段运动外,整个大分子链可发生移动,使反应更易于进行。

2. 化学因素

　　聚合物本身的结构对其化学反应性能的影响,称为高分子效应,这种效应是由高分子链节之间不可忽略的相互作用引起的。这种高分子效应属于影响聚合物化学反应的化学因素,主要包括概率效应和邻近基团效应。

　　(1)概率效应　当聚合物链上相邻的基团作无规成对反应时,往往夹有未反应的基团,其最高转化程度因而受到限制,因此聚合物结构中的反应基团不能 100% 转化,即为概率效应。例如,聚氯乙烯 PVC 与 Zn 粉共热脱氯(见图 8-2),无论怎样改变反应条件,大分子链上的氯原子都不可能 100% 完全脱出;按概率计算环化程度只能达到 86.5%,尚有 13.5% 的氯原子被孤立隔离在两个三元环之间无法参与成环反应。上述理论计算值与实验结果相符。

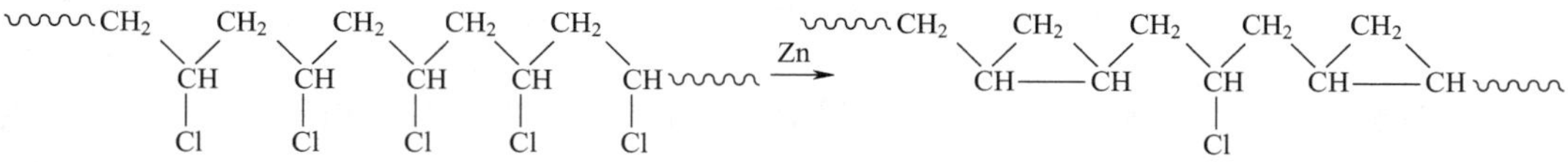

图 8-2 聚氯乙烯的脱氯反应示意图

此外,聚乙烯醇的缩醛反应也类似(见图 8-3),最多只有约 80% 的—OH 能参与缩醛反应。

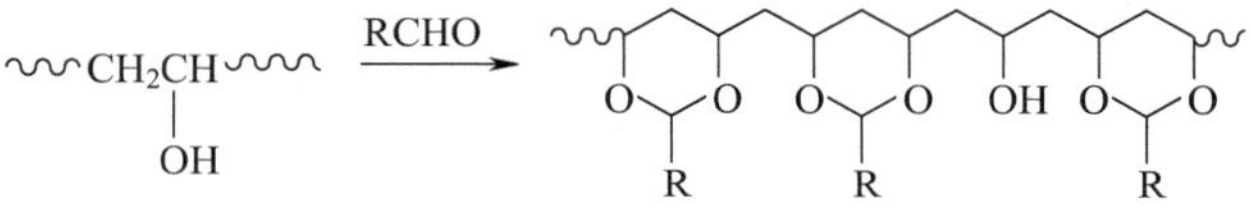

图 8-3 聚乙烯醇的缩醛反应示意图

(2)邻近基团效应 高分子中原有基团或反应后形成新基团的位阻效应和电子效应,以及它与试剂的静电效应,都可能影响邻近基团的活性和基团的转化程度,这种作用称为邻近基团效应。

① 位阻效应。体积较大基团的位阻效应一般将使聚合物化学反应活性降低,基团转化程度受限。新生成的功能基的立体阻碍导致其邻近的功能基难以继续参与反应。如聚乙烯醇与三苯基乙酰氯的乙酰化反应(见图 8-4),新引入的庞大的三苯乙酰基的位阻效应致使其邻近的—OH 难以进行乙酰化反应。

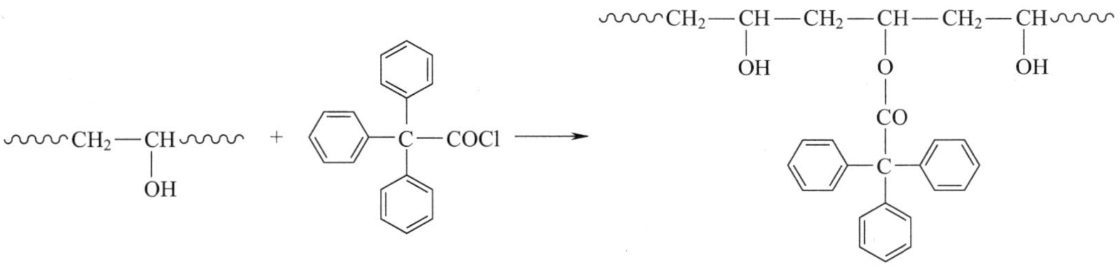

图 8-4 聚乙烯醇与三苯基乙酰氯的乙酰化反应示意图

② 静电效应。邻近基团的静电效应可降低或提高功能基的反应活性。带电荷的大分子和电荷性质相反的试剂反应,对反应具有促进作用。如聚丙烯酰胺的酸性水解反应(见图 8-5),水解过程中形成的羧基与邻近酰胺基中的羰基静电相吸,生成酸酐环状过渡态,从而促进了酰胺基中—NH_2 的离去,使水解速率自动加速几千倍。

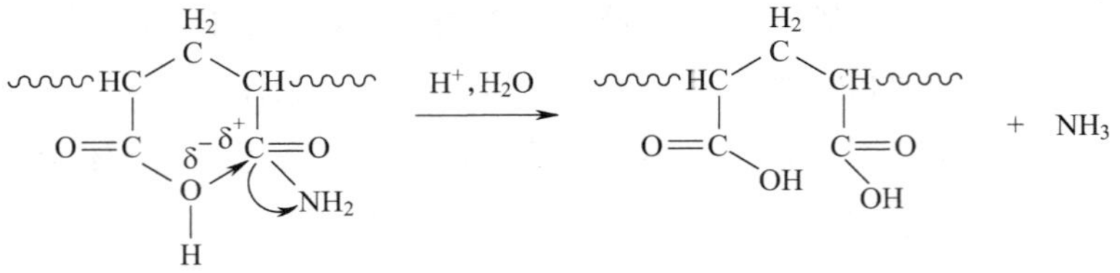

图 8-5 聚丙烯酰胺的酸性水解反应示意图

例如聚甲基丙烯酸酯类碱性水解过程中存在的自动催化作用,如图 8-6 所示。这主要是因为水解生成的羧酸根离子易与相邻的酯键形成环状酸酐,由环状酸酐再开环形成羧基,而非由氢氧根离子直接水解获得,使其水解反应速率提高。

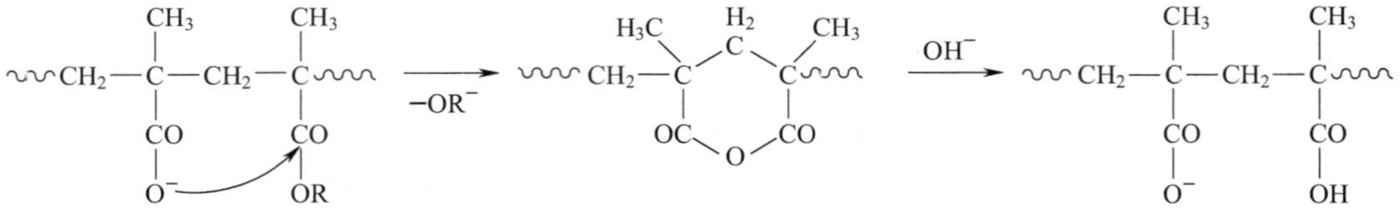

图 8-6 聚甲基丙烯酸酯类碱性水解反应示意图

又如丙烯酸与甲基丙烯酸对硝基苯酯共聚物的碱催化水解反应(见图 8-7),其中的对硝基苯酯的水解反应速率比甲基丙烯酸对硝基苯酯均聚物快,这是由于邻近的羧酸根离子参与形成酸酐环状过渡态促进水解反应的进行。

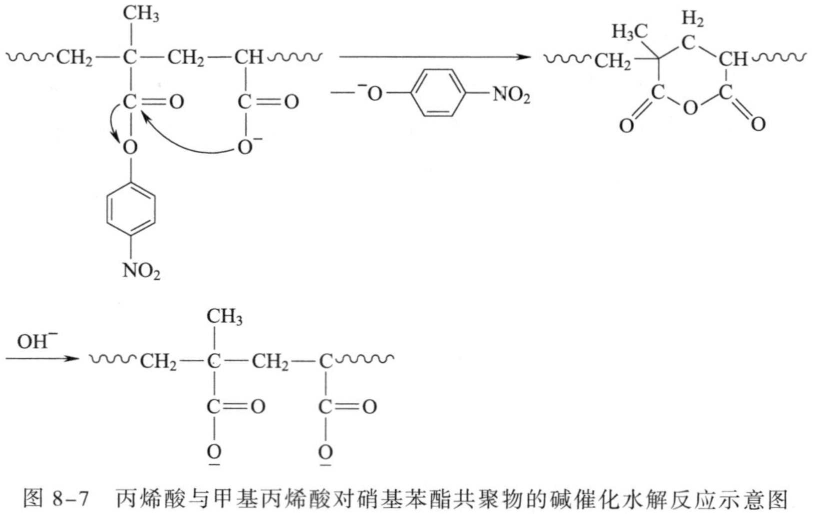

图 8-7 丙烯酸与甲基丙烯酸对硝基苯酯共聚物的碱催化水解反应示意图

通常,利于形成五元或六元环状中间体的邻近基团,对反应均有促进效应。

但是,若聚合物反应后形成的新基团与反应试剂所带电荷相同,由于静电相斥作用,则阻碍反应试剂与聚合物分子的接触,导致反应速率降低,且使反应难以充分进行。如聚丙烯酰胺在强碱条件下水解(见图 8-8),当其中某个酰胺基邻近的基团都已转化为羧酸根后,由于进攻的 OH⁻ 与高分子链上生成的—COO⁻ 带相同电荷,相互排斥,因而难以与被进攻的酰胺基接触,不能再进一步水解,因而聚丙烯酰胺的水解程度一般在 70% 以下。

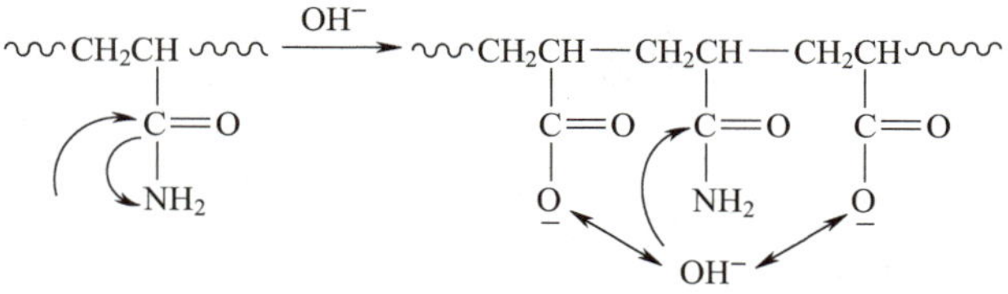

图 8-8 聚丙烯酰胺在强碱条件下水解反应示意图

邻近基团效应还与高分子的构型有关,如全同 PMMA 要比无规、间同的 PMMA 水解快,原因是全同结构基团的位置易于形成环酐中间体。

可见,聚合物具有与低分子相似的化学反应,但聚合速率慢,存在概率效应和邻近基团效应。

8-1 8.2 节的思考题

8.3 聚合物的基团反应

聚合物的基团反应主要是指大分子链上的活性基团(包括双键)与低分子化合物的反应,因大分子反应前后链长不变,因而聚合度基本不变,故也称为相似转变。因大分子链上参与反应的活性基团不同,故反应类型多样,主要包括纤维素的化学反应、酯键的水解、芳环侧基上的取代、氯化反应、环化反应、氨基的阳离子化等,下面将逐一介绍。

8.3.1 纤维素的化学改性

纤维素(cellulose)是通过化学改性的天然高分子,它是由基本结构单元葡萄糖以 β-1,4-糖苷键连接而形成的高分子,结构示意图见图 8-9(a)。纤维分子间具有较强的氢键作用,结晶度较高(60%~80%),高温下难以熔融,不溶于水或其他溶剂,但可溶于一定浓度的 NaOH 溶液和 H₂SO₄ 溶液。纤维素的每个结构单元含有三个羟基,通过其与化学试剂发生反应,可获得一系列纤维素衍生物,如图 8-9(b)所示。纤维素在进行化学改性前,常需进行预溶胀,便于化学试剂的渗透,从而有利于反应的进行。目前,重要的纤维素衍生物类型有黏胶纤维、纤维素硝酸酯、纤维素醋酸酯、纤维素醚类(如甲基纤维素、乙基纤维素、羧甲基纤维素等)。

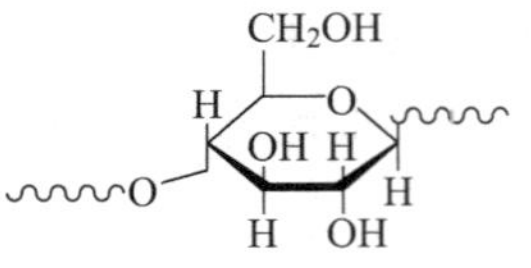

图 8-9 纤维素的结构示意图（a）及其化学改性示意图（b）

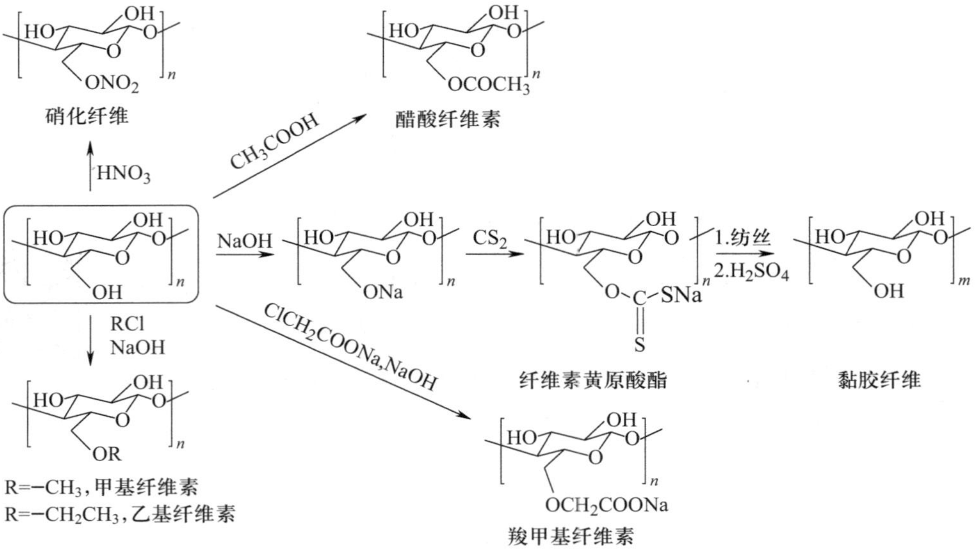

1. 黏胶纤维的制备

黏胶纤维属于再生纤维素，常以廉价的木浆或棉短绒为原料，先经溶胀和化学反应，然后再通过水解、沉析、凝固而成，其制备过程见图 8-10。首先可采用 20% NaOH 溶液处理纤维素，使其溶胀并部分转换成碱纤维素；通常在进行下一步反应前需在室温放置几天熟化，氧化降解，使其聚合度适度降低；然后在 15~20 ℃下用二硫化碳（CS$_2$）对碱纤维素进行黄原酸的酸化处理，从而制得纤维素黄原酸钠胶液；因纤维素黄原酸钠不稳定，然后在室温条件下部分黄原酸钠发生水解反应生成羟基，成为黏度较大的纺前黏胶液；最后黏胶液经纺丝拉伸凝固成丝，再进一步与酸反应，水解生成纤维素黄原酸，同时脱出二硫化碳，再生出纤维素。与原始纤维素相比，黏胶纤维的结构发生了变化，一是因为纤维素溶胀过程中的降解导致聚合度的降低，二是因为纤维素的结晶度显著降低。

2. 硝化纤维素的制备

硝化纤维素属于纤维素酯类，是较早研究成功的改性天然高分子。第一种人造纤维——硝化纤维素由英国人 Parks 研制成功，它是由纤维素在 25~40 ℃通过在硝酸和浓硫酸混合酸中的硝化反应所得到的（图 8-11），其中发挥酯化作用的是硝酸，而浓硫酸起到催化和脱水的双重作用。

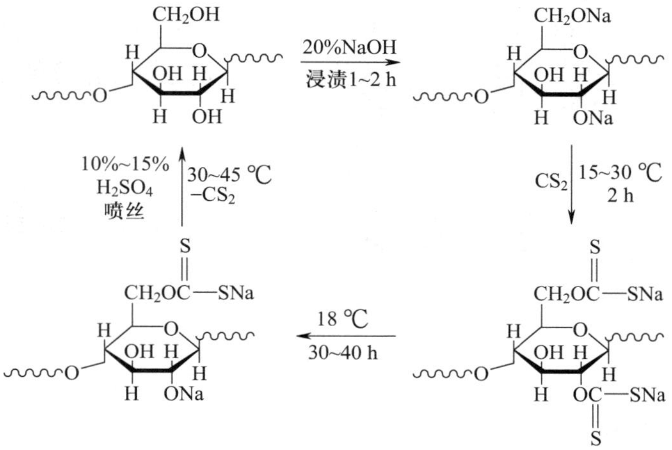

图 8-10　黏胶纤维的制备示意图

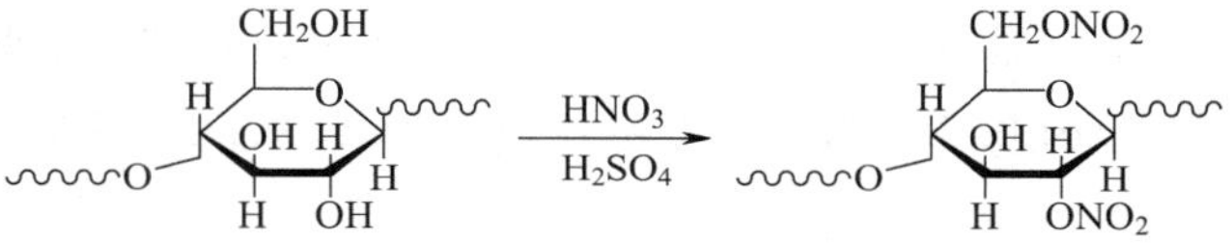

图 8-11　硝化纤维素的制备示意图

　　纤维素中每个葡萄糖结构单元上有 3 个羟基,实际上并非所有羟基都参与酯化反应,每个单元中被取代的羟基数定义为取代度,工业则常用含氮量(质量分数)来衡量硝化程度。理论上,硝化纤维素最大取代度为 3,对应硝化程度为 14.4%,但实际低于此值。纤维素的硝化程度不同,对应硝化纤维素的用途差别较大,高氮含量的可用作炸药,低氮含量的可用作塑料和涂料等,具体参见表 8-1。

表 8-1　硝化纤维素的氮含量及其用途

氮含量 /%	取代度	用途
11	1	塑料
12~13	2	清漆、涂料、黏合剂
12.5~13.6	3	炸药

3. 醋酸纤维素的制备

　　醋酸纤维素也属于纤维素酯类,由纤维素在硫酸催化作用下与冰醋酸或醋酸酐进行乙酰化反应制得(图 8-12)。通过上述反应,纤维素可直接酯化成三醋酸纤维素,要想获得部分酯化的醋酸纤维素,只能通过三醋酸纤维素的部分水解来获得。酯化程度不同,醋酸纤维素的用途也有差异。通常,二醋酸和三醋酸纤维素可用作人造丝、薄膜等,一取代醋酸纤维素可用作透明高强度塑料、胶卷、录像带等。

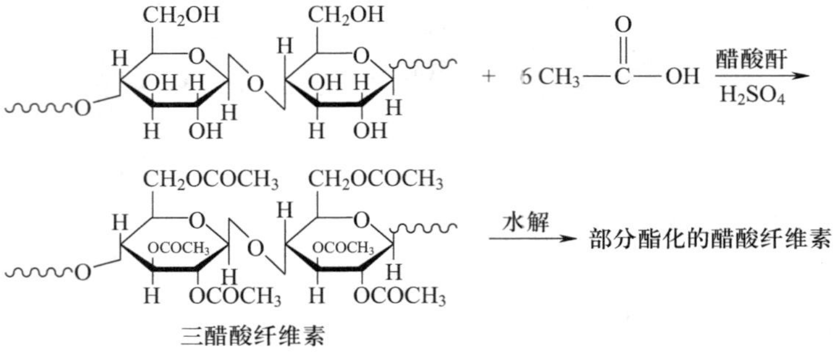

图 8-12　醋酸纤维素的制备示意图

4. 纤维素的醚化

纤维素的醚化是指在碱液中溶胀的纤维素（即碱纤维素），与卤代烷烃（常用卤代甲烷、卤代乙烷）、氯代乙酸、环氧乙烷或环氧丙烷等进行的反应，从而可在纤维素结构中，引入醚键或其他功能基。通过纤维素的醚化，可得到甲基纤维素、乙基纤维素、羧甲基纤维素、羟乙基纤维素、羟丙基纤维素等一系列纤维素醚类产品，其中除了乙基纤维素为油溶性外，其他醚类衍生物大都为水溶性产品。

甲基纤维素可分别通过碱纤维素与卤代甲烷的反应制得，合成示意图见图 8-13；若将卤代乙烷替代卤代甲烷则可制备乙基纤维素。因纤维素结构中烷氧基的引入，减弱了纤维素分子间的氢键作用，使得纤维素的水溶性能增加；但取代度增加过高，会导致纤维素水溶性的降低。甲基纤维素除了用作食品增稠剂外，还可作为墨水、黏合剂、织物处理剂的组分；而乙基纤维素，因其是油溶性的，可用作涂料、织物浆料等的主要成分。

$$P\!-\!OH + NaOH + CH_3Cl \longrightarrow P\!-\!OCH_3 + NaCl + H_2O$$

图 8-13　甲基纤维素的制备示意图

羧甲基纤维素可由碱纤维素与氯乙酸反应制得，其钠盐则可由碱纤维素与氯乙酸钠的反应获得（图 8-14）。羧甲基纤维素用途较广，可用作胶体保护剂、黏结剂、增稠剂、表面活性剂等。

$$P\!-\!OH + NaOH + ClCH_2COOH \longrightarrow P\!-\!OCH_2COOH + NaCl$$
羧甲基纤维素

$$P\!-\!OH + NaOH + ClCH_2COONa \longrightarrow P\!-\!OCH_2COONa + NaCl$$
羧甲基纤维素钠

图 8-14　羧甲基纤维素及其钠盐的制备示意图

此外，羟乙基纤维素或羟丙基纤维素则可由纤维素与环氧乙烷或环氧丙烷反应来制得，其中羟乙基纤维素可用作水溶性整理剂和锅炉水的去垢剂。

8.3.2 聚醋酸乙烯酯的转化

聚醋酸乙烯酯（PVAc）的水解或醇解常用于制备聚乙烯醇（PVA）。聚乙烯醇是合成纤维维尼纶的主要原料，也是优良的乳化剂和胶黏剂。因乙烯醇不稳定，无法游离存在，将迅速异构化为乙醛，故聚乙烯醇的制备只能通过醋酸乙烯酯先聚合成PVAc，然后进一步醇解反应来制备（图8-15）。PVAc醇解前后聚合度几乎不变，是相似转变的典型例子之一。在醇解过程中，酯基不可能完全转换成羟基，其转换程度可由酯基转变的摩尔分数来表示，即醇解度。产物的醇解度与其水溶性有关，进而决定着产物的具体应用领域。用作纤维的聚乙烯醇一般要求醇解度高于99%，作为氯乙烯悬浮聚合的分散剂则需要醇解度达到80%，而用作油溶性分散剂则需要醇解度小于50%。

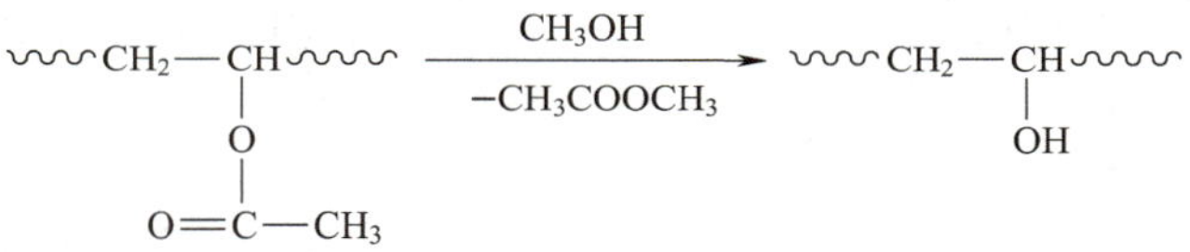

图 8-15 聚乙烯醇的制备示意图

聚乙烯醇纤维因其亲水性较强，常需进一步与甲醛发生缩醛化反应以降低其亲水性，该反应所得的纤维称作维尼纶。聚乙烯醇的缩醛化反应可在分子间进行形成交联点，也可在分子内进行形成六元环（图8-16）。

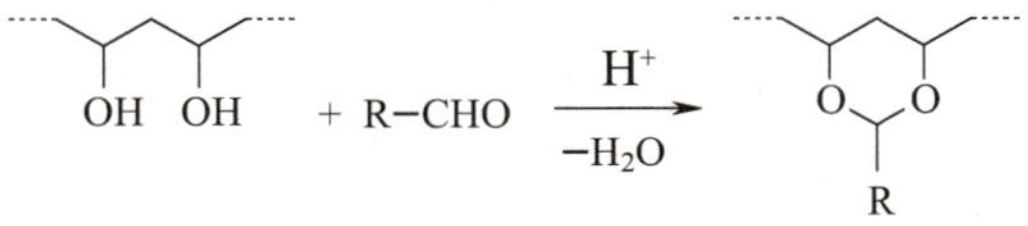

图 8-16 聚乙烯醇的缩醛化反应示意图

此外，聚乙烯醇缩甲醛还可用作涂料和黏合剂，聚乙烯醇缩丁醛和玻璃具有较强的结合力，可用作安全玻璃夹层的黏合剂。

8.3.3 芳环侧基上的取代

大分子中芳环侧基上的取代反应，主要是指利用大分子链上的苯环所发生的烷基化、氯化、磺化、氯甲基化、硝化、羟甲基化等一系列取代反应，从而达到在大分子链上引入功能性基团的目的，是制备功能高分子材料的重要手段之一（图8-17）。下面以离子交换树脂的制备为例，对大分子链上苯环侧基的取代反应进行阐述。

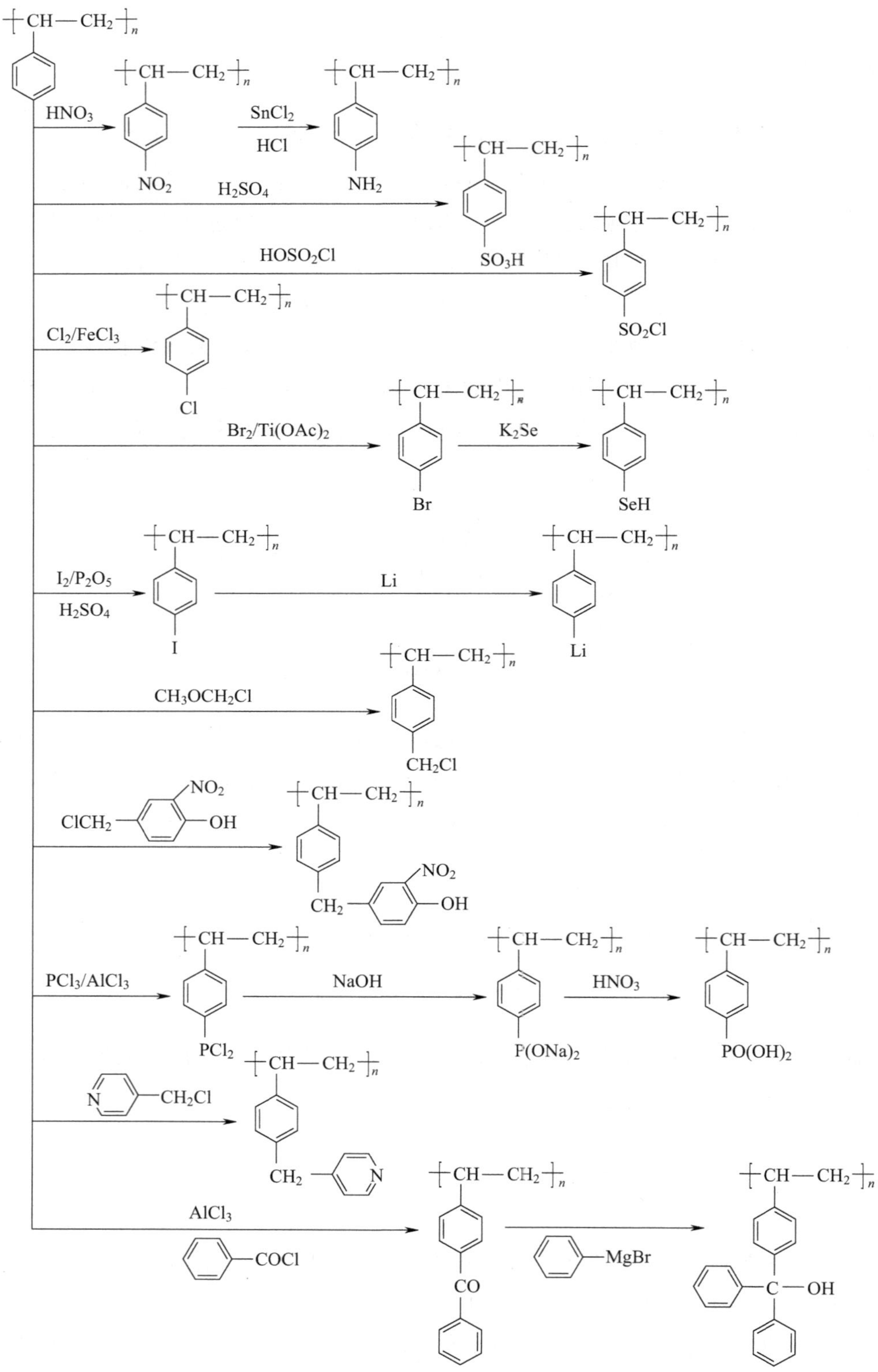

图 8-17 聚合链中苯环侧链引入活性基团的反应示意图

离子交换树脂的载体为苯乙烯和二乙烯基苯的交联共聚物,位于聚合物骨架侧链位置的苯环很容易发生取代反应,利用该反应特性可在载体中引入各种功能性基团。如通过侧基苯环与浓硫酸或氯磺酸进行磺化反应,可制得质子型强酸性阳离子交换树脂;若想获得钠盐型强酸型阳离子交换树脂,将上述所得的质子型树脂用氢氧化钠水溶液溶胀后进行离子交换即可获得。此外,先通过苯乙烯–二乙烯苯交联共聚物在催化剂作用下与氯甲基甲醚进行氯甲基化反应,然后再与不同级别的有机胺进行反应,从而获得强碱性或弱碱性阴离子交换树脂。

8.3.4 氯化反应

根据聚合物中是否含有不饱和碳–碳双键,聚合物的氯化反应可分为两种:一是大分子链中的不饱和双键与氯气或氯化氢进行的加成反应;二是大分子主链所含的(活泼)氢原子与氯气间的取代反应,有时两种作用同时发生。

1. 聚二烯烃的氯化——加成反应

聚二烯烃的氯化,如聚丁二烯,可通过大分子中不饱和碳碳双键与氯气发生加成反应来实现,与烯烃单体的加成反应类似,较为简单。而天然橡胶因具有独特的结构组成,其氯化过程较为复杂。通常,天然橡胶的氯化可在四氯化碳或氯仿溶液中在 $80{\sim}100\,°C$ 下进行,产物含氯量高达 65%,氯化反应除了在双键位置发生加成外,还可与烯丙基氢发生取代反应(图 8–18)。此外,天然橡胶还可在苯或氯代烃溶液中与氯化氢发生亲电加成反应,其加成规律符合马尔科夫尼科夫规则,即氯原子加在含氢原子较少的碳原子上。

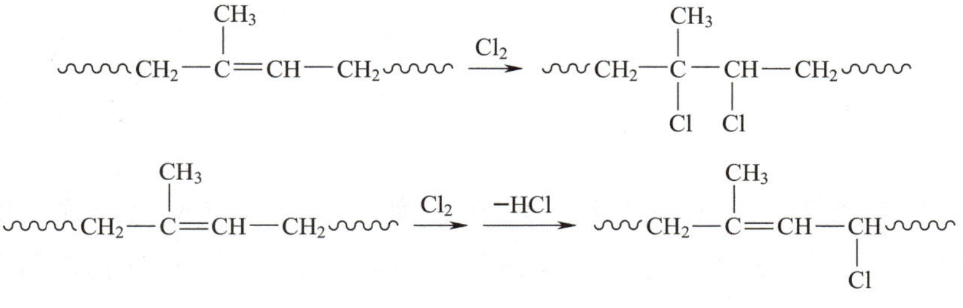

图 8–18　天然橡胶的氯化

氯化橡胶不能透水,耐无机酸碱和大部分化学品,可用作防腐蚀涂料和黏合剂。

2. 聚烯烃和聚氯乙烯的氯化——取代反应

聚乙烯(PE)的结构组成与烷烃相似,具有耐酸碱、化学惰性等特点,但因大分子链主要由碳原子、氢原子组成,导致其易燃。可通过在聚乙烯结构组成中引入氯原子,从而可提高其阻燃性能。在适当温度下或经紫外线照射及在氯气作用下,PE 中的部分氢原子可被氯原子取代,形成氯化聚乙烯(CPE)[图 8-19(a)]。氯化后的聚乙烯,可燃性明显降低。此外,聚乙烯引入氯原子,还可通过氯磺化反应来实现[图 8-19(b)]。

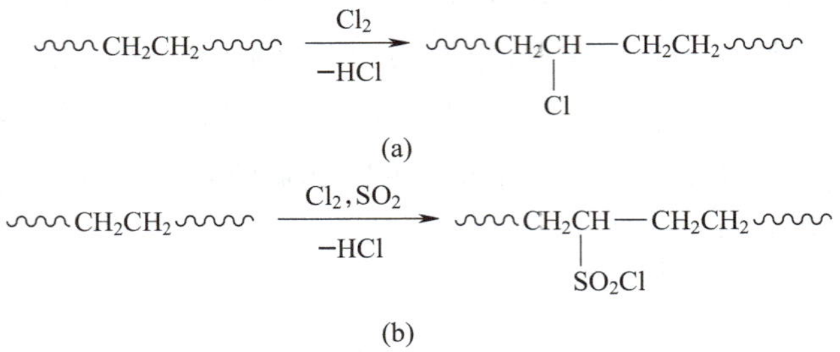

$$\sim\sim CH_2CH_2\sim\sim \xrightarrow[-HCl]{Cl_2} \sim\sim CH_2CH-CH_2CH_2\sim\sim$$
$$|$$
$$Cl$$

(a)

$$\sim\sim CH_2CH_2\sim\sim \xrightarrow[-HCl]{Cl_2, SO_2} \sim\sim CH_2CH-CH_2CH_2\sim\sim$$
$$|$$
$$SO_2Cl$$

(b)

图 8-19 聚乙烯的氯化(a)及氯磺化(b)

CPE 的氯含量可在 10%~70% 范围内调节,氯含量的多少决定着其主要性能及用途。氯含量较低时,其性能与聚乙烯类似,可用作塑料;氯含量 30%~40%,为弹性体,与聚氯乙烯具有良好的相容性,用作聚氯乙烯抗冲击改性剂;当氯含量大于 40% 时,则刚性增加,变硬。

氯磺化聚乙烯为弹性体,具有优良的机械强度、耐腐蚀性、耐候性及阻燃性能,可用作特殊场合的填料管和软管,还可用作涂层。

聚丙烯的氯化主要通过含有的叔氢原子与氯气间的取代反应进行,氯化后的聚丙烯因结晶度降低,并发生降解反应,力学性能降低。但因氯原子的引入,极性和黏结力增强,氯化聚丙烯可作为聚丙烯的附着力促进剂。

聚氯乙烯属于通用塑料,但其热变形温度低,约 80℃。水介质中,50℃ 条件下,在氯气作用下,聚氯乙烯亚甲基中的氢原子被氯原子取代。通过氯化,聚氯乙烯的耐热性得到明显的提高,同时其溶解性、耐候性、耐腐蚀性、阻燃性能都有相应的改善。

8.3.5 环化反应

某些聚合物受热时,通过侧基反应可环化,如聚丙烯腈(PAN)经预氧化和环化反应可形成梯形结构(图 8-20),可作为碳纤维制备的前驱体。这种环化产物在惰性气体保护下依次经过低温碳化(温度一般为 300~800℃)和高温碳化(温度一般为 1 000~1 400℃),可得到碳含量高于 90% 的碳纤维;若要制备高模量碳纤维,还需将普通碳纤维进行高温石墨化处理,通常在惰性气体氩气中在 1 800℃ 以上的高温下进行,在该过程中非碳元素进一步脱出,碳纤维的乱层石墨结构逐渐转变为更加规则的类石墨结构,最后碳纤维中碳元素的含量可达 97%。碳纤维(carbon fiber)是一种新型高强度、高模量的材料,与树脂、金属、陶瓷等复合后可得到高性能复合材料,在航空航天、军事、民用工业等方面具有重要的应用。

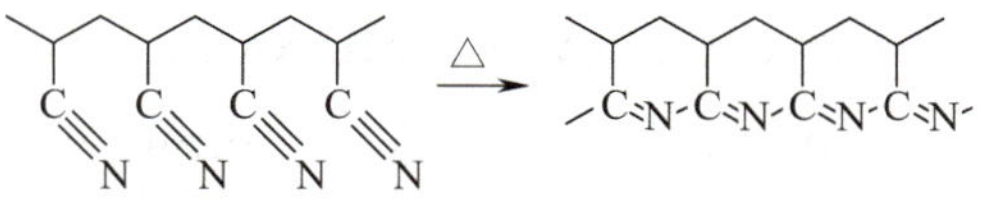

图 8-20 聚丙烯腈的环化反应

8.3.6 聚丙烯酰胺的基团反应

8-2 8.3节
思考题

聚丙烯酰胺的基团反应是早期制备阳离子聚丙烯酰胺（CPAM）的一种方法，主要通过把氯化胆碱加入含有次氯酸钠、氢氧化钠的聚丙烯酰胺水溶液中，依据 Hoffman 降解反应所制得的，具体见图 8-21。

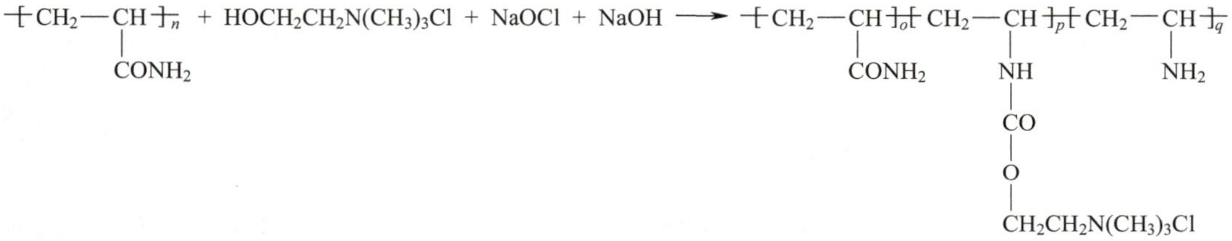

图 8-21 聚丙烯酰胺的阳离子化反应

目前，阳离子聚丙烯酰胺的制备较少采用上述方法，主要采用阳离子单体与丙烯酰胺共聚的方法来制备。CPAM 是由美国 Cyanamid 公司在 20 世纪 50 年代左右开发的一种高分子化合物。CPAM 具有较高的分子量和正电特性，且成本低、絮凝效率高，故已成为当前在水处理领域中应用最为广泛的有机絮凝剂。

8.4 聚合度增加的化学反应

聚合物聚合度增加的化学反应，主要包括聚合物的接枝共聚反应、嵌段共聚反应、扩链反应、交联反应等。

8.4.1 接枝共聚

所谓接枝共聚是指通过化学反应在聚合物分子主链上连接结构、组成不同的支链，接枝后所得聚合物称为接枝共聚物（图 8-22）。接枝共聚物的性能取决于主链和支链的组成结构和长度，以及支链数。根据接枝点产生方式不同，接枝共聚可分为以下三类：长出支链、嫁接支链和大单体共聚接枝。下面将逐一介绍。

图 8-22　接枝共聚物结构示意图

1. 长出支链（grafting from）

长出支链是指大分子主链中的某一位置在一定条件下产生活性中心,再引发另一单体进行的聚合反应（图 8-23）。该法是工业上最常用的接枝方式,支链的长出既可通过自由基向大分子链转移的方式来实现,也可利用侧基反应来达到。

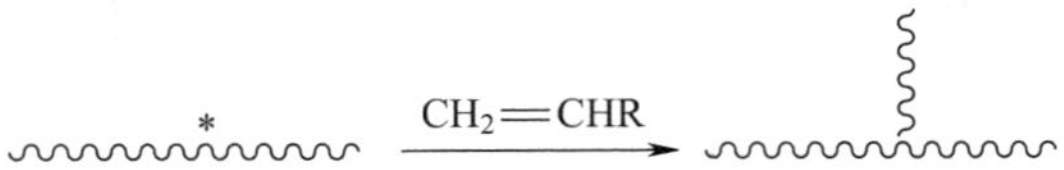

$$\underset{\sim\!\sim\!\sim\!\sim\!\sim\!\sim\!\sim\!\sim\!\sim\!\sim\!\sim\!\sim}{\overset{*}{}} \xrightarrow{\ CH_2\!=\!CHR\ } \sim\!\sim\!\sim\!\sim\!\sim\!\sim\!\sim\!\sim$$

图 8-23　长出支链法

常见的抗冲聚苯乙烯（HIPS）、ABS、MBS,是按自由基机理接枝聚合生产的,其接枝聚合物的主要原理（图 8-24）是:体系中形成的自由基向大分子链发生转移,产生自由基接枝点,继而引发单体聚合形成接枝共聚物。该方式的接枝聚合,其接枝位置难以确定,并常伴有均聚物的存在。另外,二烯烃聚合物可按照图 8-25 进行接枝共聚反应。

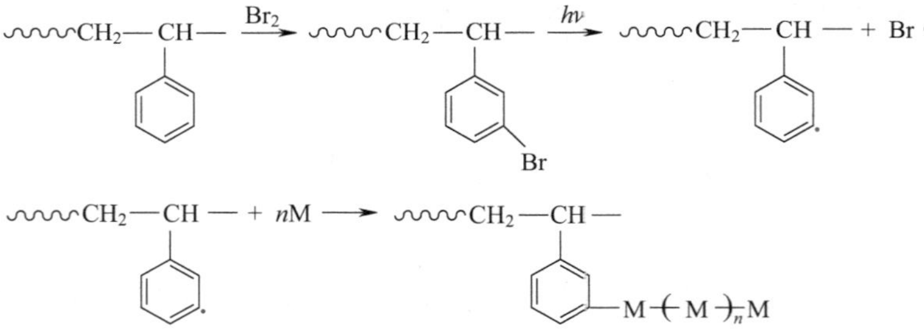

图 8-24　聚苯乙烯或其共聚物接枝共聚反应示意图

$$R\cdot + \sim\!\sim\!CH_2\!-\!CH\!=\!CH\!-\!CH_2\!\sim\!\sim \longrightarrow RH + \sim\!\sim\!\overset{\cdot}{C}H\!-\!CH\!=\!CH\!-\!CH_2\!\sim\!\sim$$

$$\downarrow St$$

$$\sim\!\sim\!CH\!-\!CH\!=\!CH\!-\!CH_2\!\sim\!\sim$$

$$(St)_n\!\sim\!\sim$$

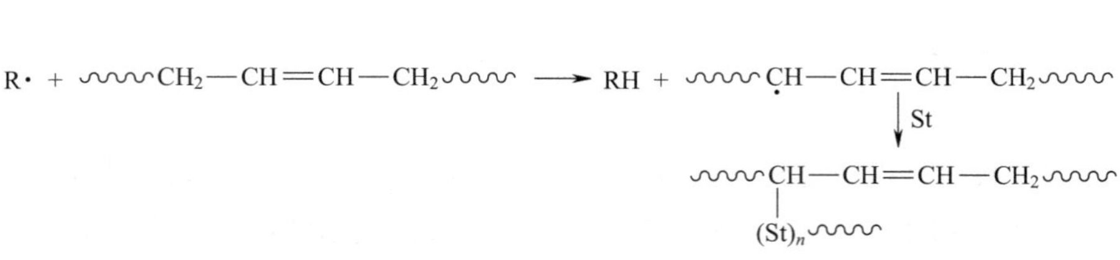

图 8-25　二烯烃聚合物接枝共聚反应示意图

此外,还可通过侧基反应直接在大分子链上产生自由基,引发单体进行接枝共聚。常用的引发剂为 Ce⁴⁺ 盐,通过单电子转移反应,使大分子链上直接产生自由基,进而引发单体进行聚合反应(图 8-26)。可采用该种方法的大分子需满足以下条件:与极性侧基(羟基或氨基)相连的主链碳原子上必须含有活泼氢原子,常见的大分子主要包括纤维素、淀粉、壳多糖等。因侧基反应只在大分子主链上产生自由基,故该法接枝效率高。

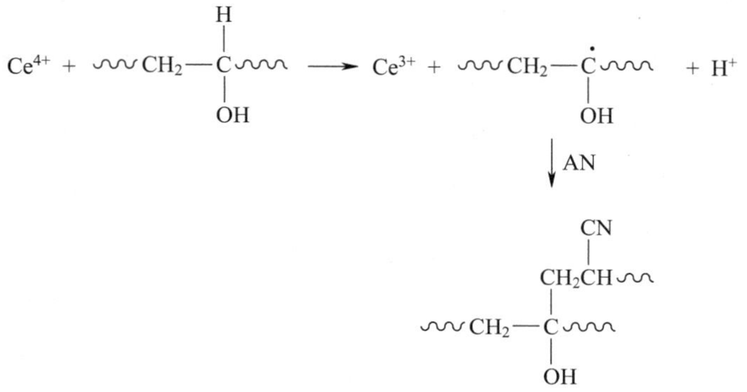

图 8-26　Ce⁴⁺ 引发的接枝共聚反应

2. 嫁接支链(grafting onto)

嫁接支链是指一种大分子主链带有活性侧基(—X),另一种大分子带有活性端基(—Y),通过上述两种活性基团的反应,从而将支链嫁接到主链上(图 8-27)。

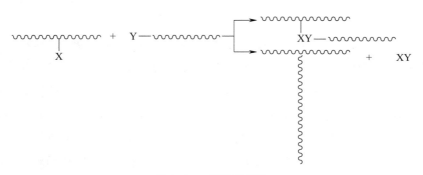

图 8-27　嫁接支链法

通过该类方法一般需要合成两种类型的活性大分子,所得接枝共聚物的结构清晰(包括主链长度、接枝链长度及位置等)。离子聚合最适合采用该法,带有酯基、酸酐基、苄基卤、吡啶基等亲电侧基的大分子很容易与活性聚合物阴离子进行偶合[图 8-28(a)],接枝效率高达 80%~90%。另外,也可通过点击化学实现嫁接支链,见图 8-28(b)。

3. 大单体共聚接枝(graft through)

大单体共聚接枝是指大单体通过自身均聚或者与乙烯基单体共聚,从而获得以大单体侧基为支链的接枝聚合物(图 8-29)。

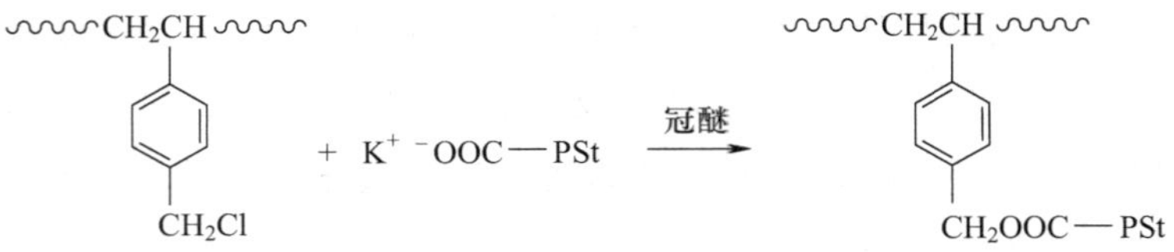

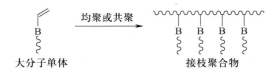

图 8-28　（a）离子聚合法和（b）点击化学制备接枝共聚物

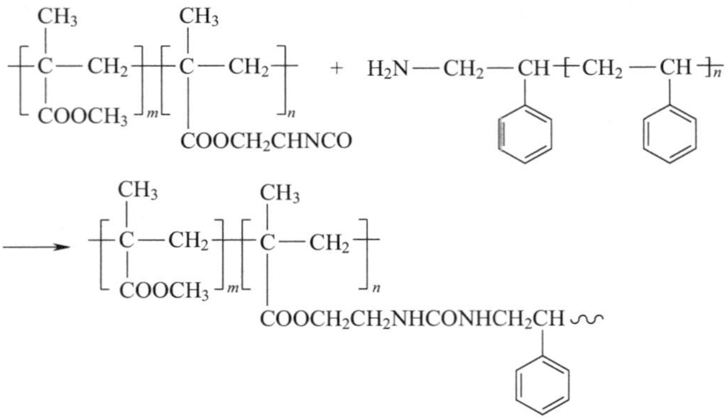

图 8-29　大单体共聚接枝法

　　大单体通常为带有双键端基的齐聚物,常采用活性阴离子聚合制得,双键可通过适当的引发反应或终止反应一步或分步引入,采用活性聚合法合成的大单体不仅分子量及分子量分布可控,而且功能化程度高,有利于实现对分子的设计。若大单体上的取代基不是很长,与普通乙烯基单体共聚后,则可形成梳状接枝共聚物。以含双键的聚苯乙烯为例,阐述其接枝共聚物的制备（图 8-30）。首先通过阴离子聚合物制得活性聚苯乙烯锂,将其先与环氧乙烷反应,再与甲基丙烯酰氯反应,从而将双键引入聚苯乙烯链末端;接着其在引发剂 AIBN 的作用下与丙烯酸酯类单体进行共聚反应制得接枝共聚物。

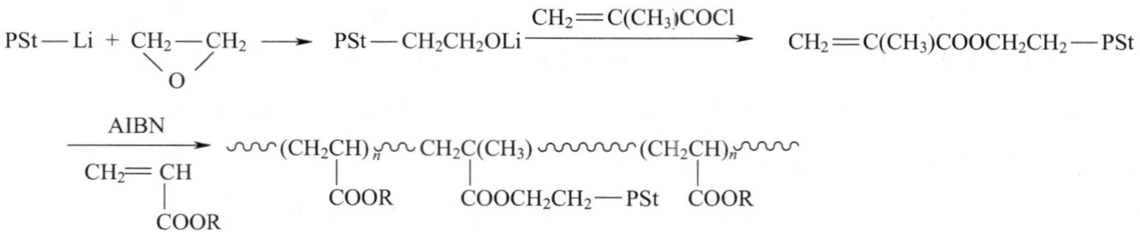

图 8-30　含双键的聚苯乙烯的接枝共聚反应

8.4.2 嵌段共聚

由两种或多种链段组成的线型聚合物称作嵌段共聚物(图8-31),常见的有 AB 型和 ABA 型(如 SBS),其中 A、B 都是长链段;也有(AB)$_n$ 型多段共聚物,其中 A、B 链段都相对较短。嵌段共聚物的性能与链段种类、长度、数量有关。有些嵌段共聚物的链段不相容,将分离成两相,其中的一相可以是结晶或无定形玻璃态分散相,另一相是高弹态连续相。

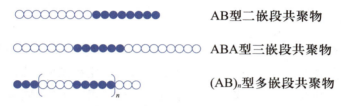

AB型二嵌段共聚物

ABA型三嵌段共聚物

(AB)$_n$型多嵌段共聚物

图 8-31 嵌段共聚物的三种类型

嵌段共聚物的合成方法原则上可以概括成两大类:(1)某单体在另一活性链段上继续聚合,增长成新的链段,最后终止形成嵌段共聚物。该法中活性阴离子聚合应用得最多。(2)两种组成不同的活性链段键合在一起,包括链自由基的偶合、双端基预聚体的缩合以及缩聚中的交换反应。

1. 活性阴离子聚合法

活性阴离子聚合法是工业上制备嵌段共聚物常用的方法(图8-32)。可通过依次加入不同单体的活性聚合,实现获得嵌段共聚物。工业上 SBS 热塑性弹性体的制备就是最典型的粒子,其中 S 代表苯乙烯段(硬段),B 代表丁二烯段(软段),也可以是异戊二烯。

$$RLi + A \longrightarrow RA_m^{\ominus}Li^{\oplus} \xrightarrow{B} RA_mB_n^{\ominus}Li^{\oplus} \xrightarrow{H_2O} RA_mB_nH + LiOH$$

图 8-32 活性阴离子聚合法制备嵌段共聚物

除了活性阴离子聚合法外,引发转移终止法、自由基活性聚合法、阳离子活性聚合法、基团转移聚合等方法也可用于制备嵌段共聚物。

2. 特殊引发剂法

特殊引发剂主要是指带有两种引发类型的引发剂,即双功能基引发剂。通过双功能基引发剂先引发一种单体聚合后得到具有引发活性的大分子,然后再引发另一种单体聚合,最终制备嵌段共聚物[图8-33(a)],故也可称为大分子引发剂法。双功能引发剂的引发机理可按照自由基聚合机理进行,如含偶氮和过氧化酯类双功能引发剂;也可通过自由基聚合和缩聚相结合的方式进行,如偶氮和酰氯等官能团的双功能引发剂。此外,大分子功能基偶合法[图8-33(b)]一般也归属于该法。

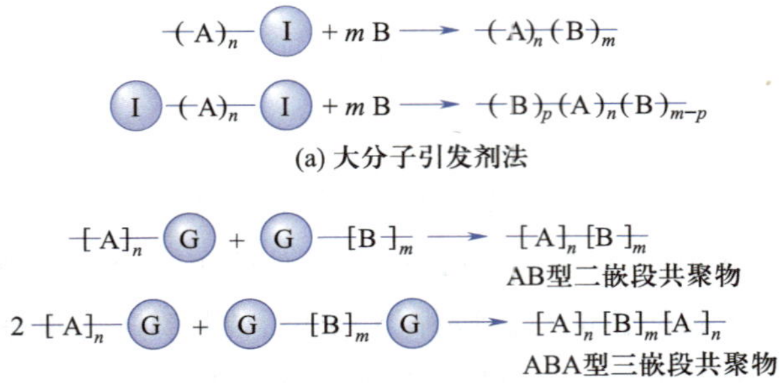

$$-(A)_n-I + mB \longrightarrow -(A)_n-(B)_m$$
$$I-(A)_n-I + mB \longrightarrow -(B)_p(A)_n(B)_{m-p}$$

(a) 大分子引发剂法

$$-[A]_n-G + G-[B]_m \longrightarrow -[A]_n[B]_m$$
AB型二嵌段共聚物

$$2-[A]_n-G + G-[B]_m-G \longrightarrow -[A]_n[B]_m[A]_n$$
ABA型三嵌段共聚物

(b) 功能基偶合法

图 8-33   特殊引发剂法制备嵌段共聚物

3. 力化学法

力化学法就是通过剪切力打断大分子链,让其重组形成嵌段共聚物的方法。两种聚合物共同塑炼或在浓溶液中高速搅拌,当剪切力大到一定程度时,两种聚合物主链将分别断裂成两种链自由基,通过交叉偶合终止就可制得嵌段共聚物,同时产物中免不了混有原来的两种均聚物[图 8-34(a)]。

当一种聚合物 A 与另一种单体 B 一起塑炼时[图 8-34(b)],也可形成嵌段共聚物 AB[图 8-33(b)],但混有均聚物 B。聚苯乙烯在乙烯的存在下塑炼或与聚乙烯一起塑炼,就有 P(St-b-E)嵌段共聚物形成。

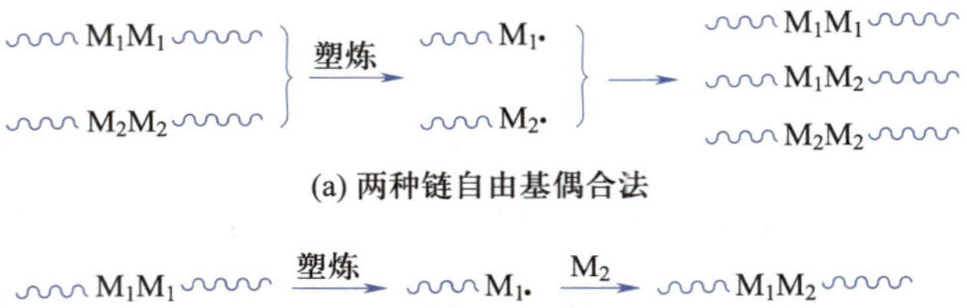

$$\sim M_1M_1\sim \quad \sim M_2M_2\sim \quad \xrightarrow{塑炼} \quad \sim M_1\cdot \quad \sim M_2\cdot \quad \longrightarrow \quad \sim M_1M_1\sim \quad \sim M_1M_2\sim \quad \sim M_2M_2\sim$$

(a) 两种链自由基偶合法

$$\sim M_1M_1\sim \xrightarrow{塑炼} \sim M_1\cdot \xrightarrow{M_2} \sim M_1M_2\sim$$

(b) 大分子链自由基共聚法

图 8-34   力化学法制备嵌段共聚物

4. 缩聚反应

通过缩聚中的交换反应,如将两种聚酯、两种聚酰胺或聚酯聚酰胺共热至熔点以上,可形成新聚酯、新聚酰胺或聚酯 – 聚酰胺嵌段共聚物。此外,聚醚二元醇或聚酯二元醇与二异氰酸酯反应合成的聚氨酯也可以看作嵌段共聚物,只是异氰酸酯部分较短而已。

8.4.3   扩链

分子量不高的预聚物,通过适当的方法,使两个大分子连接在一起,分子量成倍增加,这一过程称为扩链。

通常,带有端基的聚丁二烯(遥爪预聚物 M_w=3 000~6 000)呈液体状态,也称液体橡胶,在浇注成型过程中,通过端基间反应,扩链成高聚物。此类反应属于扩链反应。但是,低分子预聚物继续增长成高分子量聚合物或者两预聚物侧基反应形成交联聚合物的情况,均不宜称作扩链。

液体橡胶主要是丁二烯预聚体或共聚体,也有异戊二烯、异丁烯、环氧氯丙烷、硅氧烷等低聚物。活性端基有羟基、羧基、氨基、环氧基等端基预聚物可以按许多聚合原理合成。端基聚合物(遥爪聚合物)的制备方法主要包括自由基聚合、阴离子聚合和缩聚反应。

二元酸和二元醇缩聚时,酸或醇过量可制得端羧基或端羟基预聚物。根据端基的不同,选用适当的二官能度或多官能度化合物进行反应,才能进行扩链或交联,见表8-2。

表 8-2　预聚物的端基和扩链剂基团

活性端基	扩链剂的官能团
—OH	—NCO
—COOH	环氧基, —OH
环氧基	—NH₂, —OH, —COOH,酸酐
—NCO	—OH, —NH₂, —NHR, —COOH

8.4.4　交联

交联可分为化学交联和物理交联两类,前者是指大分子间由共价键结合起来的交联,后者则是由氢键、极性键等物理力结合的交联。那么,一般什么时候会遇到交联问题呢?通常有两种场合会遇到交联问题:一是为了提高聚合物的使用性能,人为地进行交联,如橡胶硫化以发挥高弹性,塑料交联以提高强度和耐热性,漆膜交联以固化,皮革交联以消除无限溶胀,棉、丝织物交联以防皱等;二是使用环境中的老化交联,该过程会使聚合物性能变差,实际应用中需积极采取防老措施。

本节主要讨论聚合物或预聚物通过化学反应所进行的交联,包括不饱和橡胶的硫化、饱和聚合物的过氧化物交联、类似缩合反应的交联、光或辐射交联等(二烯类橡胶的硫化、过氧化物自由基交联、缩聚及相关反应交联、辐射交联)。

1. 二烯类橡胶的硫化

未经交联的天然橡胶或合成橡胶生胶,硬度和强度低,弹性差,大分子间容易相互滑移,难以应用;只有将天然橡胶与单质硫共热交联后,制得的橡胶制品才具有应用价值。此外,顺丁橡胶、异戊橡胶、氯丁橡胶、丁苯橡胶、丁腈橡胶等二烯类合成橡胶以及乙丙三元胶主链上都存在双键,经硫化交联后才能发挥其高弹性。聚丁二烯橡胶中烯丙基氢和双键都是交联的活性点。用硫交联综合反应简示如下：

$$\sim\sim CHCH = CHCH_2 \sim\sim$$
$$|$$
$$S_m$$
$$|$$
$$\sim\sim CH_2CH - CH_2CH_2 \sim\sim$$

硫化属于离子反应机理，主要包括如下反应：

（1）引发

$$S_8 \xrightarrow{\triangle} {}^{\delta+}S_m - S_n^{\delta-} \quad (m+n=8)\text{镁离子}$$

$${}^{\delta+}S_m - S_n^{\delta-} + \sim\sim CH_2 - \underset{CH_3}{\overset{|}{C}} = CH - CH_2 \sim\sim \longrightarrow \sim\sim CH_2 - \underset{CH_3}{\overset{|}{\overset{S_m^+}{C}}} \overset{\overset{}{\underset{H}{C}}}{} - CH_2 \sim\sim + S_n^-$$

（2）生成碳阳离子

$$\sim\sim CH_2 - \overset{S_m^+}{\underset{CH_3}{\overset{|}{C}}} \overset{}{\underset{H}{C}} - CH_2 \sim\sim + \sim\sim CH_2 - \underset{CH_3}{\overset{|}{C}} = CH - CH_2 \sim\sim \longrightarrow \sim\sim CH_2 - \overset{H}{\underset{CH_3}{\overset{|}{C}}} \overset{S_m}{\underset{H}{\overset{|}{C}}} - CH_2 \sim\sim$$

$$+ \sim\sim \overset{+}{CH} - \underset{CH_3}{\overset{|}{C}} = CH - CH_2 \sim\sim$$

$$\sim\sim \overset{+}{CH} - \underset{CH_3}{\overset{|}{C}} = CH - CH_2 \sim\sim \xrightarrow{S_8} \sim\sim \overset{S_m^+}{CH} - \underset{CH_3}{\overset{|}{C}} = CH - CH_2 \sim\sim \xrightarrow{\sim\sim CH_2 - \underset{CH_3}{\overset{|}{C}} = CH - CH_2 \sim\sim}$$

$$\sim\sim \underset{S_m}{\overset{|}{CH}} - \underset{CH_3}{\overset{|}{C}} = CH - CH_2 \sim\sim \xrightarrow{\sim\sim CH_2 - \underset{CH_3}{\overset{|}{C}} = CH - CH_2 \sim\sim} \sim\sim \underset{S_m}{\overset{|}{CH}} - \underset{CH_3}{\overset{|}{C}} = CH - CH_2 \sim\sim \quad +$$
$$\sim\sim CH_2 - \underset{CH_3}{\overset{|}{\overset{+}{C}}} - CH - CH_2 \sim\sim \qquad\qquad \sim\sim CH_2 - \underset{CH_3}{\overset{|}{C}} - CH_2 - CH_2 \sim\sim$$

$$\sim\sim \overset{+}{CH} - \underset{CH_3}{\overset{|}{C}} = CH - CH_2 \sim\sim$$

（3）形成硫环结构

$$\sim\sim CH_2CH - CHCH_2 \sim\sim$$
$$| \qquad |$$
$$S_m \quad S_n$$
$$| \qquad |$$
$$\sim\sim CH_2CH - CHCH_2 \sim\sim$$

双长硫桥　　　　　　　　环硫

为了提高硫化速率和硫的利用率,工业上硫化常加入有机硫化合物作促进剂,如四甲基秋兰姆二硫化物、二甲基二硫代氨基甲酸锌、二巯基苯并噻唑、苯并噻唑二硫化物。添加秋兰姆类等硫化促进剂,可减少非有效交联,提高交联效率;添加氧化锌、硬脂酸盐等硫化活化剂,可提高硫化速率。

四甲基秋兰姆二硫化物　　　　二甲基二硫代氨基甲酸锌

苯并噻唑二硫化物　　　　　　二巯基苯并噻唑

2. 过氧化物自由基交联

将聚合物与过氧化物混合加热,过氧化物分解产生自由基,该自由基从聚合物链上夺氢转移形成高分子自由基,高分子自由基偶合就形成交联,其反应过程可示意如下:

$$ROOR \xrightarrow{\triangle} 2RO\cdot$$

$$RO\cdot + \sim\sim CH_2-CH_2\sim\sim \longrightarrow \sim\sim \overset{\cdot}{C}H-CH_2\sim\sim + ROH$$

$$2\sim\sim \overset{\cdot}{C}H-CH_2\sim\sim \longrightarrow \begin{array}{c} \sim\sim CH-CH_2\sim\sim \\ | \\ \sim\sim CH-CH_2 \end{array}$$

该法主要用于那些不含双键、不能用硫黄进行硫化的聚合物,如聚乙烯、乙丙橡胶和聚硅氧烷等。过氧化物也能使不饱和的聚合物交联,原理是自由基夺取丙烯基上的氢而后交联。

$$2RO\cdot + 2\sim\sim CH_2CH=CH-CH_2\sim\sim \longrightarrow 2\sim\sim \overset{\cdot}{C}HCH=CH-CH_2\sim\sim + 2ROH$$

$$\Downarrow$$

$$\begin{array}{c} \sim\sim CHCH=CH-CH_2\sim\sim \\ | \\ \sim\sim CHCH=CH-CH_2\sim\sim \end{array}$$

3. 缩聚及相关反应交联

体型缩聚中已经提及交联反应。例如在模塑成型过程中,酚醛树脂模塑粉受热,交联成热固性制品;环氧树脂用二元胺或二元酸交联固化;含有三官能团化学品的聚氨酯配方,成型和交联同时进行。

4. 辐射交联

辐射交联的机理主要属于自由基机理,其辐射交联过程主要包括以下两步:① 激发、电离、低速放出电子,产生离子,极短时间内离子和已激发的分子重排,同时失活和共价键断裂,产生离子或自由基;② 促使 C—C 和 C—H 断裂降解或交联。其中,降解和交联具体哪种反应占优势,主要取决于辐射剂量和聚合物的结构。通常,高剂量辐射有利于降解;当辐射剂量低时,则取决于聚合物结构,具体影响见表 8-3。

表 8-3　辐射对聚合物的影响

交联	解聚
聚乙烯	聚四氟乙烯
聚丙烯	聚异丁烯
聚苯乙烯	丁基橡胶
聚氯乙烯	聚 α- 甲基苯乙烯
聚丙烯酸酯	聚甲基丙烯酸甲酯
聚丙烯腈	聚甲基丙烯酰胺
二烯类橡胶	聚偏二氯乙烯
聚甲基硅氧烷	

　　有些体系交联速率慢,甚至低于断链速率,需要高剂量的辐射才能达到一定的交联程度,这样的体系通常需要添加交联增强剂。甲基丙烯酸丙烷三甲醇脂等多活性双键和多官能团化合物是典型的交联增强剂,与聚氯乙烯复合使用,可使交联效率提高许多倍。因辐射交联所能穿透的深度有限,故该类型反应仅限用于薄膜。

　　对有些场合而言,如宇航领域,需要使用耐辐射高分子材料。通常,主链或侧链含有芳环的聚合物耐辐射,如聚苯乙烯、聚碳酸酯、聚芳酯等。这主要归因于苯环是大共轭体系,会将能量传递分散,从而避免了因能量集中和价键破坏而导致的降解和交联。

8-3　8.4 节思考题

　　光能也可使聚合物交联,如常见的紫外线。目前应用光交联原理,发展了光固化涂料和光刻胶。

8.5　聚合物的降解与老化

　　聚合物的降解是指聚合物聚合度变小的反应,包括解聚、无规断链、低分子化合物的脱出等。影响聚合物降解的因素可分为物理因素和化学因素,前者主要包括热、机械力、超声波、光和辐射等,后者主要包括氧、水、化学品、微生物等。根据引起热降解的因素类型,聚合物降解可分为热降解、力学降解、光降解、化学降解、生物降解等。

　　聚合物的老化是指聚合物在使用过程中,因受环境中物理、化学因素的影响,力学性能变差的现象。聚合物在自然界中的老化,往往物理因素与化学因素并存,以聚合物的降解反应为主,并常伴有交联反应的发生。

那么研究热降解和老化有何目的呢?通常,聚合物材料在使用过程中,一般要避免降解反应,防止老化现象的发生;而聚合物材料在使用有效期之后被作为废弃物进行处理时,则希望聚合物可发生降解反应,便于废弃物的处理和回收再利用。为此,降解反应的研究目的可归纳为以下三个方面:① 有效利用资源,如天然橡胶硫化成型前的塑炼以降低分子量,废聚合物的高温裂解以回收单体,纤维素和蛋白质的水解以制葡萄糖和氨基酸;② 剖析降解产物,研究聚合物的结构,为合成新型聚合物做理论指导,如耐热高分子、易降解塑料等;③ 探讨老化机理,提出防老化措施,延长聚合物材料的使用寿命。

降解的类型:高分子发生降解可分为热降解、力学降解、光降解、化学降解、生物降解等;降解方式包括① 无规断链,大分子链段的断裂,如 PE;② 取代基的脱出,以小分子方式脱出,如 PVC;③ 解聚,变成单体分子,如 PMMA。

8.5.1 热降解

聚合物的热降解顾名思义就是聚合物在受热过程中发生的降解反应。例如,聚合物在加工或使用过程中温度较高时,可能会引起聚合物发生热降解反应。根据热降解反应机理,聚合物的热降解也可分为解聚、无规断链和侧基脱除三种方式,大多数聚合物发生热降解反应时常常不是按单一机理进行的,取决于降解温度。

1. 解聚

解聚是指聚合物受热发生降解时,大分子链的断裂发生在末端单体单元,导致单体单元逐个脱落生成单体,聚合度逐渐降低的反应,是聚合的逆反应。

1,1-双取代乙烯类单体所得的聚合物,在受热或高能辐射时,易解聚成单体;尤其在其聚合上限温度以上时,解聚更易进行。这可能是因为降解过程中形成的端自由基活性不太大,1,1-双取代聚合物中又没有易被吸取的原子,故难以发生链转移,最终按"拉链"式迅速逐一脱出单体。

主链带有季碳原子的聚合物,无叔氢原子,发生链转移较为困难,受热时易发生解聚反应。如聚甲基丙烯酸甲酯、聚(α-甲基苯乙烯)、聚异丁烯等。其中,聚甲基丙烯酸甲酯(PMMA)的解聚反应最为典型:聚合物受热时主链发生均裂,形成自由基,然后逐一脱除甲基丙烯酸甲酯(MMA)单体,进行解聚。在 270 ℃以下 PMMA 可完全解聚成 MMA 单体。若温度较高,则会伴有无规断链方式。故可利用该解聚机理,从废有机玻璃中有效回收 MMA 单体。

此外，聚四氟乙烯（PTFE）属于耐热的高分子，分子中的 C—F 键键能很大，在高温时先无规断链形成链自由基，因无链转移反应，迅速从端自由基开始，按照“拉链”式全部解聚成四氟乙烯单体。这也是实验室制备四氟乙烯单体的有效方法。

解聚反应除了通过自由基机理发生外，有的也可采用离子机理进行。如聚甲醛就是通过离子机理进行解聚。它在受热时也易解聚，解聚常从端羟基开始，然后“拉链”式脱出甲醛。在实际应用中，为了提高聚甲醛的热稳定性能，可通过其端羟基的酯化或醚化或者在聚合物中引入氧化乙烯单元。

2. 无规断链

无规断链是指大分子链受热时可能在任何位置发生断裂，聚合度迅速下降的过程。对于乙烯基聚合物，断链后生成的自由基活性高，经分子内“回咬”转移而断链，形成低分子，但较少形成单体。聚乙烯热降解主要采用该方式进行，具体过程见图 8-35。

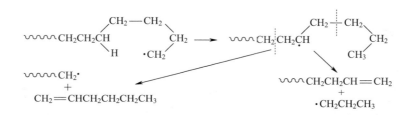

图 8-35 聚乙烯的热降解示意图

3. 侧基脱除

聚氯乙烯、聚氟乙烯、聚醋酸乙烯酯、聚丙烯腈等受热时，在温度不高的条件下，主链可暂不断裂，而脱除侧基。在降解初期，聚合物的主链并不断裂，但当侧基脱除反应发展到主链薄弱点较多时，也会发生主链断裂，从而导致全面降解。聚氯乙烯（PVC）的热降解属于典型的侧基脱除降解方式，其具体热降解过程如图 8-36 所示。

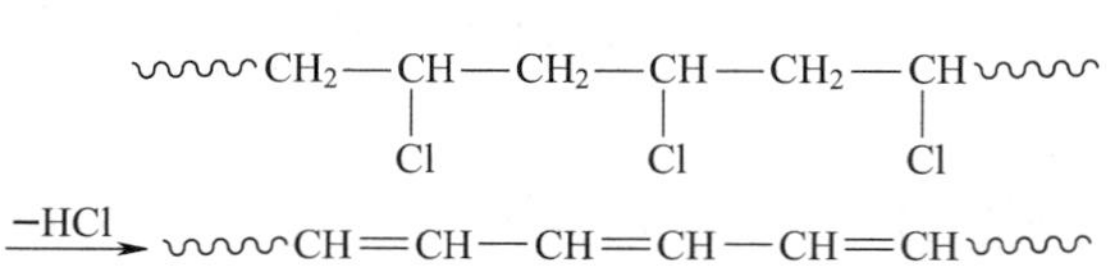

图 8-36 聚氯乙烯热降解示意图

聚氯乙烯受热脱氯化氢属于自由基机理，且从双键弱键开始，主要包括以下 3 步反应：

（a）PVC 分子中薄弱结构，特别是烯丙基氯，分解产生氯自由基。

$$\sim\sim CH{=}CH-CHCl-CH_2\sim\sim \longrightarrow \sim\sim CH{=}CH-\dot{C}H-CH_2\sim\sim + Cl\cdot$$

（b）氯自由基向 PVC 分子转移，从中夺取氢原子，形成氯化氢和链自由基。

Cl· + ～CH₂ — CHCl — CH₂ — CHCl～ ⟶ ～ĊH — CHCl — CH₂ — CHCl～ + HCl

（c）PVC链自由基脱除氯自由基，在分子链上形成双键或烯丙基。

双键的形成有助于邻近单元的活化，所生成烯丙基氢更易被新生的氯自由基所夺取，于是按照（b）和（c）两步反应反复进行，即发生所谓的"拉链"式连锁脱除氯化氢反应。

聚氯乙烯的加工成型温度范围通常为180~200℃，但其在80~200℃之间，常会发生非氧化热降解，脱出氯化氢，同时生成的氯化氢对PVC的脱氯化氢有催化作用，会加速PVC的降解，从而使聚合物颜色变深，并导致强度降低。此外，氧、铁盐对PVC脱氯化氢也有催化作用。热降解产生的氯化氢与加工设备反应形成的金属氯化物（如氯化铁）对上述脱除反应也有催化作用。所以在聚氯乙烯加工过程中需要添加热稳定剂，该助剂的加入可有效中和加工过程中生成的氯化氢，并使催化杂质钝化，以及破坏和消除残留引发剂和自由基等作用。此外，在伴有氧、光的条件下，聚氯乙烯更不稳定，还应加入抗氧剂和光稳定剂。

4. 热稳定性的主要研究方法

（1）**热重分析法** 该法主要借助热重分析仪对聚合物的热稳定性进行测试分析。常用初始热降解温度、最大热失重速率对应的温度（T_{max}）、质量损失一半所对应的温度（$T_{50\%}$）、高温条件下残留物的含量等热降解参数来表征聚合物的热稳定性。初始热降解温度定义为质量损失5%或10%对应的温度，分别表示为$T_{5\%}$、$T_{10\%}$，以$T_{5\%}$最为常见。具体如下：将一定质量的样品置于热天平中，由设定的初始温度开始，以一定的升温速率升温，记录失重随温度的变化，根据所得测试数据绘制热失重–温度曲线，可得热失重曲线（TG曲线）和微分热失重曲线（DTG曲线），从而获得相应的热降解信息以及相应的热降解阶段。

（2）**恒温加热法** 该法是将样品在真空条件下恒温加热40~45 min（或30 min），用质量减少一半所对应的温度T_h（半衰期温度）来评价热稳定性。一般T_h越大，热稳定性越好。

（3）**差热分析法** 在升温过程中测量物质发生物理变化或化学变化时的热效应，用来研究玻璃化转变、结晶化、熔解、氧化、热分解等。

近年来，还可将热重分析仪与红外光谱连用，在获得热稳定信息的同时对热降解产物进行分析。

8.5.2 氧化降解

氧化降解主要指聚合物在加工和使用过程中，因与空气接触所引起的降解反应，反应中有氧气参与。氧化初期，聚合物与氧化合而增重，因此可用增重–时间的关系曲线

来对氧化作用进行初步的评价,如图 8-37 所示。由图可知,易氧化的聚合物,诱导期很

短或没有,吸氧增重速率很快,曲线很陡,见图中左边曲线;而难氧化的聚合物或加入抗氧化剂时,则有一定的诱导期,诱导期过后,才较快地氧化,见图中右边曲线。

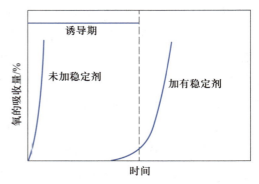

图 8-37　热氧化过程中氧的吸收量 – 时间曲线

聚合物的氧化活性与结构有关,碳 – 碳双键、叔碳上的 C—H 键和烯丙基都是弱键,易受氧的攻击。其中,碳 – 碳双键氧化后形成过氧化物,C—H 键氧化后形成氢过氧化物,上述所得两种过氧化物都可分解形成自由基,而后进行一系列连锁反应导致大分子的降解发生。聚合物氧化发生的关键在于氢过氧化物的形成,即 C—H 键转变为 C—O—O—H 键。氧化活性可通过比较 C—H 键与 O—H 键的键能进行判断,已知氢过氧化物中的 O—H 键的键能为 377 kJ/mol,低于或接近这一数值的 C—H 键容易氧化,越小越易氧化。氢所处位置不同,其氧化活性也有明显差别。常见类型氢的氧化活性顺序如下:

烯丙基上的氢 > 羰基上的氢 > 三级碳上的氢 > 二级碳上的氢 > 一级碳上的氢

可见,烯丙基上的氢、叔氢更易被氧化。

1. 氧化机理

聚合物氧化是自由基反应过程,一般可分为两个阶段(图 8-38)。第一阶段相当于引发阶段,聚合物 RH 与氧反应,直接产生初始自由基或先形成过氧化物,再分解为自由基;第二阶段对应于增长阶段,即初始自由基迅速增长、转移进入连锁氧化过程。

引发　　RH $\longrightarrow$ R· + ·H

　　　　ROOH $\longrightarrow$ RO· + ·OH　　　　　　　$E = 105\ kJ \cdot mol^{-1}$

增长(快)　R· + O$_2$ $\longrightarrow$ ROO·　　　　　　　$E \approx 0\ kJ \cdot mol^{-1}$

转移(慢)　ROO· + RH $\longrightarrow$ ROOH + R·　　　$E = 30 \sim 45\ kJ \cdot mol^{-1}$

　　　　HO· + RH $\longrightarrow$ H$_2$O + R·　　　　　$E = 4 \sim 8\ kJ \cdot mol^{-1}$

　　　　RO· + RH $\longrightarrow$ ROH + R·　　　　**基元反应活化能**

终止　　R·、RO·、ROO· 双基终止成稳定产物

图 8-38　聚合物氧化机理

自由基与氧加成极快,活化能几乎等于零。而转移反应相对较慢,但比一般反应要快得多,因此抗氧化的关键在于防止自由基的产生,并及时将其消灭。氢过氧化物的分解活化能虽然较高,但可被初始自由基诱导分解或与体系或加工设备中含有的 Fe、Cu 等过渡金属构成氧化 – 还原体系,从而加速分解而被氧化。

此外,降解体系中热、光、辐射等的存在对氧化都有促进作用,如聚丙烯、橡胶等聚合物在热的空气中更易老化。

2. 抗氧剂及抗氧机理

高分子材料在加工储存或使用过程中,通常会不同程度地发生热氧化降解,导致性能发生变化从而失去其应用价值。如塑料的发黄、脆化与开裂现象,橡胶的发黏、硬化、龟裂及绝缘性能下降等现象;纤维制品的变色、褪色、强度降低、断裂等,都属于该种情况。为了防止这种高分子材料氧化降解的发生,常需要在高分子材料中,特别是加工过程中加入抗氧剂。

抗氧剂即为加入高分子材料中用来防止高分子材料氧化老化的物质。抗氧剂按照功能可分为链终止剂型抗氧剂(主抗氧剂)、氢过氧化物分解剂(副抗氧剂)和金属钝化剂(助抗氧剂)。

主抗氧剂,可以看作阻聚剂或自由基捕捉剂,其作用是通过链转移及时消灭已经产生的初始自由基,而自身转变为不活泼的自由基,终止链反应。

典型的抗氧化剂一般是带有较大体积给电子基团的位阻型酚类、芳胺等。其中,酚类抗氧剂多数为 2,4,6- 三烷基苯酚类,其抗氧机理如下:聚合物氧化产生的大分子自由基 ROO· 通过夺取苯酚羟基上的活泼氢原子而终止,而抗氧剂形成较稳定的自由基,可进一步与其他自由基发生偶合终止,从而达到消灭自由基的目的。通常一个酚类自由基可终止多个自由基。

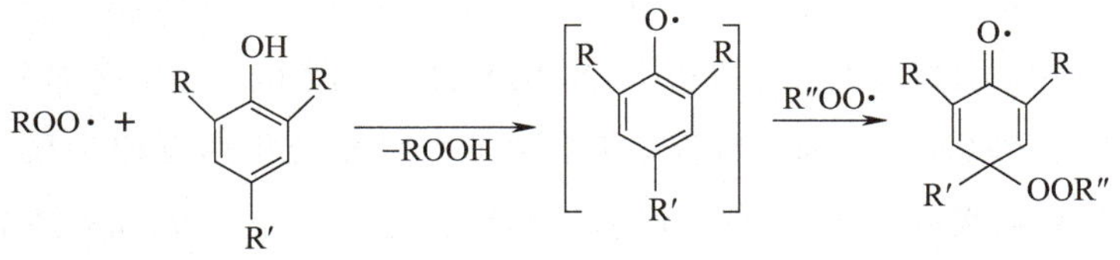

副抗氧化剂,可作为氢过氧化物分解剂,主要用来及时破坏尚未分解的氢过氧化物,从而达到除去自由基的来源、抑制或延缓引发反应的目的。它主要包括硫醇(RSH)、有机硫化物(R_3S)、三级磷(R_3P)、三级胺(R_3N)等,其抗氧机理是通过反应将氢过氧化物分解成含羟基的物质(图 8-39)。

助抗氧剂,可视为金属钝化剂,是一类具有防止重金属离子对聚合物产生引发氧化作用的物质。它的作用机理主要是通过与过渡金属配位或螯合,减弱对氢过氧化物的诱导分解;助抗氧剂通常为酰肼类、肟类、醛胺缩合物等,与助抗氧剂复配使用效果更好。

$$ROOH + R_1SR_2 \longrightarrow ROH + R_1SOR_2$$
$$ROOH + R_1SOR_2 \longrightarrow ROH + R_1SO_2R_2$$
$$ROOH + (RO)_3P \longrightarrow ROH + (RO)_3P{=}O$$

图 8-39 副抗氧剂的抗氧机理

8.5.3 光降解和光氧化降解

聚合物受阳光照射,当吸收的光能大于其键能时,便会发生化学键断裂,导致光降解和光氧化降解,导致老化。根据聚合物对光降解的稳定程度,可分为三类:(a)稳定聚合物,如聚甲基丙烯酸甲酯、高密度线型聚乙烯;(b)中等稳定聚合物,如涤纶聚酯和聚碳酸酯;(c)不稳定聚合物,聚丙烯、聚氯乙烯、尼龙、橡胶等,使用时,需要添加光稳定剂,否则其使用寿命会大大降低。因此,研究聚合物发生光降解的机理,可为光稳定剂和光敏聚合物的合成提供理论指导。

1. 光降解和光氧化降解机理

聚合物在自然界中使用时,会受到光的照射,当吸收光的能量大于化学键键能时,便会发生断键反应,从而引起光降解和光氧化反应。聚合物发生光降解反应必须满足三个前提条件:(a)聚合物受到光照;(b)聚合物能够吸收光子并被激发;(c)被激发的聚合物发生降解,而不是以其他方式失去能量。

聚合物受到光照射后,能否引起光降解,取决于光的能量和化学键的键能大小。共价键的解离能在 $160\sim600$ kJ·mol^{-1},只有光能高于相应化学键键能,才可能引起光降解反应。光的能量与波长有关,波长越短,能量越大。

聚合物吸收光能后,其中一部分分子或基团转变成激发态,然后按照两种方式进一步变化:一是激发态发射出荧光、磷光或转变成热能后,恢复成基态;二是激发态能量大,足以使化学键断裂,引起光降解反应。聚合物通常只对于某种特定的波长敏感,类型不同,所对应敏感波长也不同。

自然界中的紫外线通过大气时,$120\sim280$ nm 的紫外线被臭氧层吸收,到达地面的紫外线为 $300\sim400$ nm 的近紫外线,对应 $400\sim300$ kJ·mol^{-1} 的光能,这部分光可被聚合物中的醛、酮等羰基、双键、烯丙基、叔氢等基团吸收,引起光化学反应。聚合物中的 C—C 键和 C—H 键等不会吸收这部分光,且它们所吸收波长的光(195 nm、$230\sim250$ nm)无法到达地面,因此饱和聚烯烃比较稳定。常见聚合物的紫外吸收波长见表 8-4,聚合物在特定波长的紫外线照射下最易发生光化学反应。由表 8-5 可知,太阳光中所占比例较小的紫外线其能量可使聚合物中的化学键断裂。

表 8-4 常见聚合物的紫外吸收波长

聚合物	敏感波长 /nm	聚合物	敏感波长 /nm
聚乙烯	300	聚醋酸乙烯	<280
聚丙烯	310	聚苯乙烯	318
聚氯乙烯	310	聚碳酸酯	295
聚甲基丙烯酸甲酯	290~315	聚对苯二甲酸乙二醇酯	290~320

虽然处于 $300\sim400$ nm 的紫外线并不能使很多聚合物直接降解,但可使其转变成激发态,尤其是处于激发态的 C—H 键容易与氧气反应,形成氢过氧化物,然后分解成自由基,按照氧化机理进行降解。此外,聚合物中残留的引发剂或过渡金属对光氧化反应都有促进作用。

表 8-5   太阳光紫外线的能量与聚合物中典型化学键的键能

波长 /nm	光能量 /(kJ·mol^{-1})	化学键	键能 /(kJ·mol^{-1})
290	412	C—H	380~420
300	399	C—C	340~350
320	374	C—O	320~380
350	342	C—Cl	300~340
400	299	C—N	320~330

2. 光稳定剂

聚合物在使用过程中,尤其是在室外使用,经常遭受太阳光的照射,易发生光降解反应。为了防止或延缓聚合物的光降解,延长其使用寿命,往往需在聚合物中加入光稳定剂。

光稳定剂对应聚合物的光降解反应的三个要素可分三类:

① 光屏蔽剂。防止光照透入聚合物内,如聚合物外表面的铝粉涂层;炭黑兼有吸收紫外光和抗热氧老化的作用。

② 紫外线吸收剂。起能量转移作用。这类化合物能吸收 290~400 nm 的紫外线而被激发,从基态转变为激发态,经过本身能量的转移,放出强度弱的荧光和磷光或转变成热或传递给其他分子而自身回复到基态。

③ 紫外线淬灭剂。这类稳定剂能与被激发的聚合物分子作用,把激发能转移给自身并无损害地耗散能量,使被激发的聚合物分子回复至原来的基态。常用的有过渡金属的配合物。

8.5.4 力化学降解

力化学降解,又称机械降解,是指成型加工中所受到各种各样的力,如剪切力、拉伸力等造成分子链的断裂。一般情况下力化学降解是难以避免的,尤其是在聚合物材料加工成型过程中。力化学降解和热降解都是由能量来使价键断裂而引起的降解。C—C 键键能约 350 kJ/mol,当外加作用力超过这一数值时,如聚合物在塑炼过程中,遭受强剪切力作用就可能发生断链。机械作用力平均分布在每一个化学键上而超过键能并不容易,但集中在某一个弱键上,就可能断链。

在力化学降解中,剪切力将断链,形成 2 个自由基,若有氧气存在,则形成过氧自由基。天然橡胶的塑炼是力化学的工业应用。天然橡胶分子量高达百万,经塑炼之后,可使分子量降低到几十万,便于成型加工。塑炼时,往往加入苯肼一类物质来捕捉自由基,防止重新偶合,以加速降解。

　　聚合物发生力化学降解时,其平均分子量一般随时间延长而降低,但到某一数值时,不再降低,如图8-40所示。聚合物类型不同,其趋于稳定时达到的平均分子量也不同。聚苯乙烯的这一数值为7 000,聚氯乙烯为4 000,聚甲基丙烯酸酯为9 000,聚醋酸乙烯酯为11 000。超声波降解也类似。此外,聚苯乙烯在一定温度范围内(20~60 ℃)力化学降解时,黏度 – 时间的关系同落在一条曲线上,表明降解速率几乎不受温度影响,活化能几乎是零。

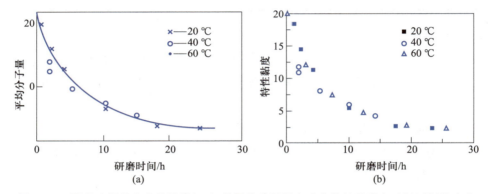

图8-40　聚苯乙烯发生力化学降解时,其平均分子量(a)和特性黏度(b)随时间的变化

　　按力学原理,可制备嵌段共聚物。例如天然橡胶用MMA溶胀,然后挤出,由机械作用产生的自由基引发单体聚合和链转移反应,结果形成异戊二烯和MMA的嵌段共聚物。两种均聚物一起塑炼时,也有嵌段共聚物形成。

　　超声波降解是特殊的力化学降解。在溶液中,超声波能产生周期性的应力和压力,形成空穴,其大小相当于几个分子。空穴迅速碰撞,释放出相当大的压力和剪切力,释放出来的能量超过共价键能时,就使大分子无规断链。超声波降解与输入的能量有关,当溶液彻底脱气时,难以形成空穴的核,也就减弱了降解。

8.5.5　化学降解——水解

　　水解反应有两个前提:聚合物含有可与水反应的功能基、聚合物与水接触。聚合物可粗略地分为两种类型:碳链聚合物和杂链聚合物。其中杂链聚合物就是一些缩聚物和杂环开环聚合物,由于缩聚物中主链上的碳与杂原子形成的化学键是化学降解的薄弱环节,所以降解与防降解主要侧重于缩聚物。聚酯化和聚酰胺化是可逆反应,逆反应水解可以使之化学降解。如PET和尼龙 –66,在较高的温度与湿度下就容易发生分解。纤维素、尼龙分子链中含有大量的极性基团,能够吸收一定的水分,更容易发生化学降解。

另一方面,利用化学降解的原理,可使聚合物大分子降解为单体或低聚物,进行聚合物废料的回收与利用。例如,通过纤维素、淀粉的水解可获得葡萄糖,由天然蛋白质的水解得到氨基酸和白明胶,通过聚酯的水解可制得相应的二元酸和二元醇,而聚乳酸经过生化水解则可获得乳酸。

此外,相对湿度 70% 以上的环境有利于微生物对天然有机聚合物和某些合成高分子的生化水解,天然橡胶的交联化和纤维素的乙酰化可增强对生化水解的耐受力,同时加入重金属有机化合物、酚类,可防止菌解。

8.5.6　生物降解

完全生物降解高分子在医疗、医药和农业领域的应用具有特殊的优越性。但是,大多数天然高分子为结晶性的高分子,具有较高的熔点,通常在变为热塑性之前就会发生明显的热降解反应,因而不能用通常的聚合物加工方法进行加工成型。

脂肪族聚酯是主要的具有可加工性的合成生物降解高分子。重要的例子如聚己内酯、聚乳酸、聚(3-羟基丁酸)等。

聚己内酯　　　　聚(3-羟基丁酸)　　　　聚乳酸

另一类重要的生物降解高分子材料是淀粉降解塑料,主要包括填充型淀粉塑料、淀粉基塑料、全淀粉热塑性塑料。

8-14　拓展知识:能吃聚苯乙烯泡沫塑料的面包虫

通过前面的学习,可知聚合物的降解是指聚合物的聚合度变小的反应,其效果受到热、光、氧、化学及微生物等因素影响。常用的降解方法包括:热降解、氧化降解、力化学降解、化学降解和生物降解等方法。其中,生物降解是指通过细菌或其他微生物酶的活动,分解有机物质的过程,生物降解一般指微生物的分解作用,可能是微生物的有氧呼吸或是微生物的无氧呼吸。可见,生物降解就是污染物被微生物吞噬,变成无害的物质。

8-4　8.5节思考题

目前,由塑料制品所引起的"白色污染"日益受到关注,解决该问题的有效措施之一,就是用可生物降解的塑料替代难以降解的塑料。那么生物降解塑料的降解机理是怎样的呢? 生物降解塑料被细菌等微生物作用而引起降解的形式通常包括以下三种:① 生物物理作用,由于微生物侵蚀后,其细胞增长,而使聚合物发生机械性破坏;② 生物化学作用,微生物对聚合物作用,而产生新的物质;③ 酶的直接作用,微生物侵蚀部分聚合物,导致塑料分裂或氧化崩裂。

8-5　案例视频-生物降解高分子

8.6　聚合物的老化和防老化

聚合物及其制品在加工、储存及使用过程中,物理化学性质及力学性能逐步变坏,这种现象称老化。如橡胶的发黏、变硬或龟裂,塑料制品的变脆、破裂等。产生老化的原因包括物理因素和化学因素,前者主要包括热、光、电、机械应力等;后者主要包括氧、酸、碱、水以及生物霉菌的侵袭。老化是上述各因素综合作用的结果。前面所讲述的降解,实际上是导致老化的因素之一。

为了防止聚合物的老化,通常通过添加抗氧剂、热稳定剂、防霉剂、杀菌剂等助剂。聚合物防老化的途径通常可简单归纳如下:

① 采用合理的聚合工艺路线和纯度合格的单体及辅助原料或针对性地采用共聚、共混、交联等方法提高聚合物的耐老化性能;

② 采用适宜的加工成型工艺(包括添加各种改善加工性能的助剂和热、氧稳定剂等),防止加工过程中的老化,防止或尽可能减少产生新的老化诱发因素;

③ 根据具体聚合物材料的主要老化机理和制品的使用环境条件,添加各种稳定剂,如热、氧、光稳定剂以及防霉剂等;

④ 采用可能的适当物理保护措施,如表面涂层等。

8.7　聚合物的可燃性与阻燃

有机高分子一般由 C、H、O 元素组成,基本上属于易燃材料。为了扩大聚合物的应用领域或者提高聚合物的火灾安全性能,聚合物的阻燃防火是一个亟须解决的重要问题。

1. 聚合物的燃烧

燃烧的三要素包括可燃物、点火源和助燃物,缺一不可。其中可燃物(如聚合物)在燃烧过程中会产生热效应和非热效应,两者的综合表现决定着聚合物材料的潜在火灾危险性。聚合物的燃烧是一个复杂的过程,在时间上可分为受热分解、点燃、燃烧传播及发展(燃烧加速)、充分及稳定燃烧、燃烧衰减五个阶段[图 8-41(a)]。这五个阶段在空间上是可以分开的,如表面加热区、凝聚相转换区(分解、交联、成炭)、气相可燃产物燃烧区。图 8-41(b)为聚合物燃烧单元模型。聚合物受热后将会解聚和裂解,产生气态或挥发性低分子可燃物质,进行气相燃烧。若氧气(助燃物)和温度(点火源)条件得到保证,则将加速氧化和燃烧,使燃烧持续进行。聚合物材料阻燃除了防止高温和 CO_2、CO

等导致的结果外,尚需考虑聚氯乙烯、聚丙烯腈燃烧时所产生的氯化氢、氰化氢等有毒气体,以及聚酯纤维燃烧时熔滴造成的灼伤。聚合物的可燃性能差异很大,易燃、缓慢燃烧、阻燃、自熄,程度不等。

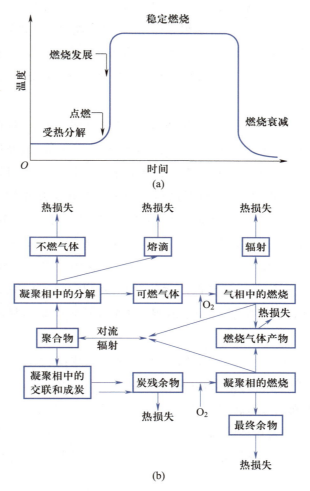

图 8-41　聚合物燃烧的阶段(a)和聚合物燃烧单元模型(b)

2. 阻燃剂的类型

对于提高聚合物材料的阻燃性能而言,添加阻燃剂是最行之有效的方法。阻燃剂的种类很多,按照化学组成阻燃剂可分为有机和无机阻燃剂两大类;按照使用方式可以分为添加型和反应型两类;按元素种类可分为卤系阻燃剂、磷系阻燃剂等。目前,主要类型包括卤系阻燃剂、磷系阻燃剂、膨胀型阻燃剂、氢氧化物阻燃剂等。

卤系阻燃剂包括溴系阻燃剂和氯系阻燃剂,实际使用时常采用卤/锑协同阻燃体系。卤系阻燃剂主要是通过气相阻燃发挥作用的,它们既能抑制气相链式反应,且其分解产物又可作为惰性物质稀释可燃物的浓度并达到降温作用,同时具有覆盖作用(毯子效应)。此外,该类阻燃剂也具有一定的凝聚相阻燃作用。

磷系阻燃剂种类较多,也是目前应用较多的无卤阻燃剂类型之一。目前大多数磷系阻燃剂主要是通过凝聚相发挥作用的,主要包括抑制火焰,熔流耗热,含磷酸形成的表面屏障,酸催化成炭,炭层的隔热、隔氧等。但是也有很多磷系阻燃剂同时在气相和凝聚相发挥阻燃作用。对于某特定的磷系阻燃体系,其凝聚相阻燃效能与气相阻燃效能的比例,与很多因素有关,如被阻燃聚合物的类型及结构、单质磷还是化合物中的磷、磷在化合物中的价态、磷周围的元素及基团等。不管是凝聚相阻燃还是气相阻燃,都存在化学作用和物理作用两种模式。

膨胀型阻燃剂(IFR)主要是以凝聚相阻燃发挥作用的。所谓的凝聚相阻燃是指在凝聚相中延缓或中断燃烧的阻燃作用,重要的是成炭机理,其中形成炭层的厚度及质量对阻燃效果起着决定作用。IFR是凝聚相阻燃机理发挥阻燃作用的典型阻燃剂,可在燃烧早期将燃烧中止,其原因是膨胀型阻燃剂在高热作用下能在被阻燃材料表面形成很厚的膨胀炭层,具有很高的阻燃性。为了产生膨胀作用,IFR需要包含以下三种主要成分:① 无机酸或在加热至100~250℃时产生酸的化合物,即酸源,如聚磷酸铵(APP);② 富含碳原子的多羟基化合物,在酸的作用下脱水作为碳源,如季戊四醇(PER);③ 受热释放出挥发性产物的胺类或酰胺化合物作为气源,如三聚氰胺(MA)。近年来,对膨胀型阻燃剂非常重视,被认为是实现阻燃材料无卤化的重要途径之一。

氢氧化物阻燃剂主要包括氢氧化铝(ATH)和氢氧化镁(MH)。通过受热时发生吸热分解能冷却被阻燃的基材达到阻燃的目的。

3. 阻燃性能的表征与测试

材料的阻燃性能可通过极限氧指数、UL-94垂直燃烧等级、锥形量热仪测试分析(点燃时间、热释放速率、总释热量等)来表征,其中前两者参数因测试简单、方便常为工厂采用。

(1)极限氧指数(LOI) 极限氧指数(LOI)是指在规定条件下,样品在氮气、氧气混合气体中,维持平衡燃烧的最低氧气浓度(体积分数,%)。可通过极限氧指数仪(图8-42)进行测试,常采用的测试标准为GB/T 2406—1993(塑料),塑料测试样品的标准尺寸见表8-6。LOI值高表示材料不易燃烧,低则材料容易燃烧;一般认为LOI<22%属于易燃材料,LOI在22%~27%之间属可燃材料,LOI>27%属难燃材料。

图8-42 极限氧指数仪

表 8-6　极限氧指数测试塑料样品的尺寸

类型	型式	长 /mm		宽 /mm		厚 /mm		用途
		基本尺寸	极限偏差	基本尺寸	极限偏差	基本尺寸	极限偏差	
自撑材料	Ⅰ	80~150	—	10	± 0.5	4	± 0.25	用于模塑材料
	Ⅱ					10	± 0.5	用于泡沫材料
	Ⅲ					<10.5	—	用于原厚的片材
	Ⅳ	70~150		6.5		3	± 0.25	用于电器用模塑料或片材
非自撑材料	Ⅴ	140	−5	52		<10.5	—	用于软片或薄膜等

（2）UL-94 燃烧等级　UL-94 燃烧等级可借助水平垂直燃烧测定仪（图 8-43）进行测试，该仪器根据 GB 2408—1996 而研制，完全满足国家标准规定的技术要求。该法除了表征材料点燃自熄的时间外，还将材料点燃后是否有熔滴现象以及熔滴能否点燃脱脂棉，也纳入了评价的标准中。UL-94 燃烧等级依据具体测试结果可分为 V-0、V-1、V-2 和 NR（即无等级），具体判定标准见表 8-7。

图 8-43　水平垂直燃烧测定仪

表 8-7　UL-94 燃烧等级判定标准

判定标准项目	V-0	V-1	V-2
各样品余焰时间 t_1 或 t_2/s	≤ 10	≤ 30	≤ 30
任何样品组总余焰时间（5 个试样的 t_1+t_2）/s	≤ 50	≤ 250	≤ 250
各样品在第二次供火后余焰时间 + 余辉时间（t_2+t_3）	≤ 30	≤ 60	≤ 60
任何样品延伸至夹持装置的余焰或余辉	无	无	有
被燃烧颗粒或液滴点燃的棉层	无	无	有

（3）锥形量热仪测试分析　锥形量热仪（图 8-44）可模拟真实的火灾现场，测试材料的燃烧行为，通常按照 ISO 5660 进行测试。通过测试数据可以获得点燃时间（TTI）、热释放速率（HRR）、热释放速率峰值（PHRR）、总释热量（THR）等参数。TTI 越长，HRR、PHRR、THR 越低，材料的火灾安全性越高。锥形量热仪测试的外部辐射热流量可设为 50 kW/m² 或 35 kW/m²；样品尺寸 100 mm × 100 mm × 30 mm。

图 8-44　锥形量热仪

8-6　8.6-
8.7 节思考题

8.8　功能高分子材料

8.8.1　概述

　　功能高分子材料是相对于通用高分子材料而言的。通用高分子材料是指应用面广、产量大、价格低的一类高分子材料,常见的五大通用高分子材料是指纤维、塑料、橡胶、涂料和黏合剂。而功能高分子材料则是为了满足某种特殊需要,在特定条件下或外部环境刺激时表现出某些物理或化学性质,具有某种特殊功能的高分子材料。功能高分子是目前高分子学科中发展最快、研究最活跃的新领域之一。

　　功能高分子材料的发展最早可追溯到 1935 年英国的 Adams 和 Holmes 研究合成的酚醛型离子交换树脂。20 世纪 50 年代,美国柯达公司的 Minsk 等开发的感光高分子用于印刷工业,后来又发展到电子工业和微电子工业。1957 年,发现了聚乙烯基咔唑的光电导性,打破了多年来认为高分子材料只能是绝缘体的观念。1966 年,Little 提出了超导高分子模型,预计了高分子材料超导和高温超导的可能性,随后在 1975 年发现了聚氮化硫的超导性。20 世纪 80 年代,高分子传感器、人工脏器、高分子分离膜等技术快速发展。1991 年,发现了尼龙 -11 的铁电性。1993 年,俄罗斯科学家报道了在经过长期氧化的聚丙烯体系中发现了室温超导体,这是迄今为止唯一报道的超导性有机高分子。1994 年,塑料柔性太阳能电池在美国阿尔贡实验室研制成功;1997 年,发现聚乙炔经过掺杂具有金属导电性,导致了聚苯胺、聚吡咯等一系列导电高分子的问世。到了 21 世纪,功能高分子材料迎来了日新月异的发展,在众多领域大放异彩。

8.8.2　功能高分子材料的分类

功能高分子材料的分类方法多样,故所得材料的种类较为丰富。日本著名功能高分子专家中村茂夫教授,将功能高分子材料分为以下四类:力学功能材料、化学功能材料、物理化学功能材料和生物化学功能材料。国内一般按材料的性质、功能或实际用途来划分。按照材料的性质和功能,可将其分为以下类型:

（1）化学活性高分子材料,该类材料也称反应型高分子材料,包括高分子试剂和高分子催化剂,特别是高分子有机固相合成试剂和固定化酶催化剂,在有机合成等相关领域具有重要的应用价值。

（2）光活性高分子材料,主要包括高分子光稳定剂、光敏涂料、光刻胶、感光材料、非线性光学材料、光导材料、光致变色材料等。

（3）电活性高分子材料,可分为导电聚合物、高分子电解质、高分子驻极体、高分子介电材料、能量转换用高分子、电致发光和电致变色高分子材料等。

（4）膜型高分子材料,主要包括各种孔径的多孔分离膜、密度膜、LB 膜和 SA 膜,这些膜被广泛用作气体分离膜、液体分离膜、水净化膜和缓释膜等。

（5）吸附型高分子材料,是指对某些特定物质具有选择性相互作用的高分子材料,可分为高分子吸附性树脂、离子交换树脂、高分子螯合剂、高分子絮凝剂和吸水性高分子吸附剂等。

（6）高分子液晶材料,这类材料在发生液 – 固和固 – 液转换时,既能够形成或保留固体的有序性,同时又展现液体流动性。这类材料因具有独特的性能,广泛用于高性能塑料、纤维、薄膜等的制备,在电子和高新技术领域起着重要作用。

（7）生物活性高分子材料,这类材料因具有特殊的分子结构,表现出特定的生物相容性、生物降解性、药物活性等,在医学、药学和生物学等领域具有广泛的应用。

（8）高分子智能材料,这类材料对周围环境和自身变化能够做出特定反应并以某种显性方式输出或呈现,主要包括高分子形状记忆材料、信息存储材料和光、电、磁、pH、压力感应材料等。

8-7　常见的功能高分子材料制备方法

除了上述分类方法外,还可按照材料的实际用途进行分类,可分的类型更多,如医药用高分子材料、分离用高分子材料、高分子化学反应试剂、高分子染料、农用高分子材料、高分子阻燃材料等。

8.8.3　功能高分子材料的制备策略

8-8　反应型高分子材料

功能高分子材料的制备方法通常分为以下四种:① 功能型小分子的高分子化,可分为功能型小分子单体的聚合法和功能型小分子聚合包埋法;② 普通高分子材料的功能化,主要包括化学改性法和物理共混法;③ 通过特殊加工赋予高分子功能性,该法是通过特定的加工方法和加工工艺来精确地调控高分子的聚集态结构及其宏观形态,从而赋予其功能性;④ 功能高分子材料的其他制备技术,包括功能高分子材料的多功能复合、在同一分子中引入多种功能基等。

8-9　第 8 章课程思政任务单

8-11　第 8 章思维导图

习题

1. 影响聚合物化学反应的因素主要有哪些? 试举例说明。

2. 在聚合物基团反应中,各举一例来说明基团变换、引入基团、消去基团、环化反应。

3. 请写出由纤维素合成部分取代的醋酸纤维素反应式,并简述黏胶纤维的合成原理。

4. 使聚合物聚合度增加的反应主要有哪些? 并各举一例说明。

5. 按链转移原理合成抗冲聚苯乙烯,简述丁二烯橡胶品种和引发剂种类的选用原理,写出相应的反应式。

6. 嵌段共聚物的合成方法主要有哪些? 并以丁二烯和苯乙烯为原料,比较溶液丁苯橡胶、SBS 弹性体、液体橡胶的合成原理。

7. 如何提高橡胶的硫化效率,缩短硫化时间和减少硫化剂用量?

8-10　第 8 章习题参考答案

8. 热降解有几种类型? 简述聚甲基丙烯酸甲酯、聚苯乙烯、聚乙烯、聚氯乙烯热降解的机理特征。

9. 采用何种方法可提高聚合物材料的阻燃性能? 并简述聚合物阻燃性能的表征测试方法主要有哪些。

10. 请写出三种你熟悉的功能高分子材料,并简述其制备方法。

8-12　拓展知识:导电高分子材料

8-13　参考文献

第9章
高分子化学领域的最新进展、检索方法和常用网站

学 习 导 航

知识目标

（1）了解高分子化学领域的最新进展及其与基本高分子化学的联系

（2）学会高分子化学文献检索方法

（3）初步了解并掌握高分子化学相关的期刊和网络资源

能力目标

（1）能利用高分子化学文献检索方法跟踪检索高分子相关概念

（2）能够查询并浏览主要的高分子化学期刊

思政目标

（1）知道我国高分子化学家在相关领域的重要贡献，形成高分子领域的"中国自信"

（2）知道知识的关联性，掌握知识的演变规律，形成科学的思维和方法论

9.1 高分子化学领域的最新进展

从 Staudinger 1920 年发表《论聚合》[1]一文至今，高分子学科已经经历了一个多世纪的发展。高分子化学的研究也从最初的简单聚合反应向精准、定向、绿色的高分子合成过渡；高分子材料的应用领域也拓展至日常生活和国民经济的各个领域。本章将重点介绍近 20 年来高分子化学领域的最新进展。

9.1.1 逐步聚合最新进展

虽然已经有多种聚合方法被报道,但是缩聚和加聚反应依然是合成功能性高分子,尤其是功能性纤维和共轭聚合物的重要手段。与可控链式聚合对于高分子分子量和分子量分布的精准控制形成鲜明对比,如何在逐步聚合反应中实现分子量、序列结构和分子量分布的调控一直是这一领域的难题。本节将重点介绍逐步聚合领域的三个最新进展:① 交替共聚物自组装及功能化;② 可控逐步聚合;③ 非环二烯易位(acyclic diene metathesis,ADMET)聚合。

(1)交替共聚物自组装及功能化 交替共聚是一种特殊的共聚反应,其特征在于参与共聚的两种单体的竞聚率 $r_1=r_2=0$。虽然交替共聚物在光电材料合成及制备方面有着广泛的应用,但是更便捷的合成方法、自组装及其功能化研究明显滞后。上海交通大学的颜德岳和周永丰研究团队提出一种基于高效点击化学的两亲性交替共聚物合成方法[2]。如图 9-1 所示,在三乙胺催化下,通过二元环氧和二元硫醇之间的高效点击化学反应,可以制备出严格交替的双亲性共聚物。该聚合物的数均分子量可达 20 700,多分散系数为 2.63。这类共聚物在水中可以自组装形成纳微米尺度,直径为 20~30 nm 的纳米管。更重要的是,这样的交替聚合过程允许对序列结构和组成进行调整。通过引入胺、官能化的二硫醇可实现对这种纳米管表面的功能化。

类似地,该课题组实现了碱性条件下多巴胺与双环氧单体的点击聚合,得到了仿贻贝的多巴胺交替共聚物[3]。交替共聚的结构优势使得该聚合物中儿茶酚的摩尔分数高达 50%。进一步,通过多巴胺与双酚 A 型环氧树脂的交替共聚,以 $FeCl_3$ 为交联剂,还可以实现交替聚合物在干态及水环境中的黏结应用[4]。

(2)可控逐步聚合 基于链增长的缩聚(chain-growth condensation polymerizationt,CGCP)反应是实现活性缩聚反应的一种可能方式。事实上,单分散的天然生物高分子,如多肽、DNA、RNA 等就是通过 CGCP 机制合成出来的。

一般情况下,单体 X–AB–Y 需要通过以下方式采活化聚合物末端从而实现 CGCP[5](图 9-2):① 当单体和聚合物之间的 B—A 键形成引起 Y 上取代基效应变化时,聚合物端基 Y 的反应性增强;② 当单体与聚合物端反应后形成—B—M—Y,聚合物端基 Y 通过催化剂 M 的分子内转移被激活。日本神奈川大学的 Tsutomu Yokozawa 课题组在这一领域开展了长期的研究。

图 9-3 所示的单体 1 可以与双(三甲基硅基)氨基锂(LiHMDS)通过 CGCP 制备出聚酰胺,甚至当单体 1 的 3 位有烷基取代时 CGCP 也可以发生[6]。这样一个可控的 CGCP 过程可以制备出分子量为 4 480~12 700 的聚酰胺,其多分散系数可低至 1.08,远远优于常规的缩聚过程。这样一个 CGCP 过程符合图 9-2(a)机制。

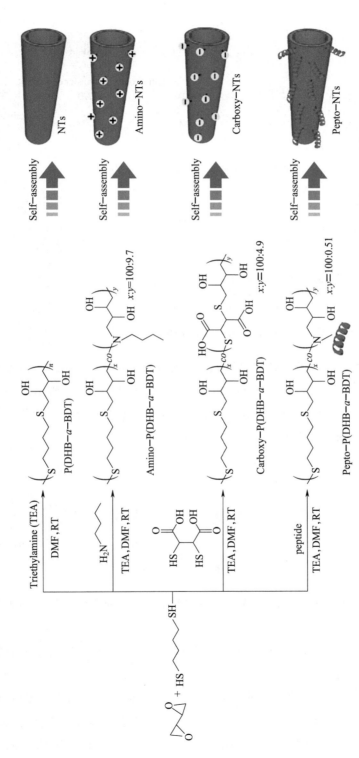

图 9-1 基于二元环氧和二元硫醇点击聚合得到的两亲性交替共聚物及其功能化和自组装过程[2]

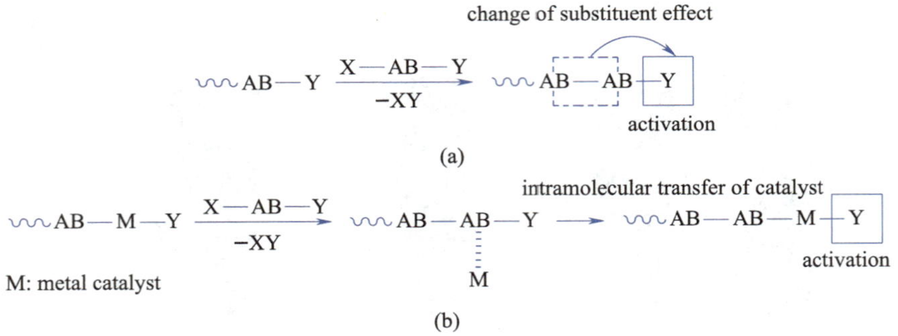

change of substituent effect

图 9-2   两种方式的链增长缩聚[5]。

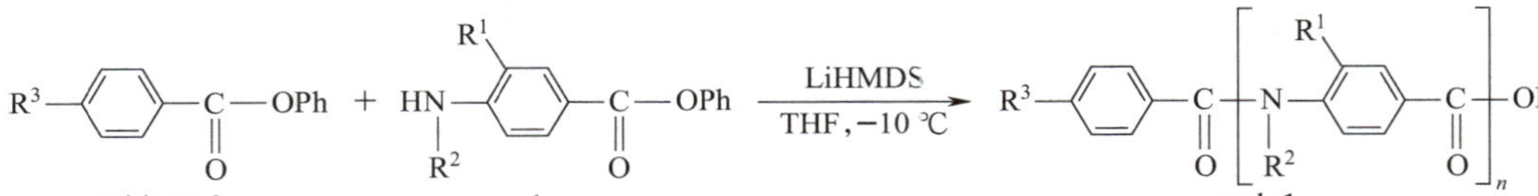

图 9-3   单体 1 的 CGCP 过程[6]

金属催化剂介导的分子内转移也可以激活单体，从而进行 CGCP。如图 9-4 所示的格氏试剂单体 2[7] 在 Ni(dppp)Cl₂ 的催化下可以通过图 9-2(b) 所示机制合成出单分散性良好的聚噻吩。聚合动力学研究表明，聚合过程中聚噻吩分子量增长与单体转化率呈线性关系，进一步证明了该聚合过程的"活性"特征。

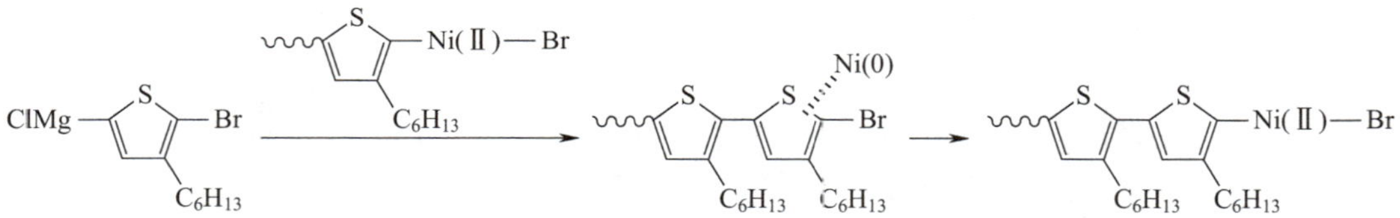

图 9-4   单体 2 的 CGCP 过程[7]

除了上述策略可以实现可控的逐步聚合过程，还可以利用纳米反应器来实现逐步聚合过程的可控。

（3）非环二烯易位聚合   非环二烯易位聚合是近年来发展起来的一种精确缩合聚合新方法，其单体一般为 α,ω- 二烯烃。如图 9-5 所示，ADMET 聚合的一般过程为：烯烃首先与催化剂金属中心配位，形成金属环丁烷中间体；该中间体裂解导致形成具有复分解活性的亚烷基配合物；随后该亚烷基配合物与二烯单体的双键反应生成金属环丁烷环，从而形成聚合物。整个 ADMET 聚合过程就是循环的配位 – 裂解，并释放出副产物乙

9–1 Controlled
Step–Growth
Polymerization

烯。催化剂的存在可以有效活化相对"惰性"的端烯烃,因此 ADMET 聚合可以合成出常规自由基聚合和逐步聚合无法合成的聚合物结构。

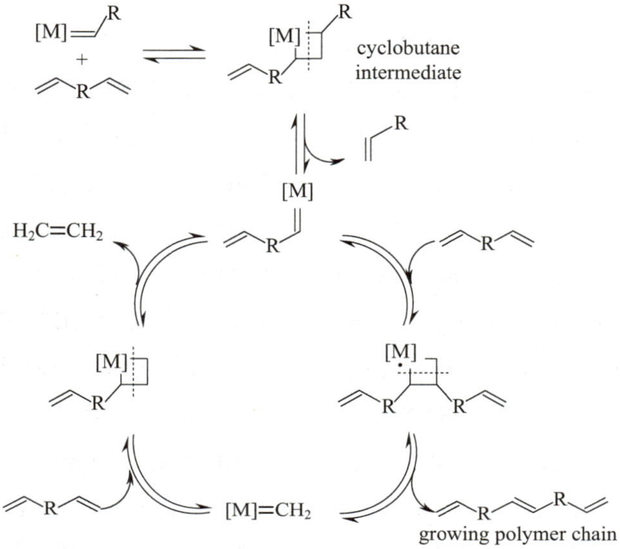

图 9-5 ADMET 聚合的一般过程示意图

9-2 AIE-Active Random Conjugated Copolymers Synthesized by ADMET Polymerization as a Fluorescent Probe Specific for Palladium Detection

2015 年,诺贝尔化学奖得主 Grubbs 和其课题组系统地研究了一系列 α,ω-二烯烃的 ADMET 聚合[8],得到了一系列取代的聚烯烃结构,这是常规自由基聚合很难实现的。通过施加真空或者通入惰性气体移除副产物乙烯,ADMET 聚合有望实现高分子量聚合物的合成。如果在 α,ω-二烯烃单体结构中引入共轭结构,还有可能通过 ADMET 聚合制备得到共轭聚合物。

9.1.2 可控聚合

高分子的精准合成一直是高分子合成领域的热门话题。自从 1956 年 Szwarc 通过丁基锂引发苯乙烯的阴离子聚合实现了活性聚合后[9],聚合物结构的精准控制、嵌段聚合物组成的调控和更复杂拓扑结构单分散聚合物的合成成为高分子合成领域的主要研究方向。如前所述,以原子转移自由基聚合(atom transfer radical polymerization,ATRP)、可逆加成-断裂链转移(reversible addition-fragmentation chain transfer,RAFT)聚合、氮氧稳定自由基聚合(nitroxide-mediated free radical polymerization,NMP)等为代表的可控自由基聚合(controlled radical polymerization)已经成为精准高分子合成的重要方法。近 20 年来上述可控自由基聚合方法取得了长足的发展,新的活性聚合方法不断涌现,本节主要介绍:(1)原子转移自由基聚合前沿;(2)RAFT 聚合最新进展;(3)开环易位聚合(ring-opening metathesis polymerization, ROMP）最新进展。

（1）原子转移自由基聚合前沿 自从美国卡耐基梅隆大学王锦山、Krzysztof Matyjaszewski[10]和日本京都大学 Mitsuo Sawamoto[11]课题组独立发现原子转移自由基聚合（ATRP）以来，ATRP 已经成为高分子合成的一种重要方法。

以 Krzysztof Matyjaszewski 课题组开发的铜催化经典 ATRP 为例，其催化剂一般为低价态过渡金属盐。然而经典 ATRP 体系存在着如下不足：一方面，这些催化剂易被氧化、潮解、难保存；另一方面，这些催化剂很难从产物中除去，残余的金属盐会导致产物有颜色且生物毒性较大。因此 ATRP 技术发展的一个主要趋势就是减少，甚至不使用低价态过渡金属催化剂。围绕绿色 ATRP 技术，Krzysztof Matyjaszewski 课题组先后开发出了反向（reverse）ATRP、电子转移生成催化剂（activators regenerated by electron transfer, ARGET）ATRP、引发剂连续再生催化剂（initiators for continuous activator regeneration, ICAR）ATRP、正向反向同时引发［simultaneous reverse and normal initiation（SR&NI）］ATRP、光引发和电化学引发的 ATRP 等。

Krzysztof Matyjaszewski 课题组开发了电化学介导的 ATRP 体系（eATRP）[12]。这样一个 eATRP 通过电化学方法将对空气稳定的 $Cu^{II}Br_2/Me_6TREN$ 去活化剂还原为 $Cu^{I}Br/Me_6TREN$ 活化剂，用于引发 ATRP 过程。如果忽略该聚合过程中的物质传输限制，还原程度取决于所施加的电位，从而可以通过改变电流和电压，按需调控过程中的 $Cu^{II}Br_2/Me_6TREN$ 和 $Cu^{I}Br/Me_6TREN$ 比例，并进一步精细调控聚合速率，使得 eATRP 过程开启或者终止、加速或者减慢，从而更加精准地调控 ATRP 过程。该 eATRP 的实验装置类似于常规的双室电解槽体系：以铂网为工作电极、铂丝为对电极、Ag/AgCl 为参比电极。以甲基丙烯酸甲酯为单体，当施加 Cu^{II}/Cu^{I} 的半波电位 -0.69 V 时，2 h 内单体消耗接近 80%。其一阶线性聚合动力学曲线表明该聚合过程的活性聚合特征。当改变电位为 -0.72 V（低于半波电位）或 -0.66 V（高于半波电位）时，聚合反应速率发生了相应的加速或者减慢。更重要的是，电化学过程的步进可以实现对 eATRP 更加精细的调控。不施加还原电位时，eATRP 过程即可终止；施加更负的还原电位可以实现 eATRP 过程的加速。在连续改变电位过程中，聚合物的 GPC 曲线不断向高分子量方向移动，表明该聚合产物末端的卤原子引发活性依然保持。

有机物光催化的 ATRP 过程可以避免使用过渡金属催化剂，成为近年来的研究热点。2016 年，美国科罗拉多大学波德分校的 Miyake 团队报道了基于强还原性二苯基二氢吩嗪光催化剂的 ATRP 体系[13]。如图 9-6 所示，该体系使用 α-溴代苯乙酸乙酯为引发剂，以可见光为光源，即可实现甲基丙烯酸甲酯类单体的可控聚合。他们认为这样一个有机催化的 ATRP 过程机理如下［图 9-6（c）］：还原态光催化剂 PC 受光激发成初级自由基 $^1PC^*$，继而通过系间窜越（ISC）过程形成三线态 $^3PC^*$，然后该三线态通过电子转移形成双线态的自由基正离子 $^2PC^{\cdot+}$，并夺走引发剂上的卤原子，形成氧化态过渡物种 $^2PC^{\cdot+}X^-$ 和自由基 $P_nR\cdot$；同时，$^2PC^{\cdot+}$ 也可通过电子转移生成还原态 PC，同时生成休眠种 $P_{n+1}RX$，暂停反应。

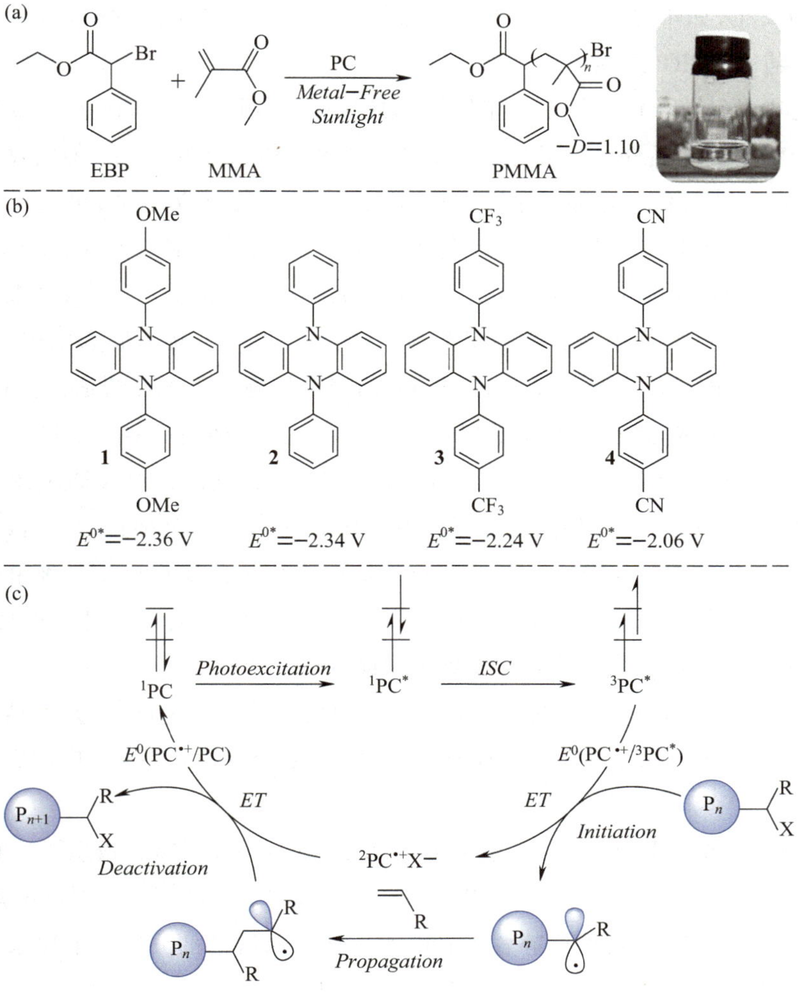

（图 9-6 中的化学结构和机理图）

图 9-6　（a）可见光驱动的有机催化的 ATRP 合成聚甲基丙烯酸甲酯过程；
（b）可见光催化剂结构；（c）可见光驱动的有机催化的 ATRP 机理[13]

　　有机物光催化 ATRP 的关键是光催化剂的开发,发现如图 9-6（b）所示的光催化剂 **1~4** 中,其还原电势都很低,甚至比通常使用的金属催化剂还要低,这使得它们可以更好地和引发剂相互作用。实验结果表明,光催化剂 **3** 的催化效果最好。在不同的单体和引发剂比例下,可以实现甲基丙烯酸甲酯的可控聚合,最高分子量高达 85.5 kDa,分子量多分散系数为 1.54。这样一种光驱动的 ATRP 过程可以有效避免过渡金属催化剂的使用,为绿色 ATRP 过程提供了一种可行方案。

　　常见的光引发聚合中使用的光源多为可见光和紫外线。然而,由于可见光的穿透性较差,难以进行大规模聚合反应且不能在不透明材料内部进行聚合反应。此外,高能量的紫外线可能对一些有机和生物体系有害,导

9-3　Atom Transfer Radical Polymerization Driven by Near-Infrared Light with Recyclable Upconversion Nanoparticles

致副反应的发生,如单体的自聚和聚合物的分解。为了解决上述问题,可以引入上转换纳米材料来辅助 ATRP 过程。

除了上述对经典 ATRP 体系的拓展外,德国德累斯顿工业大学的 Jordan 课题组还开发了一类特殊的铜单质介导的活性 / 可控自由基聚合体系。2015 年,他们发现在修饰有 ATRP 引发剂的二氧化硅基底和铜片之间加入单体时 [图 9-7(a)],可以实现铜单质催化可控自由基聚合应用于表面引发聚合制备高分子刷,并命名为 SI-CuCRP(surface-initiated Cu(0) mediated controlled radical polymerization)[14]。这种聚合速率远远高于常规的聚合方法,以甲基丙烯酸甲酯为单体、五甲基二乙烯三胺为配体、DMSO 为溶剂的条件下,1 h 即可以生长出厚度为 80 nm 的聚合物刷。更重要的是,这种聚合方法制备出的聚合物刷非常均匀,表面粗糙度仅为 1.58 nm。这种制备聚合物刷的方法既方便快速,又可以实现对聚合物刷结构的调控。如图 9-7(b)所示,仅仅通过倾斜催化剂铜片,就可以实现梯度聚合物刷的制备。SI-CuCRP 的单体适用范围较广,多数单体都可以通过该方法聚合。如图 9-7(c)所示,通过表面图案化可以实现至少 7 种单体的聚合物刷快速制备。这种方法无须低价态过渡金属盐催化剂,催化剂铜片可以重复使用,反应条件温和,为制备各种功能化的表面提供了便捷方法。

对于亲水单体,SI-CuCRP 可以直接在不除氧的单体溶液中进行,并且具有很好的反应速率和末端活性。但是疏水单体的 SI-CuCRP 一般需要有机溶剂,并且整个反应体系必须严格除氧。

为了解决疏水单体 SI-CuCRP 中的上述问题,2018 年,该团队报道了一种基于有机反应中的 “on water” 效应的 SI-CuCRP 方法[15]:将疏水的(甲基)丙烯酸酯类单体和水溶液迅速搅拌一定时间,然后静置得到疏水单体和水溶液的分层。下层水溶液中会溶解非常微量的疏水单体。利用该水溶液进行 SI-CuCRP 反应,不仅不需要除氧,而且单体聚合速率非常快,最高可达 462 nm/h,是当时可控自由基聚合制备聚合物刷的最高聚合速率。利用该方法得到的聚合物刷具有很高的接枝密度和末端活性,可以连续进行 10 次再引发聚合反应得到 10 嵌段聚合物刷。这种 “on water” SI-CuCRP 的可能机理如图 9-8 所示,可以发现疏水单体在水中的聚集状态和水界面氢键在这个聚合过程中起到了非常关键的作用。该研究进一步证明了 SI-CuCRP 在聚合物刷合成领域巨大的应用潜力,为多嵌段聚合物刷的制备开辟了新的途径。

(2)RAFT 聚合最新进展 1998 年,澳大利亚科学家 Graeme Moad,Ezio Rizzardo,San H. Thang 等人首次报道了基于二硫酯的可逆加成 - 断裂链转移自由基聚合方法,通过增长自由基与链转移试剂之间的可逆退化转移实现了活性 / 可控聚合[16]。一般情况下,RAFT 聚合只需要单体、自由基引发剂和链转移试剂,就可以实现本体、溶液、乳液等多种形式的聚合。RAFT 聚合单体适用范围广,且不需要任何催化剂,在嵌段聚合物合成等领域有着广泛的应用。

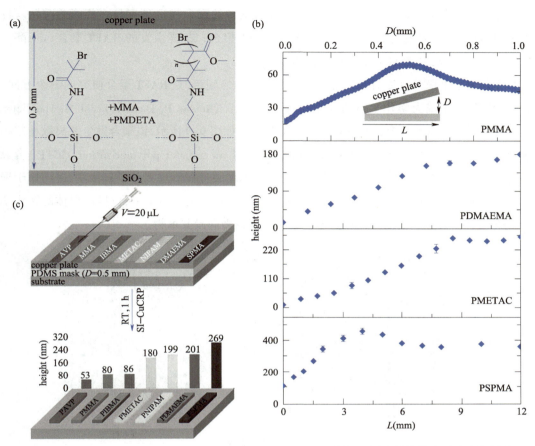

图 9-7 （a）SI-CuCRP 的反应装置示意图；（b）SI-CuCRP 制备不同种类的梯度型聚合物刷的
生长过程；（c）SI-CuCRP 在同一基底上制备七种聚合物刷阵列[14]

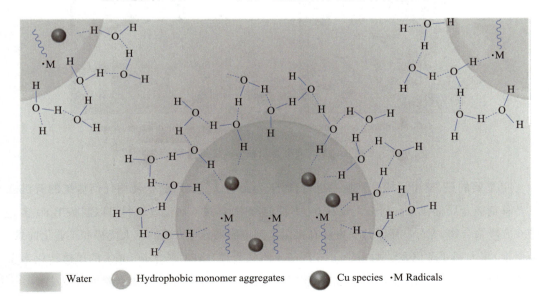

图 9-8 "on water" SI-CuCRP 的机理示意图[15]

　　然而，常见的 RAFT 试剂均有颜色，导致所制备的聚合物也具有与之相同的颜色。近年来，RAFT 聚合的主要进展包括：① 无硫 RAFT 聚合；② 光引发的 RAFT 聚合；③ 酶引发的 RAFT 聚合；④ RAFT 聚合诱导自组装。

　　无硫 RAFT 聚合可以有效避免 RAFT 聚合产物的颜色，是 RAFT 聚合研究的一个方向。2017 年，英国华威大学化学系的 Athina Anastasaki，Thomas P. Davis，David M. Haddleton 等人报道了一种新型的无硫 RAFT 乳液聚合法[17]。如图 9-9 所示，该聚合发生在离散稳定的纳米隔室中，首先通过催化链转移聚合（catalytic chain transfer polymerization，CCTP）合成得到乙烯基封端的大分子；该大分子通过链转移和断裂过程形成大分子自由基，进而用于聚合第二单体，从而制备出嵌段聚合物。该方法不同于常规的 RAFT 聚合过程，单体的转化率可以接近 100%，可以实现快速定量地合成序列可控多嵌段共聚物。

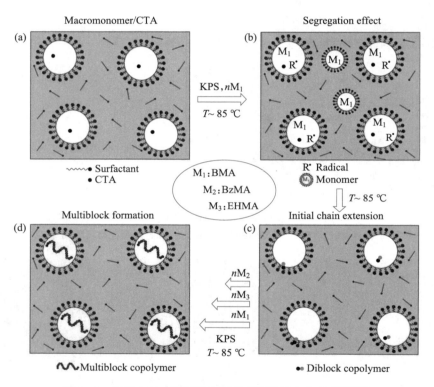

图 9-9　无硫 RAFT 乳液聚合制备多嵌段聚合物示意图[17]

　　更重要的是，整个反应在乳液中进行，以水为介质，绿色环保，未使用任何传统的有机硫链转移剂或金属催化剂。研究人员在 0.5 L 反应釜中，通过 6 次连续加料可以制备出 80 多克的 6 嵌段聚合物，充分展示了这一方法在批量定制合成高分子方面的巨大优势和工业化前景。类似地，澳大利亚悉尼大学的 Sebastien Perrier 团队通过 RAFT 聚合近 100% 的单体转化率实现了快速、定量的一锅法制备序列可控的聚合物，2 h 即可实现 20 嵌段聚合物的合成[18]。

　　在此基础上，为了同时实现单体序列和聚合物分散度的高度可控，瑞士苏黎世联邦理工学院的 Athina Anastasaki 团队报道了一种简单的、一锅式和快速合成序列可控多嵌段聚合物的方法[19],可按需控制分散性,同时保持高活性,并且理论和实验分子量和定量产率之间具有良好的一致性。

如图 9-10 所示,研究者通过使用具有 pH 开关活性的 RAFT 试剂来控制在添加不同单体时每个单体聚合过程中的分散度。链转移试剂 2-[甲基(4-吡啶基)氨基甲硫酰硫基]丙酸甲酯在酸性条件下被质子化,吡啶基团的吸电子能力得到提高,可以制备出分散度较低的聚合物;加入碱后将其去质子化,吡啶基团的吸电子能力被削弱,可以制备出分散度较高的聚合物。与之前的研究不同的是,虽然分散度较高,但是其理论分子量和实验所测得的分子量之间依然保持高度一致。值得注意的是,无论聚合物的分子量和分散度如何,这些聚合物链都具有相同的端基。

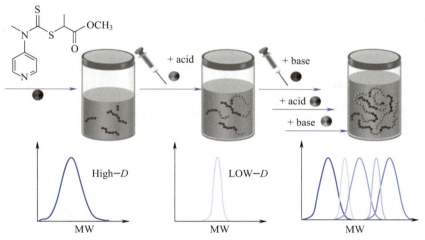

图 9-10　通过酸碱调控制备分散度可调的多嵌段聚合物示意图[19]

这种聚合方法的单体适用范围较广,对于丙烯酸甲酯、丙烯酸乙酯、苯乙烯等共轭单体和一些非共轭单体如醋酸乙烯酯、N-乙烯基咔唑以及 N-乙烯基吡咯烷酮等均适用,为合成具有更多功能性的序列可控的高分子材料打开了大门。

光引发也可以用于 RAFT 聚合的调控。酶引发的 RAFT 聚合是实现绿色 RAFT 聚合的另外一种可行方式。将酶催化剂用于可控自由基聚合是一种可持续发展的绿色化学,具有聚合条件温和、聚合效率高、聚合物结构精确可控、环境污染低等优势。虽然酶催化传统自由基聚合已经得到了广泛的研究,但关于酶催化可控自由基聚合的研究仍处于初级阶段。因此,真正利用酶的天然催化功能,发展酶催化参与的可控自由基聚合方法具有里程碑式的重要意义。自由基聚合固有的氧气敏感性,聚合反应易受氧气阻聚或淬灭。而实际生产中,除氧设备的局限性也增加了聚合操作的难度。因此发展一种简便高

9-4　Better RAFT Control is Better Insights into the Preparation of Monodisperse Surface-Functional Polymeric Microspheres by Photoinitiated RAFT Dispersion Polymerization

效、操作性强的除氧方法对推动(可控)自由基聚合的发展与工业化进程至关重要。酶催化除氧是自然界中普遍存在的除氧方式,具有除氧效率高、绿色环保、操作简单等特点。将酶催化除氧的方法运用到可控自由基聚合中,可以解决可控自由基聚合的氧气敏感性问题,大幅度简化聚合的操作程序,并有望实现高通量优化聚合条件以及快速建立聚合物结构与性能的关系。

吉林大学的安泽胜团队在酶引发 RAFT 聚合方面开展了系统的研究。受 DNA 光解酶的启发,他们发展了非天然光酶催化聚合的新概念,实现了可见光与酶催化两种环境友好体系的有机结合,为进一步推动酶催化的多样性并将其用于可控自由基聚合提供了新思路[20]。在无氧条件下,葡萄糖(glucose)还原葡萄糖氧化酶(GOx)中的辅酶因子黄素腺嘌呤二核苷酸(FAD)产生还原态的 FADH⁻,在蓝/紫光辐照下,得到还原性更强的激发态[FADH⁻]*,将电子转移给单体或链转移剂(CTA),从而引发高效的 RAFT 聚合(图 9-11)。

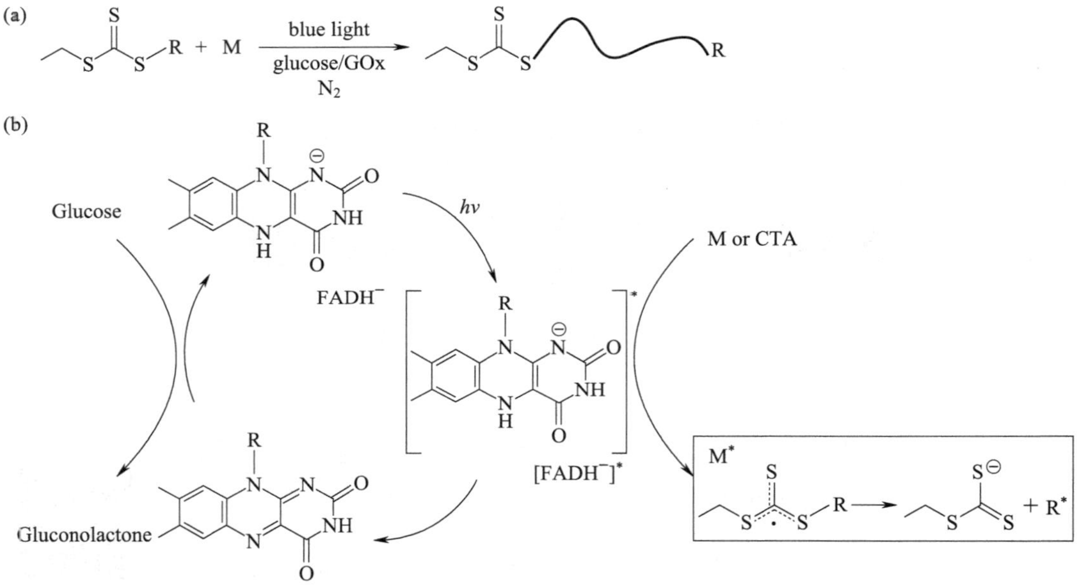

图 9-11　光酶 RAFT 聚合及相关机理[20]

这种非天然光酶 RAFT 聚合适用于多种 CTA、单体,通过均相聚合,制备了一系列分子量可控的聚合物以及超高分子量聚合物 PPEGMA(10^6 g/mol)。通过操控光源的开关,可以实现聚合反应的开关可控性。这一方法也适用于异相聚合体系,通过聚合诱导自组装制备了基于双丙酮丙烯酰胺(DAAM)的纳米微粒。非常独特的是结合 GOx 的天然除氧功能与最新发展的非天然光酶催化功能,使用单酶实现了具有氧气耐受性的 RAFT 聚合,可以很方便地在有氧环境下实现可控的聚合。

光调控和酶催化的结合避免了金属或有机光催化剂的潜在污染,同时保留了光调控聚合的开关可控性和时序性,以及酶催化反应的高效、环境友好等优点。由于黄素蛋白在自然界中普遍存在,这一光酶聚合方法有望拓展到多种酶催化体系,应用于多种可控聚合,进一步推动可控聚合的发展。

如前所述，RAFT 聚合可以用于乳液聚合。利用乳液聚合过程中第二单体的溶解性和所得聚合物与溶剂的相同性差异有可能制备出更丰富的自组装结构，这就是聚合诱导自组装过程（polymerization-induced self-assembly, PISA）。PISA 既可以在单体不溶的乳液聚合条件下，也可以在单体可溶的分散聚合条件下进行。在优化的条件下，PISA 可以直接生成与预制嵌段共聚物溶剂置换法相同的自组装形态，如球形、棒状、纤维和囊泡等结构。到目前为止，用于 PISA 的最普遍和可靠的聚合技术是 RAFT 聚合技术。

目前，PISA 的研究对象仅局限于相对简单的形貌［球形、蠕虫状、囊泡等，图 9-12（b）］，其临界堆积参数（$p=V/a_0l_c$）通常都小于 1，而 p 大于 1 的反相结构鲜有报道。复旦大学武培怡和上海大学安泽胜利用 PISA 实现了反相双连续结构的颗粒（如立方质体和六方质体）的构筑，进一步拓宽了 PISA 的组装形貌[21]。如图 9-12（a）所示，选用较短的聚 N，N-二甲基丙烯酰胺（PDMA29）作为亲溶剂嵌段，在乙醇中通过可逆加成-断裂链转移（RAFT）聚合，对苯乙烯（St）和五氟苯乙烯（PFS）进行分散共聚，制备了成核嵌段为交替共聚物的胶体颗粒［PDMA-b-P（St-alt-PFS）］。通过改变 P（St-alt-PFS）链段的聚合度，共聚物固体含量和共溶剂的比例成功获得了具有反相双连续结构的胶体颗粒（以及和 $p6mm$ 的混合结构）。通过不同聚合阶段的取样跟踪研究，深刻揭示了反相双连续结构在聚合诱导体系中形成的机理。随着聚合的进行，嵌段共聚物经历球形—蠕虫状—章鱼状—囊泡—复合囊泡—海绵状—反相正方质粒的形貌演变过程。结果表明，高固体含量和较短的亲溶剂嵌段是获得反相结构的重要条件。

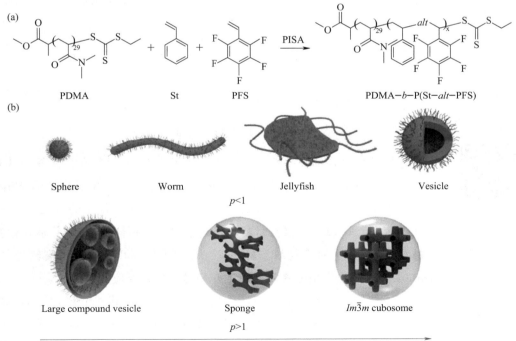

图 9-12　通过增加疏溶剂嵌段共聚物获得的一系列组装体形貌的示意图[21]

9-5　编辑部序言

2019 年,著名的高分子期刊 *Macromolecular Rapid Communications* 组织了一期专刊,对聚合诱导自组装领域进行了系统总结和梳理。

（3）开环易位聚合最新进展　除了上述原子转移自由基聚合和可逆加成－断裂链转移聚合,近年来开环易位聚合也受到了广泛的关注。众所周知,法国科学家 Yves Chauvin 和美国化学家 Richard R. Schrock、Robert H. Grubbs 因在烯烃复分解反应方面的重要成果被授予 2005 年的诺贝尔化学奖。烯烃复分解反应除了可以用于小分子端烯的反应,还可以用于制备各种功能性聚合物。如在环烯烃的开环易位聚合中,如图 9-13 所示:金属卡宾是活性中心,金属卡宾与烯烃中的双键形成金属环丁烷结构,当该中间体以易位方式发生裂解时,形成新的烯烃和金属卡宾物种。由于 C=C 双键被限制在一个环内,因而发生了开环易位聚合。从上述过程可以看出,ROMP 是一个活性聚合过程,其所得到的聚合物中仍然保留着单体中所含有的双键。更重要的是,由于 ROMP 不是自由基过程,因此其对空气、水等环境不敏感,通常在室温、敞口容器中就可以完成聚合,并可以实现 100% 的单体转化率,从而可以实现精准结构高分子的快捷制备。

9-5-1　Macromolecular Rapid Communications-2018-Zhang-Folymerization-Induced Self-Assembly of Functionalized Block Copolymer

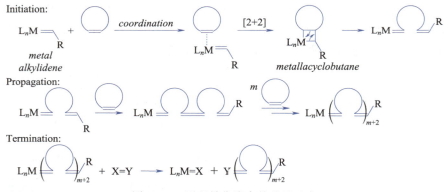

图 9-13　开环易位聚合的基元反应

开环易位聚合的高活性及其对空气的耐受性,使得其在自修复领域有着广泛的应用。2001 年,美国伊利诺伊大学厄巴纳－香槟分校的 White 课题组提出基于开环易位聚合的微胶囊埋植式自修复体系的概念[22]。如图 9-14 所示,微胶囊自修复材料的修复过程为:基体中的裂纹扩展使微胶囊破裂,微胶囊中的修复剂二聚环戊二烯在毛细作用下释放到裂纹处,在 Grubbs 催化剂的作用下修复剂发生开环易位聚合反应修复裂纹。

开环易位聚合催化剂的高活性还使得其可以与其他可控 / "活性"聚合过程进行联用,从而合成出拓扑结构更加丰富的高分子,如刷型聚合物。

除了在自修复高分子和合成刷型聚合物方面的应用进展,开环易位聚合的另一个重要进展是水相开环易位聚合机理及催化过程的研究。水是

9-5-2　Macromolecular Rapid Communications-2018-Khor-Controlling Nanomaterial Size and Shape fcr Biomedical Applications via

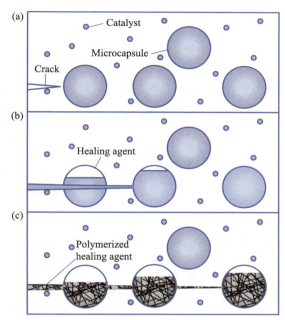

图 9-14　基于开环易位聚合的微胶囊型自修复材料修复原理示意图[22]

一种绿色的反应溶剂,为了实现水相开环易位聚合,Grubbs、Grela 和 Emrick 等课题组先后推出水溶性的 Ru–NHC 催化剂,并实现均相催化过程。英国伯明翰大学 Rachel O'Reilly 和美国杜兰大学 Scott M. Grayson 系统研究了水相聚合反应 pH、盐种类和催化剂用量对 ROMP 聚合单体转化率和催化剂寿命的影响[23]。

他们选取了如图 9-15 所示的 3 种催化剂,以聚乙二醇修饰的降冰片烯为单体,以 HCl 为反应溶剂,发现当聚合体系 pH 较低,即酸性较强时,相同条件下底物转化率明显较高。而且反应体系的酸性对聚合物分子量分布也有着重要影响。当酸性越强时,所制备的聚合物分子量分布越窄。他们进一步发现,当反应体系是 HCl 溶液时,聚合活性明显高于 H_2SO_4、H_3PO_4 体系;用 NaCl、KCl 或者 TBAC 代替 HCl 也可以得到相同的催化效果,表明反应过程仅与 Cl^- 的浓度相关,而与 H^+ 浓度无关。

他们认为反应的机理应该如图 9-16 所示,即水相中 Cl^- 能够取代催化剂金属上的 OH^-,而且 Cl^- 浓度越大,所得到双 Cl^- 配位的 Ru 配合物的稳定性越高,从而获得更高的稳定性和催化活性,得到较高的转化率。

9.1.3 超分子聚合物

基于非共价键的超分子化学为聚合物的合成提供了新的思路,从而催生了超分子聚合物这一新概念。一般而言,构筑超分子聚合物主要有两种

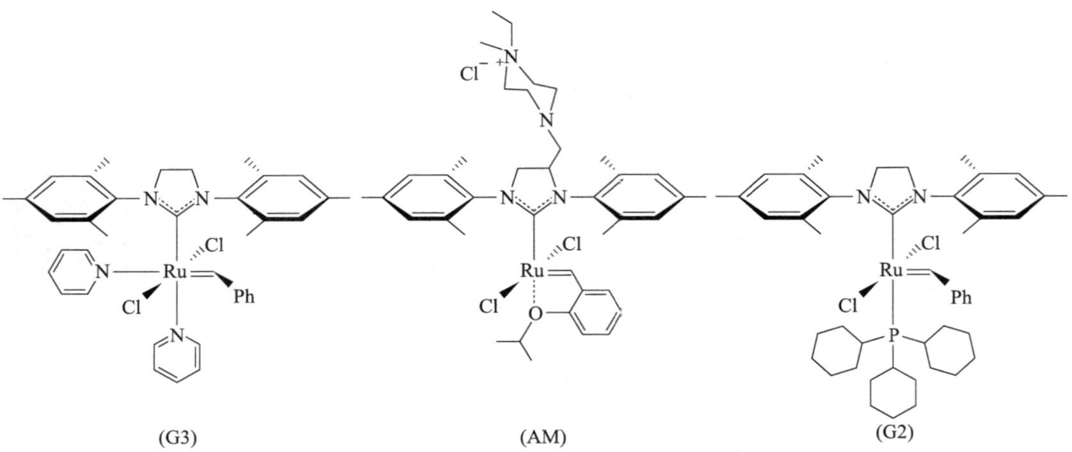

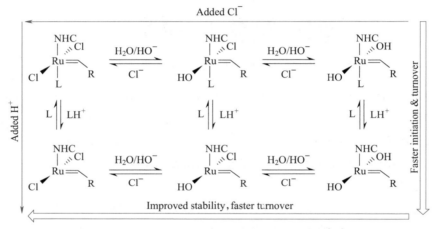

图 9-15 3 种常见的开环易位聚合催化剂结构

图 9-16 H⁺ 和 Cl⁻ 在催化剂中的作用示意图[23]

方法:(1)以共价键连接的聚合物为构筑基元,基于非共价相互作用自组装形成超分子聚合物;(2)基于共价键设计并合成双官能度单体,再利用非共价相互作用自组装成超分子组装体。当超分子组装体具有大分子链状结构时,称为超分子聚合物。

基于非共价相互作用形成的超分子聚合物往往可以表现出类似大分子的链特性,如黏弹性等。一般而言,超分子聚合物的聚合度 $N \approx K \times c^{1/2}$,其中 K 为超分子作用的结合常数,c 为单体浓度。因此,为了制备出高分子量的超分子聚合物,往往需要利用具有较高结合常数的非共价键相互作用。常用的非共价键相互作用有金属配位键、多重氢键、静电相互作用等。

多重氢键是一种常见的构筑超分子聚合物的非共价键相互作用。DNA 就是通过碱基之间的多重氢键相互作用来稳定其双螺旋结构的。作为一个人工合成的多重氢键基元,脲基 -4- 吡啶酮(UPy)可以二聚形成具有较高结合常数的四重氢键,常被用来构筑超分子聚合物。如图 9-17 所示,清华大学张希课题组通过 UPy 的二聚构筑得到了非共价型的二胺单体,通过其与共价二胺单体、三胺交联剂和二异氰酸酯的共聚制备得到了

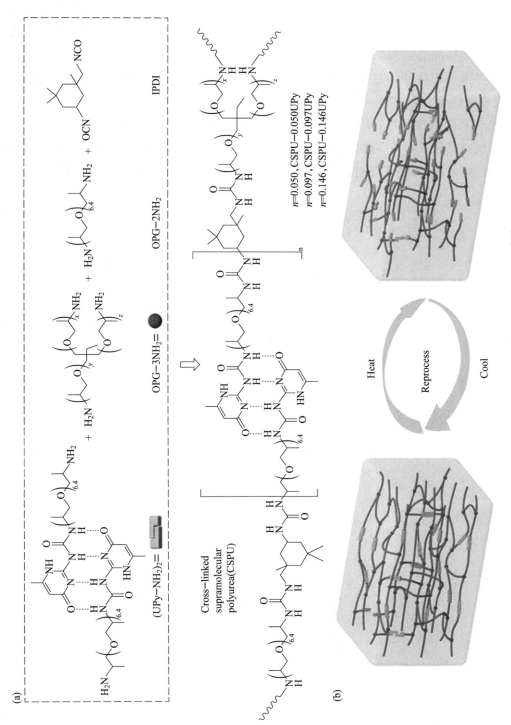

图 9-17 交联超分子聚脲的制备与循环再生示意图[24]

交联超分子聚脲[24]。四重氢键基元的引入使得交联网络在加热时得以动态重组,具备了可循环再生的性能。四重氢键较强的结合常数同时还使得该材料展现出优异的可循环再生性能。在经过 5 次粉碎－热压再加工循环后,其断裂应力、断裂伸长率等力学性能均能保持在初始性能的 95% 以上。

超分子聚合不仅可以发生在体相,也可以在界面。同样以四重氢键为非共价键相互作用,张希课题组利用硫醇－烯点击化学实现了超分子界面聚合[25]。如图 9-18 所示,通过 UPy 的四重氢键相互作用可以构筑出端基为巯基的油溶性超分子单体,利用其与水溶性双官能度马来酰亚胺单体的界面聚合可以制备出超分子聚合物。通过改变超分子界面聚合的反应条件,可以实现对超分子聚合物性质如玻璃化转变温度的有效调控。

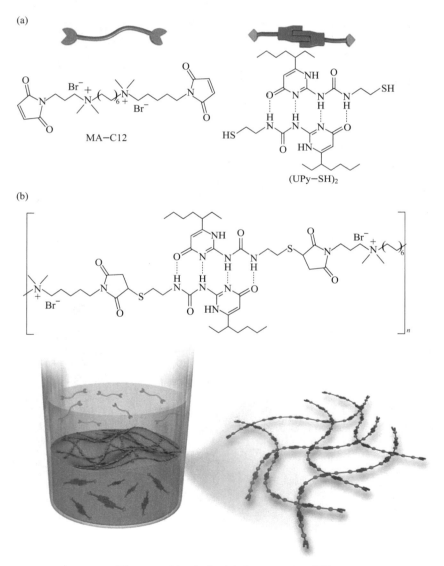

图 9-18　界面超分子聚合过程示意图[25]

　　除了使用多重键来增强超分子聚合的结合常数和聚合度，主客体相互作用也可以用来增强超分子相互作用，从而构筑出高分子量的超分子聚合物。张希课题组建立了利用葫芦[8]脲的多重非共价键作用作为驱动力在水溶液中构筑超分子聚合物的方法[26]。与水相中熵驱动的主客体作用不同，葫芦[8]脲的主客体复合是一种焓驱动的过程。葫芦[8]脲的空腔内包含多达13个未形成饱和氢键的高能水分子，当客体分子进入空腔时，这些水分子从主体内被释放出来，与溶液中的水分子形成更丰富的氢键，从而大量放热，驱动主客体复合。对于葫芦[8]脲的电荷转移作用和 $\pi-\pi$ 相互作用，其两步结合常数都能够达到 $10^{11} \sim 10^{12} (\text{mol/L})^{-2}$。通过合理的分子设计，利用如此高的结合常数可以成功地在低浓度的水溶液（约 1 mmol/L）中实现有效的超分子聚合，制备了高分子量的超分子聚合物。

　　2019 年，张希团队系统梳理了超分子聚合物的理论和相关实验研究，以 "Supramolecular polymer chemistry: from structural control to functional assembly" 为题在 *Progress in Polymer Science* 撰写综述论文。

9–7　Supramolecular polymer chemistry from structural control to functional assembly

　　非共价键相互作用的动态可逆性和刺激响应性赋予了超分子聚合物可修复、可回收等特性。在聚合物链中引入非共价相互作用和动态共价键是制备可修复性和可回收性的聚合物材料的一种实用方法。

　　吉林大学孙俊奇课题组利用商业化的沙林树脂（Surlyn）与锌离子配位，制备了断裂强度达 ~37 MPa 的超分子热固性聚合物[27]。该沙林树脂在加热条件下可实现高效修复和多次循环利用，恢复原有的力学强度和完整性。

　　除了商业化的高分子材料，通过在聚合物的合成过程中引入非共价键相互作用也可以构筑出可重复利用的高分子材料。如图 9-19 所示，吉林大学孙俊奇课题组通过在聚二甲基硅氧烷（PDMS）/聚己内酯（PCL）的多嵌段聚合物中设计动态分层结构域，制备了可复原和可回收的聚氨酯弹性体[28]。包含配位和氢键的动态分层结构域动态锁定在结晶的 PCL 链段中，不仅可以用作刚性填料来增强弹性体，而且可以变形和离解以有效地耗散能量，并赋予弹性体显著增强的损伤耐受性。利用配位/氢键的热可逆性，弹性体可以被有效地修复和回收，以恢复其原始的机械强度和完整性。

　　除了上述非共价相互作用，动态共价键也可以用来构筑超分子聚合物。如图 9-20 所示，孙俊奇课题组合成了两种含有苯硼酸基团的单体[29]：一种是苯硼酸封端的低分子量的聚芳醚酮（PAEK），另一种是同时含有苯硼酸和苯甲酸基团的分子 CB。通过将上述两种单体混合并在加热下进行溶液铸膜，即可得到内部含有硼氧六环和氢键两种作用力的超分子塑料 PAEK-CB。通过调整两种组分的摩尔比，可以调控 PAEK-CB 的力学性能。当两种组分的物质的量之比为 1:1 时，材料的断裂强度最高，可以达到 46.7 MPa，杨氏模量高达 1.21 GPa。

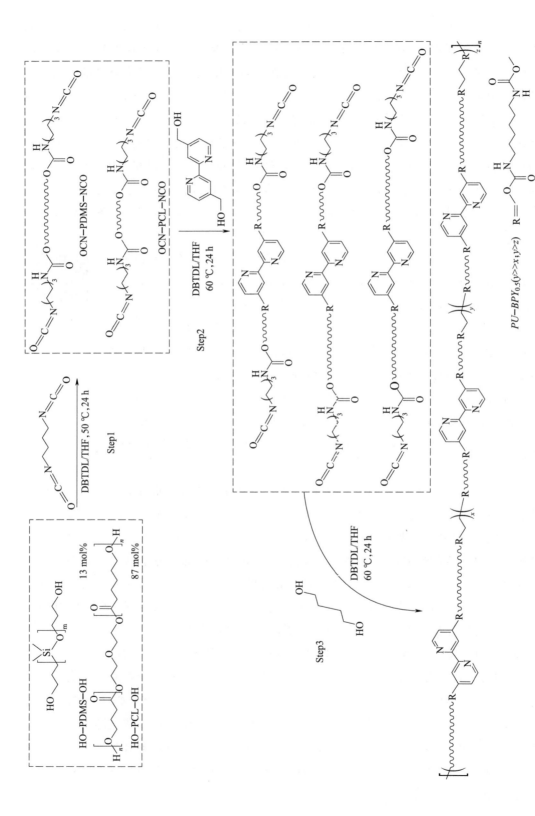

图 9-19 联吡啶修饰的聚氨酯弹性体制备过程示意图 [28]

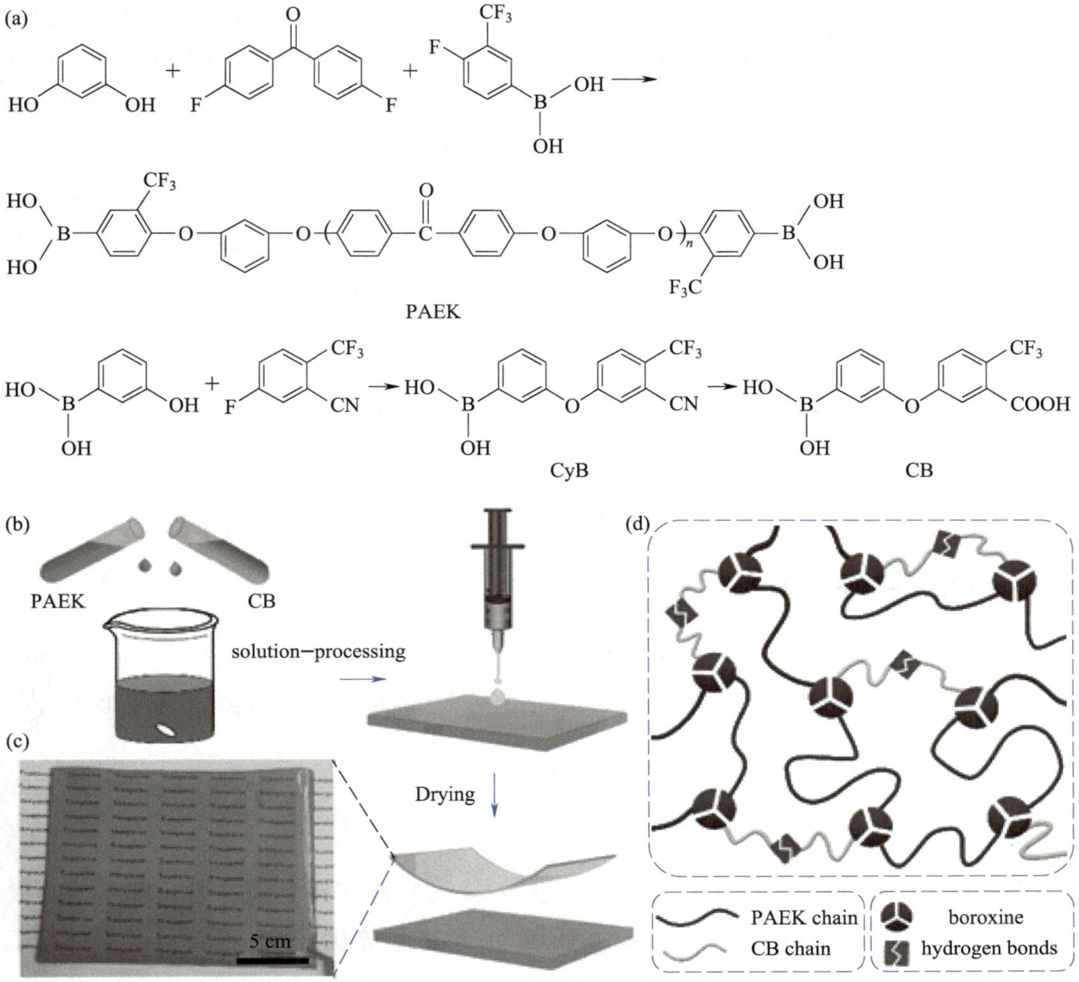

图 9-20 基于硼氧六元环和氢键两重相互作用构筑超分子塑料示意图[29]

利用该超分子塑料中硼氧六环在醇中的解离,可以实现其完全的解聚及溶解。进一步利用两种单体在乙醇中溶解度的差异,即可回收得到高纯度的 PAEK 和 CB,从而实现高强度超分子塑料在温和、低能耗条件下的闭环回收。

9.1.4 有机化学在高分子化学中的应用

有机化学是高分子化学的基础,先进高分子的合成离不开有机化学的发展。本节将介绍一些重点的有机化学反应在高分子合成中的应用:① 巴比耶反应与聚合反应;② 点击聚合;③ 多组分聚合;④ 受阻 Lewis 酸碱对与聚合反应;⑤ 绿色化学与高分子设计。

(1)巴比耶反应与聚合反应 巴比耶反应(barbier reaction)是卤代烃在镁、铝、锡、铟、锌等金属或其盐类作用下,对羰基化合物进行亲核加成生成醇的反应,是一类

"碳－碳"键形成的有机反应,在有机化学领域一直处于十分重要的地位。巴比耶反应使用的是对水不活泼和相对便宜的金属,因此成本相对较低,而且很多情况下反应可以在水中进行,非常符合绿色化学的标准。自 1899 年以来,巴比耶反应已经被广泛应用于有机化学领域长达一个多世纪,但其在高分子化学领域的应用尚未实现。

2017 年,中国学者万文明提出了一种新的高分子合成方法——一锅法巴比耶逐步加成聚合反应(A_2+B_2 型和 AB 型)(图 9-21),并通过该方法制备出一系列含有苯甲醇基团的高分子材料[30]。

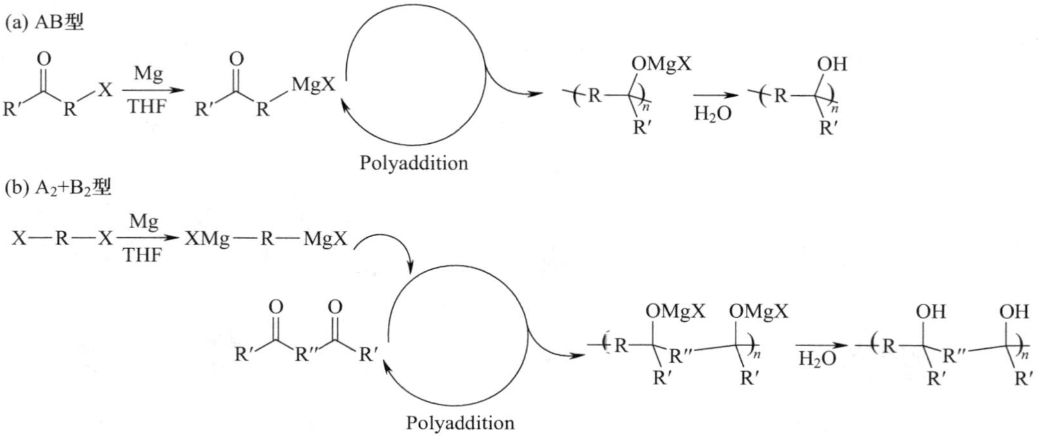

图 9-21　AB 型和 A_2+B_2 型巴比耶聚合示意图[30]

在此基础上,他们进一步设计了 AB_2 型单体,并以此实现了通过巴比耶反应合成超支化高分子[31]。巴比耶反应有成本低廉、绿色环保等优势,在一定程度上拓宽了单体和有机高分子化合物的数据库,极大地拓展了有机高分子化合物的种类,开辟了功能高分子材料设计和应用的新天地,为新型功能高分子材料的研发提供了一种新手段。

（2）点击聚合　点击化学(click chemistry),又译为"链接化学""速配接合组合式化学",是由化学家 K. B. Sharpless 在 2001 年引入的一个合成概念,是通过小单元的拼接来快速可靠地完成形形色色分子的化学合成。点击化学开辟以碳－杂原子键(C—X—C)合成为基础的组合化学新方法,并借助这些反应(点击反应)来简单高效地获得分子多样性。点击化学的代表反应为铜催化的叠氮－炔基环加成反应(copper-catalyzed azide-alkyne cycloaddition, CuAAC)。点击化学的概念对化学合成领域有很大的贡献,在药物开发和生物医用材料等的诸多领域中发挥着重要作用。经过高分子科学家们的不懈努力,一系列点击反应,如叠氮－炔环加成反应、巯基－炔反应、巯基－烯反应、Diels-Alder 反应等,已在新颖高分子高效合成方面崭露头角,并制备了许多功能性聚合物材料。

美国波士顿学院的牛嘉课题组通过将叠氮化物－炔烃环加成反应和六价硫－氟交换

反应(sulfur-fluoride exchange reaction,SuFEx)两种点击化学联用实现了一系列聚合物或齐聚物的序列控制,先后采用逐步聚合和固相迭代加成的方法分别合成了以序列片段作为重复单元的聚合物[图9-22(b)]和精确序列可控的聚合物[图9-22(c)][32]。

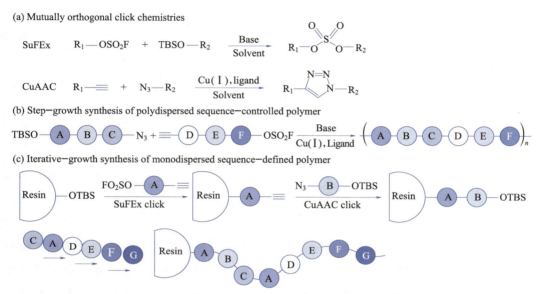

图9-22 叠氮化物-炔烃环加成和六价硫-氟交换反应联用合成聚合物示意图[32]

CuAAC和SuFEx联用的正交相容性有效确保了两种点击反应的独立性。两种反应的速率略有差异,SuFEx的反应速率低于CuAAC,成为逐步聚合速率的决定步骤。为了得到更复杂序列的聚合物,不同官能团(如疏水基团、亲水基团、阳离子基团、阴离子基团等)的单元引入CuAAC/SuFEx逐步聚合的单体中。

这种SuFEx和CuAAC的联用可以有效克服固相迭代加成法合成序列精确控制聚合物过程中烦琐的保护和脱保护的弊端。

除了上述基于经典点击化学的聚合,开发新的点击聚合方法也成为该领域的重要方向。中国科学家唐本忠团队开发了一系列新型的点击聚合策略。他们利用氨基-炔的高效反应实现了点击聚合[33]。通过活化内炔与芳香胺在CuCl的催化下于140℃反应2 h便可得到分子量高达13 700的聚(β-氨基丙烯酸酯)。该点击聚合反应在无溶剂条件下进行,具有优异的区域选择性和立体选择性,可得到只有马氏加成和Z式结构高达94%的聚合产物。

如图9-23所示,当将活化内炔单体换为活化端炔单体,他们发现其与脂肪族仲胺在室温下便可自发进行聚合,并且只得到反马加成和100% E式结构的产物,产物的最高分子量可达64 400。

此外,唐本忠课题组还发展了一系列基于异腈单体的聚合反应,如异腈单组分聚合反应、异腈-醛基聚合反应、异腈单体多组分环化聚合反应以及异腈与二氧化碳的聚合反应

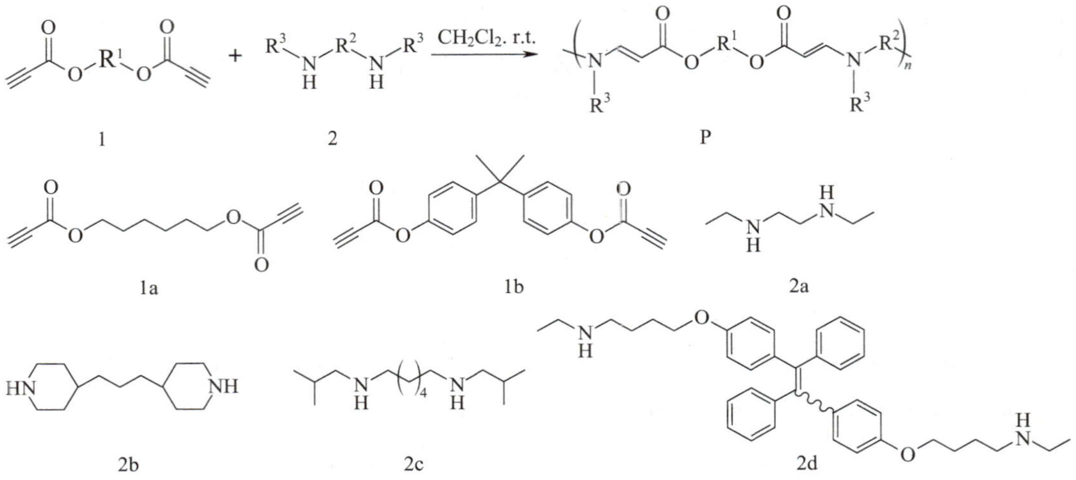

图 9-23 氨基 - 炔氢胺化反应合成高分子示意图

等。2021 年,他们建立了一种新的异腈和亚胺单体的聚合反应并高效制备了聚咪唑啉(图 9-24)[34]。所得聚合产物中同时存在顺、反两种异构体,且这两种结构可通过外加三乙胺进行调控。通过密度泛函理论(DFT)分析,得出顺反异构体转化的机理如图 9-24 所示:聚合反应需要在碱性条件下进行,中间体 **4** 需要被碱夺去质子生成碳负离子 **5**。在不加三乙胺的情况下,具有弱碱性的亚胺单体本身可起到碱的作用,但随着反应程度不断加深,亚胺被消耗,体系中的碱性变弱,使得碳负离子 **5** 产生受阻,从而反应终止,影响了聚合产物分子量的增长。如果反应体系中存在三乙胺,亚胺的浓度不再影响聚合体系的碱性,其可被充分转化,使得聚合反应程度提高,聚合物的分子量随之得以提升。

2018 年,唐本忠院团队系统梳理了点击聚合的理论和相关实验研究,以"Click Polymerization"为题在英国皇家化学会出版专著。

(3)多组分聚合 便捷高效、高选择性、条件温和、绿色环保的新型聚合反应是制备新一代功能高分子材料的高效手段,也是高分子合成化学发展的必然趋势。多组分聚合反应(multicomponent polymerization,MCP),即 3 个或更多个单体通过一锅法,不经过中间分离提纯,获得单一种类聚合产物的一类聚合反应,因反应条件温和、操作简单、反应高效、原子经济性高、产物结构多样等优势而备受高分子科学家们的青睐。多组分聚合的一个难点在于单体反应活性的多样性和复杂性,因此序列结构可控成为多组分聚合的一个难点。

唐本忠团队借鉴有机合成前沿进展,发展了一个便捷的无金属催化活化炔烃、芳香胺与甲醛的多组分串联聚合反应,成功制备了结构明确、序列

9-8 Click Polymerization(RSC Publishing)

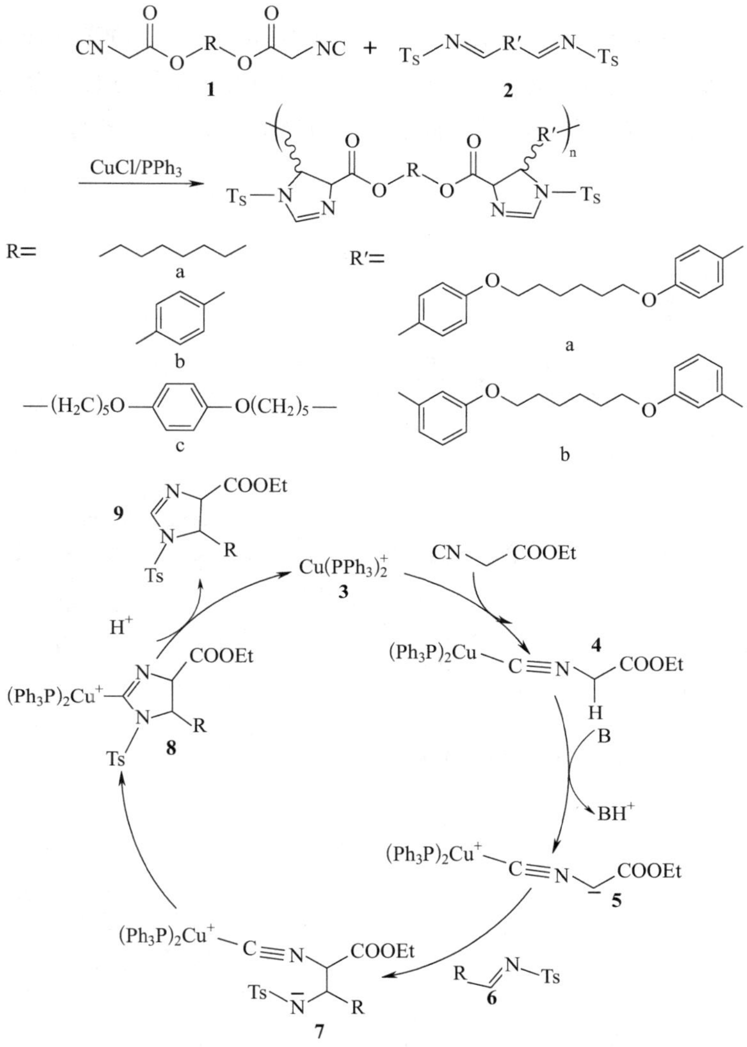

图 9-24 异腈和亚胺聚合制备聚咪唑啉示意图和顺反异构体转化[34]

可控的高分子[35]。如图 9-25 所示,该聚合利用双酯基活化内炔单体的高化学反应活性,在乙酸催化、室温条件下,通过将反应单体分步加入的"一锅煮"串联聚合形式,实现了高分子量(69 800)、高产率(99%)的聚四氢嘧啶的合成。通过在两步中分别加入不同的芳香二胺单体的策略,成功实现四组分的串联聚合反应,严格控制了两种二胺单体结构基元在聚合物主链中的交替排布。

此外,通过调节聚合温度和甲醛单体的投料比例,还可以实现聚合物主链结构中四氢嘧啶和二氢吡咯酮结构比例的调控。

此外,他们还利用绿色单体(H₂O,O₂ 和 CO₂ 等)和炔类单体,发展了一系列高效、温和的新型多组分聚合反应,制备得到一系列功能聚合物。如他们利用绿色单体 CO₂ 和炔类、卤代烷烃以及胺类单体,发展了四组分串联聚合反应,高产率(最高达 95%)地制备得到了区域和立构规整的聚烯胺酯(如图 9-26 所示)[36]。当胺类单体为一级脂肪胺时,得到的聚烯胺酯全部为 Z 式构型;而当采用二级脂肪胺单体进行聚合反应时,得到的聚烯胺酯则主要以 E 式为主。作者还利用了不同的单体策略,制备得到了不同主链结构的聚烯胺酯。

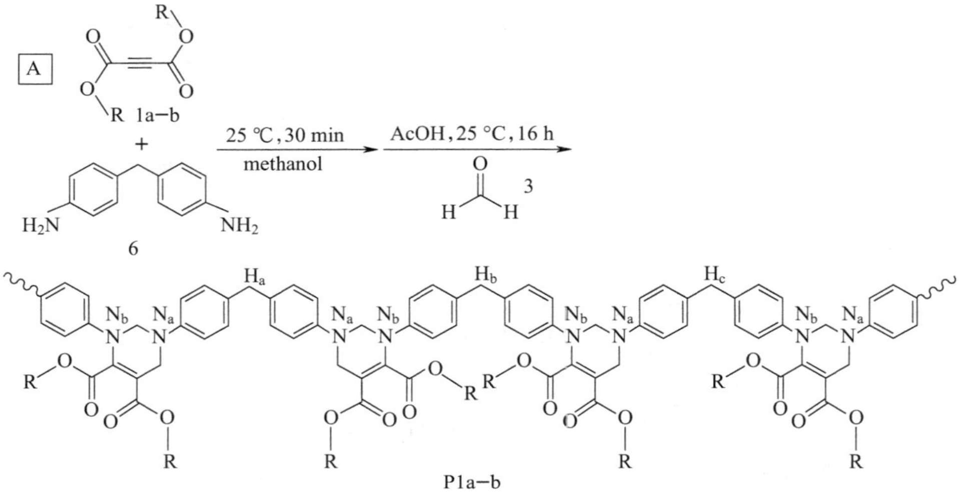

图 9-25　内炔、芳胺、甲醛多组分聚合示意图[35]

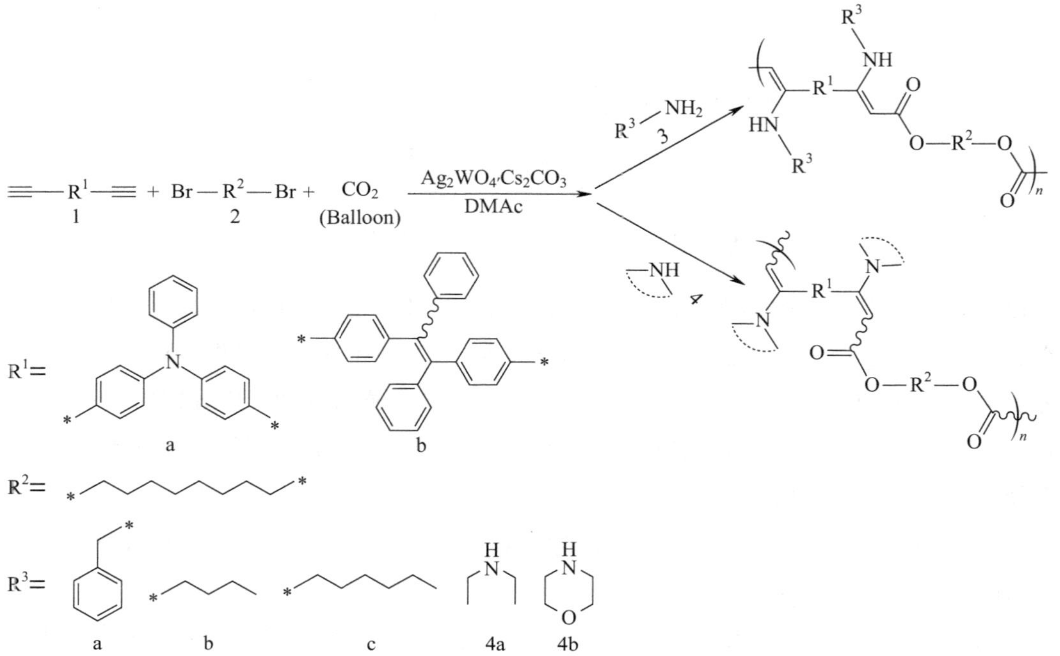

图 9-26　CO_2 和炔类、卤代烷烃以及胺类四组分串联聚合反应示意图[36]

除了上述单体,他们还发展了基于无机元素硒的多组分聚合反应。他们发现元素硒、二异氰酸酯和二丙炔醇的室温无金属多组分聚合,并通过多组分聚合直接从元素硒合成了含硒脂肪杂环 1,3- 氧杂烯烷的聚合物[37]。含硒聚合物具有高产率(可达 93%)、高分子量(可达 15 600)、高热稳定性和化学稳定性、溶解性好和加工性能优异等优点。通过对聚合物的结构设计及其高达 33.7% 的高硒含量,其自旋包覆薄膜的折射率在 633 nm 时可达到 1.802 6,在 1 700 nm 时保持 1.777 0。这些高效、方便、温和、经济的元素硒多组分聚合能促进与硒相关的聚合物化学,加速探索多种含硒功能高分子材料。

此外,该团队还发现了单质硫、脂肪二胺和芳香二炔的无催化多组分聚合,在 100 ℃下高效反应制备了高产率、高分子量的聚硫代酰胺[38]。为了在更温和的条件下实现单质硫的转化,他们进一步采用反应活性更高的异腈单体,设计发展了单质硫、脂肪二胺和异腈的无催化多组分聚合,在室温下、空气中、快速将单质硫转化为功能聚硫脲。所得聚硫脲可用于污水中 Hg^{2+} 的高效检测与去除[39]。

为了采用自然界中广泛存在、廉价易得、稳定安全的羧酸原料替代上述聚合中的合成炔或异腈单体,他们开发了单质硫、二胺和二羧酸的无催化多组分聚合(图 9-27),成功实现了全商品化的单体原料和规模化的聚合,并制备了 12 种结构明确、高分子量(高达 86 200)、高产率(高达 99%)的聚硫代酰胺[40]。除了硫的多组分聚合中常用的脂肪二胺单体外,芳香二胺单体同样适用于该多组分聚合,以此可以制备一系列具有新颖结构和优异性能的聚硫代酰胺。该多组分聚合的全部单体都可购买得到,且反应条件温和、操作简便,当聚合反应放大 200 倍量进行时,聚合产物分子量略有提高,产率无明显影响,证明该多组分聚合有望应用于聚硫代酰胺材料的大规模制备中。

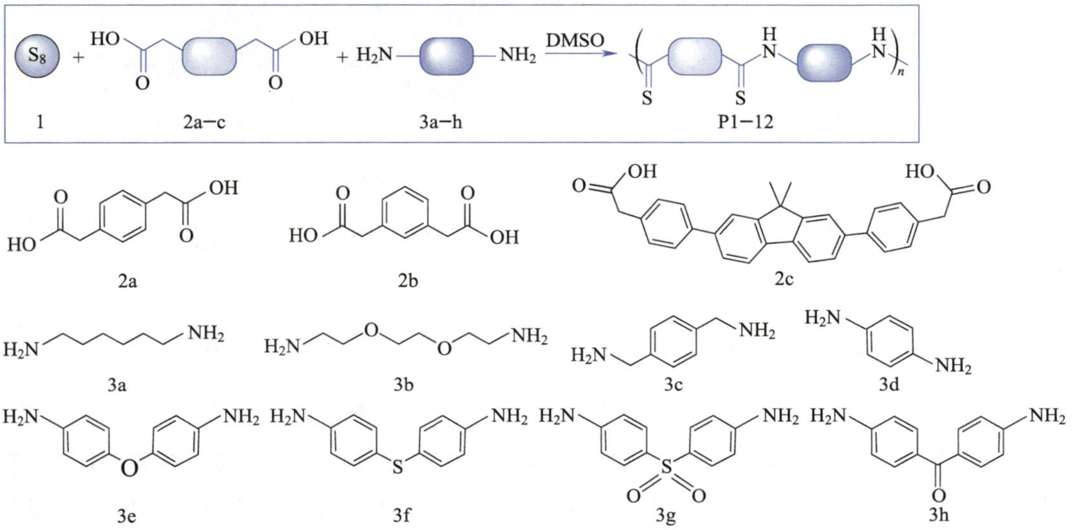

图 9-27　单质硫、二胺和二羧酸的无催化多组分聚合反应示意图[40]

9-9　Polymer Meets Frustrated Lewis Pair Second-Generation CO₂-Responsive Nanosystem for Sustainable CO₂ Conversion

9-10　Reshaping Membrane Polymorphism of Polymer Vesicles through Dynamic Gas Exchange

（4）受阻 Lewis 酸碱对与聚合反应　受阻 Lewis 酸碱对（frustrated Lewis pairs，FLPs）是一类具有特殊反应活性的 Lewis 酸碱对。自发现以来，FLPs 受到了广泛关注并在许多领域崭露头角。

Lewis 酸碱对聚合是近年来提出的一种新型聚合方式，具体是指利用经典的 Lewis 酸碱加合物或受阻 Lewis 酸碱对聚合极性烯烃单体时，Lewis 酸和 Lewis 碱协同活化单体，共同参与聚合链引发、链增长和链终止过程。表现出 Lewis 酸和 Lewis 碱的变化范围广、可室温高活性聚合极性单体而得到高分子量聚合物，以及优越的区域选择性等优点。

吉林大学张越涛课题组利用受阻 Lewis 酸碱对（FLPs）活性聚合体系可以快速且百克级聚合甲基丙烯酸甲酯（MMA）、甲基丙烯酸乙酯（EMA）、2-甲氧基乙基甲基丙烯酸酯（MEMA）、甲基丙烯酸-2-乙氧基乙酯（EEMA）4 种亲疏水不同的单体，实现双高和双多［double high（molecular weight and dp_n value）and double multiple（monomers and block numbers）features，DHDM］序列可控高分子的合成[41]。利用这一策略，他们报道了具有世界纪录级的 53 嵌段的序列可控高分子（图 9-28）。整个反应过程也十分简单，在烧瓶中即可，除了在反应的最初阶段需要加入 FLPs 体系外，其他嵌段合成过程只需连续加入单体，不需要额外的催化剂或引发来完成序列可控高分子的合成。关于更多的受阻 Lewis 酸碱聚合体系可以扫描二维码 9-9 和 9-10 进行深入了解。

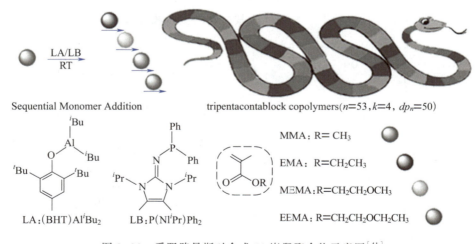

图 9-28　受阻路易斯对合成 53 嵌段聚合物示意图[41]

（5）绿色化学与高分子设计　大宗高分子树脂过度依赖石化资源且难降解回收，造成了资源浪费及过量碳排放、白色污染等诸多严峻的环境问题，直接阻碍了塑料等高分子材料的可持续性发展。发展新型的可持续性高分子材料以替代传统的大宗高分子树脂具有重要的科学意义和实际应用价值,是当前高分子学科的热点前沿领域。如何通过有机化学手段实现绿色高分子的合成是解决该难题的可行手段。

中科院上海有机化学研究所金属有机化学国家重点实验室洪缪课题组通过单体设计,一步硫化反应将硫原子引入五元环内酯中,以接近定量的产率合成新型五元环硫羰代内酯单体,并利用其开环过程选择性地发生 alkyl-oxygen 键断裂和 S/O 异构化的协同反应,而不是常见的 acyl-oxygen 键断裂,构建了一种不可逆开环聚合(IROP)的新策略(图 9-29)[42]。与传统的开环聚合(ROP)的本质差别在于,该策略以异构化反应为热力学驱动力,而不是环张力,从而促使这类非张力环单体在室温甚至是高温下发生聚合,为工业化合成基于五元环内酯的可持续性高分子提供了可能。

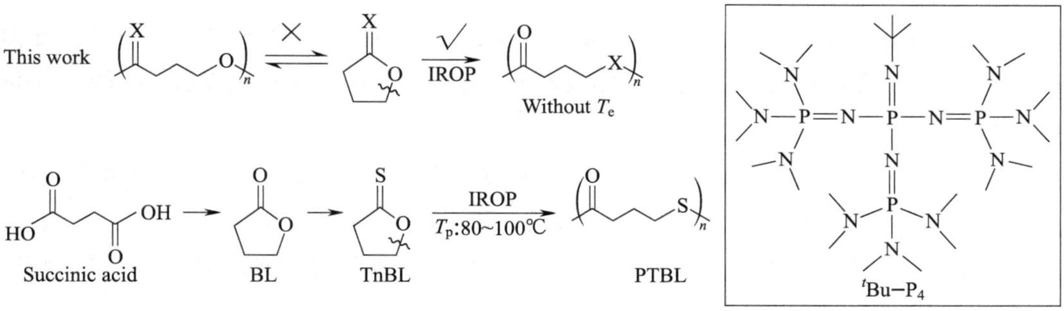

图 9-29 不可逆开环聚合制备聚(γ- 硫代丁内酯)示意图[42]

他们发现磷腈强碱 ^{t}Bu-P$_4$/Ph$_2$CHOH 催化体系能有效地抑制二聚和回咬副反应,可高活性地催化 γ- 硫代丁内酯及其甲基衍生物在工业温度下(80~100℃)的 IROP,即使是在单体大比例过量的条件下(1 600 当量),4~6 h 内可完成单体的定量转化,得到数均分子量高达 251 000 的聚硫酯。所合成的聚(γ- 硫代丁内酯)是一种具有高熔融温度(~100℃)的结晶性塑料,断裂伸长率和拉伸强度分别为 412.5% 和 30 MPa,其热性能与机械性能可与商业化的低密度聚乙烯相媲美,并能在外界刺激触发下发生高效可控的降解,是一类新型的高性能可持续性含硫高分子材料。

作为一类重要的工程塑料,聚乙烯的降解与回收一直是一个国际性难题。德国康斯坦茨大学的 Stefan Mecking 课题组报道膦酚盐配位的镍配合物可以催化乙烯与一氧化碳的非交替共聚,在具有高分子量的聚乙烯链中加入低密度的单个链内酮基,同时保持所需的材料特性[43]。羰基的引入有效提升了所合成聚乙烯的光敏性,通过 Norrish 反应可以实现聚乙烯的可控光降解。

9.2 高分子化学文献检索方法

文献的类型分为很多种,依据出版的形式可将其分为图书、期刊、科技报告、会议文献、专利文献、学位论文、标准文献等。本节将简要介绍各类文献的检索方法。

通常而言,文献检索的方法有直接法和追溯法两种。

直接法也称工具法,是利用检索工具查找文献的一种方法,一般分为顺查法和倒查法。顺查法是以研究的起始年代为起点,按照时间由远及近,利用检索工具逐年进行查找,直至当前时间。这种方法查全率和准确率都比较高,但是较为费时费力。如检索"聚氯乙烯"关键词,首先需要弄清"聚氯乙烯"这个词形成的是哪一年。然后,从这一年开始检索,直至当前时间。倒查法与之相反,其是按照时间顺序逆序进行检索。倒查法可以有效跟踪获取最新的资料,反映最新的研究动态,但缺点是漏检率高。

追溯法是利用文献后面所附的参考文献为线索,由远及近,逐一跟踪检索的方法。这种方法不需要利用检索工具,查找方法简单,但是效率不高,漏检率高。

常见的检索工具有目录型检索工具、题录型检索工具和文摘型检索工具。通常情况下,检索步骤可以分为以下五步:

（1）分析研究课题,确定检索范围;

（2）选择检索工具;

（3）选择适当的检索方法;

（4）确定检索途径;

（5）查找文献线索,获取原始文献。

接下来将按照常见中文图书、学位论文、会议文献、专利文献、期刊文献等类型简要介绍各种文献的检索方法。

1. 中文图书、学位论文和会议文献

随着电子信息化的快速发展,中文图书、学位论文、会议文献等均已经实现了电子化和数字化,以电子图书和数字出版物等形式表现。这些电子图书和数字出版物通常可以通过网上图书馆进行检索和查询。

常用的国内网上图书馆有:① 中国国家图书馆;② 中国科学院国家科学数据图书馆;③ 超星数字图书馆。

常用的国外网上图书馆有:① 美国国会图书馆;② 英国大不列颠（大英）图书馆;③ 施普林格在线图书馆。

对于会议文献和学位论文,常常可以通过万方数据知识服务平台、维普中文期刊

服务平台和中国知网（CNKI）系列数据库等进行检索；对于外文的学位论文往往通过PQDT博硕士论文全文数据库进行检索。

2. 专利文献

专利文献是专利制度的产物，是科技攻关、研发新产品和新技术的重要信息来源。世界各国都建立了相关的专利检索系统，接下来一一介绍。

中国专利文献检索工具主要有专利公报、中国专利索引、中国专利文献网络资源等。中国专利文献网络资源包括：① 中国国家知识产权局专利检索系统；② 中国专利信息中心中国专利信息检索系统。

国外专利检索常用的检索工具有：① 英国专利网；② 欧洲专利局；③ 美国专利与商标局专利数据库；④ 德温特专利等。

3. 期刊文献

对于期刊文献通常可以通过相关的文摘型数据库和相关的出版社网站进行检索。

与高分子化学相关的文摘索引型数据库有 Web of Science 和 SciFinder 数据库。这两个数据库都提供了通过关键词、人名、组织机构等进行检索的便捷方式，并可以给出原始文献链接，是目前高分子化学中最常用的数据库。特别需要指出的是 SciFinder 数据库还提供了化学结构式检索，极大地方便了高分子化学结构的检索，为高分子合成提供了重要参考。图 9-30 为通过 SciFinder 检索甲基丙烯酸甲酯的界面。图 9-31 为通过 SciFinder 检索甲基丙烯酸甲酯的结果，可以看到所有已收录的以甲基丙烯酸甲酯为原料、产物的化学反应，并给出相应文献链接。

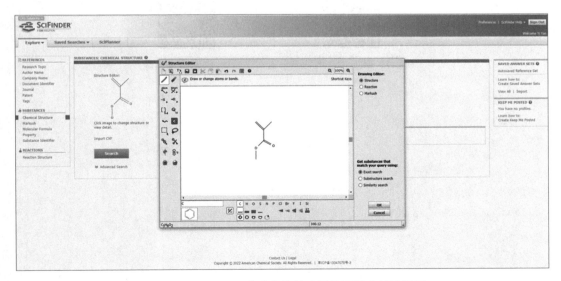

图 9-30　SciFinder 化学结构检索甲基丙烯酸甲酯界面

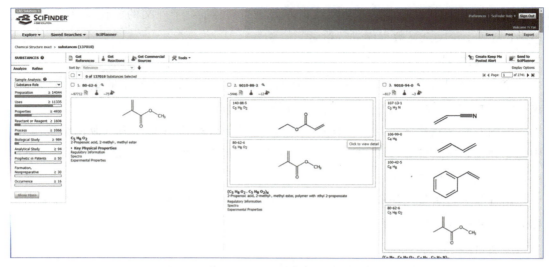

图 9-31　SciFinder 化学结构检索甲基丙烯酸甲酯结果

内容小结

　　使用本节所介绍的高分子化学文献检索方法，任选下列主题中的一个进行检索，以文献报告形式进行汇报。备选主题：① 逐步聚合最新进展；② 可控聚合；③ 有机化学在高分子化学中的应用。

9-11　第 9 章课程思政
任务单

9-12　参考文献

读者意见反馈

为收集对教材的意见建议，进一步完善教材编写并做好服务工作，读者可将对本教材的意见建议通过如下渠道反馈至我社。

咨询电话　400-810-0598
反馈邮箱　hepsci@pub.hep.cn
通信地址　北京市朝阳区惠新东街 4 号富盛大厦 1 座
　　　　　高等教育出版社理科事业部
邮政编码　100029